广西壮族自治区"十四五"职业教育规划教材
高等职业教育建筑设备类专业系列教材

安装工程施工组织与管理
（活页式）

主　编 ◉ 方　菁　徐木新
副主编 ◉ 蒋　瑛　覃如琼

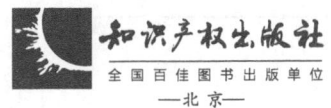

全国百佳图书出版单位
—北京—

图书在版编目(CIP)数据

安装工程施工组织与管理:活页式/方菁,徐木新主编.—北京:知识产权出版社,2023.5(2025.2重印)
高等职业教育建筑设备类专业系列教材
ISBN 978-7-5130-8785-8

Ⅰ.①安… Ⅱ.①方…②徐… Ⅲ.①建筑安装—施工组织—高等职业教育—教材②建筑安装—施工管理—高等职业教育—教材 Ⅳ.①TU758

中国国家版本馆CIP数据核字(2023)第098383号

责任编辑：李 潇 张 冰　　　　　　　责任校对：王 岩
封面设计：杰意飞扬·张悦　　　　　　　责任印制：孙婷婷

高等职业教育建筑设备类专业系列教材
安装工程施工组织与管理（活页式）
主　编　方　菁　徐木新
副主编　蒋　瑛　覃如琼

出版发行：知识产权出版社 有限责任公司	网　址：http://www.ipph.cn
社　址：北京市海淀区气象路50号院	邮　编：100081
责编电话：010-82000860转8024	责编邮箱：740666854@qq.com
发行电话：010-82000860转8101/8102	发行传真：010-82000893/82005070/82000270
印　刷：北京建宏印刷有限公司	经　销：新华书店、各大网上书店及相关专业书店
开　本：787mm×1092mm　1/16	印　张：23.75
版　次：2023年5月第1版	印　次：2025年2月第2次印刷
字　数：535千字	定　价：59.00元
ISBN 978-7-5130-8785-8	

出版权专有　侵权必究
如有印装质量问题，本社负责调换。

本书编委会

主　编：方　菁　徐木新
副主编：蒋　瑛　覃如琼
编　委（排名不分先后）：
　　　　李　静　田海涛　陈秋涛　黄永光　段春毅　李春玲
　　　　黄钰程　谢梅俏　班定志　曹国秀　滕金文　杨文婷
　　　　赵雅欣　韦　刚　王小弟

前 言

"安装工程施工组织与管理"是培养给水排水、电气、消防、通风空调以及设备安装工程等安装专业人才的主干课程之一，是实践性很强的学科。

安装工程是指各种设备、装置的安装工程，通常包括电气、通风、给水排水以及设备安装等工作内容，工业设备及管道、电缆、照明线路等的安装也涵盖在安装工程的范围内。此外，安装工程还包括机械设备安装工程、电气设备安装工程、热力设备安装工程、炉窑砌筑工程、静止设备与工艺金属结构制作安装。

本教材以建筑安装工程为重点，讲述与建筑物使用功能相配套的机电设备和水暖电气及其控制系统（包括给水排水系统、消防系统、通风空调系统等），以及通信系统、智能化系统和安保系统工程的安装施工与调试。

建筑安装工程是建筑的血脉，是工程建设的最后一个重要阶段，它介于土建施工与投产运行之间，是工程建设通向生产、发挥经济效益的桥梁。建筑安装工程的质量不仅关系到整个建筑产品的质量，更重要的是它直接影响建筑物的使用和安全性能的发挥，影响人民生命和财产的安全。

随着建筑业的迅速发展，作为工程项目重要组成部分的安装工程规模越来越大，安装工程的项目管理也越来越重要，需要大量具有安装工程管理能力的高素质技能型人才。本活页式教材紧紧围绕建筑安装工程高素质技术技能人才培养目标，对接专业教学标准和职业能力评价标准，精选项目案例，结合生产实际中需要解决的一些工艺技术应用与创新的基础性问题，以项目为纽带，以真实工作任务为载体，以施工员职业岗位工作过程为导向，科学组织教材内容，进行教材内容模块化处理，注重各模块之间的相互融通及理论与实践的有机衔接，开发活页式的工作工单，形成了多元多维、全时全程的评价体系，并基于互联网，融合现代信息技术，配套开发了丰富的数字化资源。

本教材基于全国建设领域施工现场专业人员——设备安装施工员的岗位特点，按照岗位工作内容，将教学内容设计为水、电、暖、消防四个学习领域，以设备安装施工员工作过程为主线，共分为"施工准备阶段""施工阶段""竣工阶段"三大模块，每个模块设置典型工作任务。本教材采用"活页教材＋活页笔记＋实践训练＋功能插页"四位一体模式，根据活页式教材的特点，不同专业的课程可以代入相应的知识模块，以工作页式的工单为载体，强化学生自主学习、小组合作探究式学习，在课程内容、学生参与性、教师角色、课堂活动、评价体系等方面全面改革。

◆ **安装工程施工组织与管理(活页式)**

  本教材的编写由广西建设职业技术学院牵头,广西建工集团第一安装工程有限公司、广西建工集团控股有限公司、广西建工集团第一建筑工程有限责任公司等企业以及广西农业职业技术大学、南宁市职业技术学院等同行院校共同参与,编写成员既有安装工程施工组织与管理领域的专家,也有具有丰富教学经验和行业企业实践经历的一线教师,形成了双元合作、双主编制团队。其中,覃如琼编写安装工程施工组织与管理概述和模块1,方菁编写模块2中的任务2.1、任务2.2及模块3,李静编写模块2中的任务2.3,蒋瑛编写模块2中的任务2.4。

  本教材引入设备安装施工员职业标准和职业规范,可以作为高职高专院校、技术应用型本科院校建筑设备类专业学生用书,也可作为企业技术人员的参考资料。

课程任务指导

给水排水安装工程施工组织与管理典型任务导引

阶段	任务顺序号	任务名称	重点任务清单
施工准备阶段	1	给水排水施工图图纸会审	表1.1.1-2 新建公寓楼安装工程施工图图纸会审会议议程
			表1.1.1-3 新建公寓楼安装工程施工图图纸会审签到表
			表1.1.1-4 新建公寓楼安装工程施工图图纸会审记录
			表1.1.1-5 新建公寓楼安装工程施工图图纸会审总结
	2	给水排水工程施工组织设计的撰写	表1.1.2-2 新建公寓楼安装工程施工组织设计程序
			表1.1.2-3 新建公寓楼安装工程施工组织设计程序报告单
			表1.1.3-3 新建公寓楼安装工程施工组织设计目录清单
			表1.1.3-4 新建公寓楼安装工程施工组织设计内容
	3	给水排水工程施工准备	表1.2.0-6 新建公寓楼安装工程施工准备计划
			表1.2.0-7 新建公寓楼安装工程施工准备计划报告
	4	给水排水工程施工进度计划准备	表1.3.1-2 新建公寓楼安装工程进度计划步骤
			表1.3.1-3 新建公寓楼安装工程劳动量和施工过程持续时间计算
			表1.3.1-4 新建公寓楼安装工程进度计划程序和步骤总结
			表1.3.2-5 安装工程常用施工组织方式选择
			表1.3.2-7 新建公寓楼安装工程流水施工进度参数表达
			表1.3.2-8 安装工程施工组织方式选择和参数表达总结
			表1.3.3-3 安装工程流水施工计算步骤（等节奏）
			表1.3.3-4 安装工程流水施工计算、绘图总结（等节奏）
			表1.3.4-3 安装工程流水施工计算步骤（异节奏）
			表1.3.4-4 安装工程流水施工计算、绘图总结（异节奏）
			表1.3.5-3 安装工程流水施工计算步骤（无节奏）
			表1.3.5-4 安装工程流水施工计算、绘图总结（无节奏）
			表1.3.6-4 安装工程双代号网络计划的绘制
			表1.3.6-5 安装工程网络计划进度绘制总结
			表1.3.7-2 安装工程双代号网络计划的时间参数识读（二时标注法）
			表1.3.7-3 安装工程双代号网络计划进度报告（二时标注法）
			表1.3.8-2 安装工程双代号网络图识读（六时标注法）
			表1.3.8-3 安装工程双代号网络计划进度报告（六时标注法）
			表1.3.9-3 安装工程时标网络计划时间参数判读
			表1.3.9-4 安装工程时标网络计划进度报告
施工阶段	5	给水排水施工技术交底	表2.1.1-3 新建公寓楼安装工程技术交底程序单
			表2.1.1-4 新建公寓楼安装工程技术交底
	6	给水排水工程施工日志及隐蔽工程验收	表2.1.2-2 安装工程施工日志、隐蔽工程填写准备
			表2.1.2-3 安装工程施工日志
			表2.1.2-4 隐蔽工程检查验收记录
			表2.1.2-5 给水管道隐蔽工程检查验收记录

◆ 安装工程施工组织与管理（活页式）

续表

阶段	任务顺序号	任务名称	重点任务清单
施工阶段	7	给水排水工程检验批验、分项工程质量验收	表2.1.3-2　安装工程检验批质量验收工作准备
			表2.1.3-3　_____检验批质量验收记录（通用表格）
			表2.1.3-4　卫生器具安装检验批质量验收记录
			表2.1.3-9　_____分项工程质量验收记录
	8	施工进度计划的分析与调整	表2.2.1-2　安装工程施工进度计划纠偏结论
	9	成本控制管理	表2.3.1-4　安装工程施工成本控制的步骤（完善和补充）
			表2.3.2-2　新建公寓楼安装工程费用及工期索赔分析
			表2.3.2-3　新建公寓楼安装工程费用及工期索赔申请报告
	10	给水排水工程安全文明施工	表2.4.1-2　安全管理目标及组织机构
			表2.4.1-3　危险源辨识
			表2.4.1-4　现场文明施工设置
			表2.4.1-5　废水排放环境管理计划
			表2.4.1-6　噪声排放环境管理计划
			表2.4.1-7　粉尘排放环境管理计划
			表2.4.1-8　固体废物排放环境管理计划
			表2.4.1-9　安全管理检查评分
			表2.4.1-10　文明施工检查评分
			表2.4.1-11　职业健康安全管理计划
			表2.4.2-2　安装工程安全技术交底程序单
			表2.4.2-3　安全技术交底
竣工阶段	11	给水排水工程分部（子分部）质量验收	表3.1.0-2　_____分部工程质量验收记录（通用表）
			表3.1.0-3　____建筑给水排水及供暖____分部工程质量验收记录
			表3.1.0-4　____卫生器具____子分部工程质量验收记录
			表3.1.0-5　卫生器具安装子分部工程资料检查表
			表3.1.0-12　安装工程质量验收记录填写修改意见
	12	给水排水工程调试试运行	表3.2.0-2　_____联动试运行及调试记录
			表3.2.0-3　承压管道系统、设备、阀门强度及严密性试验记录
			表3.2.0-8　安装工程调试试运行记录填写修改意见
	13	单位工程验收	表3.3.0-2　单位（子单位）工程质量竣工验收记录 安全和功能检验资料核查及主要功能抽查记录
			表3.3.0-3　单位（子单位）工程质量竣工验收记录 工程质量控制资料核查记录
			表3.3.0-4　单位（子单位）工程质量竣工验收记录 观感质量检查记录
			表3.3.0-5　单位（子单位）工程质量竣工验收记录汇总表
			表3.3.0-6　施工单位工程竣工报告
			表3.3.0-7　安装工程单位工程质量验收记录填写总结

电气安装工程施工组织与管理典型任务导引

阶段	任务顺序号	任务名称	重点任务清单
施工准备阶段	1	电气施工图图纸会审	表 1.1.1-2 新建公寓楼安装工程施工图图纸会审会议议程
			表 1.1.1-3 新建公寓楼安装工程施工图图纸会审签到表
			表 1.1.1-4 新建公寓楼安装工程施工图图纸会审记录
			表 1.1.1-5 新建公寓楼安装工程施工图图纸会审总结
	2	电气工程施工组织设计的撰写	表 1.1.2-2 新建公寓楼安装工程施工组织设计程序
			表 1.1.2-3 新建公寓楼安装工程施工组织设计程序报告单
			表 1.1.3-3 新建公寓楼安装工程施工组织设计目录清单
			表 1.1.3-4 新建公寓楼安装工程施工组织设计内容
	3	电气工程施工准备	表 1.2.0-6 新建公寓楼安装工程施工准备计划
			表 1.2.0-7 新建公寓楼安装工程施工准备计划报告
	4	电气工程施工进度计划准备	表 1.3.1-2 新建公寓楼安装工程进度计划步骤
			表 1.3.1-3 新建公寓楼安装工程劳动量计算
			表 1.3.1-4 新建公寓楼安装工程进度计划程序和步骤总结
			表 1.3.2-5 安装工程常用施工组织方式选择
			表 1.3.2-7 新建公寓楼安装工程流水施工进度参数表达
			表 1.3.2-8 安装工程施工组织方式选择和参数表达总结
			表 1.3.3-3 安装工程流水施工计算步骤（等节奏）
			表 1.3.3-4 安装工程流水施工计算、绘图总结（等节奏）
			表 1.3.4-3 安装工程流水施工计算步骤（异节奏）
			表 1.3.4-4 安装工程流水施工计算、绘图总结（异节奏）
			表 1.3.5-3 安装工程流水施工计算步骤（无节奏）
			表 1.3.5-4 安装工程流水施工计算、绘图总结（无节奏）
			表 1.3.6-4 安装工程双代号网络计划的绘制
			表 1.3.6-5 安装工程网络计划进度绘制总结
			表 1.3.7-2 安装工程双代号网络计划的时间参数识读（二时标注法）
			表 1.3.7-3 安装工程双代号网络计划进度报告（二时标注法）
			表 1.3.8-2 安装工程双代号网络图识读（六时标注法）
			表 1.3.8-3 安装工程双代号网络计划进度报告（六时标注法）
			表 1.3.9-3 安装工程时标网络计划时间参数判读
			表 1.3.9-4 安装工程时标网络计划进度报告
施工阶段	5	电气施工技术交底	表 2.1.1-3 新建公寓楼安装工程技术交底程序单
			表 2.1.1-4 新建公寓楼安装工程技术交底
	6	电气工程施工日志及隐蔽工程验收	表 2.1.2-2 安装工程施工日志、隐蔽工程填写准备
			表 2.1.2-3 安装工程施工日志
			表 2.1.2-4 隐蔽工程检查验收记录
			表 2.1.2-6 桥架、线槽隐蔽工程验收记录

续表

阶段	任务顺序号	任务名称	重点任务清单
施工阶段	7	电气工程检验批验、分项工程质量验收	表2.1.3-2 安装工程检验批质量验收工作准备
			表2.1.3-3 ＿＿＿＿＿＿检验批质量验收记录（通用表格）
			表2.1.3-5 开关、插座、风扇安装检验批质量验收记录
			表2.1.3-9 ＿＿＿＿＿＿分项工程质量验收记录
	8	施工进度计划的分析与调整	表2.2.1-2 安装工程施工进度计划纠偏结论
	9	成本控制管理	表2.3.1-4 安装工程施工成本控制的步骤（完善和补充）
			表2.3.2-2 新建公寓楼安装工程费用及工期索赔分析
			表2.3.2-3 新建公寓楼安装工程费用及工期索赔申请报告
	10	电气工程安全文明施工	表2.4.1-2 安全管理目标及组织机构
			表2.4.1-3 危险源辨识
			表2.4.1-4 现场文明施工设置
			表2.4.1-5 废水排放环境管理计划
			表2.4.1-6 噪声排放环境管理计划
			表2.4.1-7 粉尘排放环境管理计划
			表2.4.1-8 固体废物排放环境管理计划
			表2.4.1-9 安全管理检查评分
			表2.4.1-10 文明施工检查评分
			表2.4.1-11 职业健康安全管理计划
			表2.4.2-2 安装工程安全技术交底程序单
			表2.4.2-3 安全技术交底
竣工阶段	11	电气工程分部（子分部）质量验收	表3.1.0-2 ＿＿＿＿＿＿分部工程质量验收记录（通用表）
			表3.1.0-6 建筑电气 分部工程质量验收记录
			表3.1.0-7 电气照明安装 子分部工程质量验收记录
			表3.1.0-8 电气照明安装子分部工程资料检查表
			表3.1.0-12 安装工程质量验收记录填写修改意见
	12	电气工程调试试运行	表3.2.0-2 ＿＿＿＿＿＿联动试运行及调试记录
			表3.2.0-4 电气照明器具通电安全检查记录
			表3.2.0-5 ＿＿＿＿＿＿接地电阻测试记录
			表3.2.0-8 安装工程调试试运行记录填写修改意见
	13	单位工程验收	表3.3.0-2 单位（子单位）工程质量竣工验收记录 安全和功能检验资料核查及主要功能抽查记录
			表3.3.0-3 单位（子单位）工程质量竣工验收记录 工程质量控制资料核查记录
			表3.3.0-4 单位（子单位）工程质量竣工验收记录 观感质量检查记录
			表3.3.0-5 单位（子单位）工程质量竣工验收记录汇总表
			表3.3.0-6 施工单位工程竣工报告
			表3.3.0-7 安装工程单位工程质量验收记录填写总结

暖通安装工程施工组织与管理典型任务导引

阶段	任务顺序号	任务名称	重点任务清单
施工准备阶段	1	暖通施工图图纸会审	表1.1.1-2 新建公寓楼安装工程施工图图纸会审会议议程
			表1.1.1-3 新建公寓楼安装工程施工图图纸会审签到表
			表1.1.1-4 新建公寓楼安装工程施工图图纸会审记录
			表1.1.1-5 新建公寓楼安装工程施工图图纸会审总结
	2	暖通工程施工组织设计的撰写	表1.1.2-2 新建公寓楼安装工程施工组织设计程序
			表1.1.2-3 新建公寓楼安装工程施工组织设计程序报告单
			表1.1.3-3 新建公寓楼安装工程施工组织设计目录清单
			表1.1.3-4 新建公寓楼安装工程施工组织设计内容
	3	暖通工程施工准备	表1.2.0-6 新建公寓楼安装工程施工准备计划
			表1.2.0-7 新建公寓楼安装工程施工准备计划报告
	4	暖通工程施工进度计划准备	表1.3.1-2 新建公寓楼安装工程进度计划步骤
			表1.3.1-3 新建公寓楼安装工程劳动量计算
			表1.3.1-4 新建公寓楼安装工程进度计划程序和步骤总结
			表1.3.2-5 安装工程常用施工组织方式选择
			表1.3.2-7 新建公寓楼安装工程流水施工进度参数表达
			表1.3.2-8 安装工程施工组织方式选择和参数表达总结
			表1.3.3-3 安装工程流水施工计算步骤（等节奏）
			表1.3.3-4 安装工程流水施工计算、绘图总结（等节奏）
			表1.3.4-3 安装工程流水施工计算步骤（异节奏）
			表1.3.4-4 安装工程流水施工计算、绘图总结（异节奏）
			表1.3.5-3 安装工程流水施工计算步骤（无节奏）
			表1.3.5-4 安装工程流水施工计算、绘图总结（无节奏）
			表1.3.6-4 安装工程双代号网络计划的绘制
			表1.3.6-5 安装工程网络计划进度绘制总结
			表1.3.7-2 安装工程双代号网络计划的时间参数识读（二时标注法）
			表1.3.7-3 安装工程双代号网络计划进度报告（二时标注法）
			表1.3.8-2 安装工程双代号网络图识读（六时标注法）
			表1.3.8-3 安装工程双代号网络计划进度报告（六时标注法）
			表1.3.9-3 安装工程时标网络计划时间参数判读
			表1.3.9-4 安装工程时标网络计划进度报告
施工阶段	5	暖通施工技术交底	表2.1.1-3 新建公寓楼安装工程技术交底程序单
			表2.1.1-4 新建公寓楼安装工程技术交底
	6	暖通工程施工日志及隐蔽工程验收	表2.1.2-2 安装工程施工日志、隐蔽工程填写准备
			表2.1.2-3 安装工程施工日志
			表2.1.2-4 隐蔽工程检查验收记录

安装工程施工组织与管理（活页式）

续表

阶段	任务顺序号	任务名称	重点任务清单
施工阶段	7	暖通工程检验批验、分项工程质量验收	表2.1.3-2　安装工程检验批质量验收工作准备 表2.1.3-3　＿＿＿＿＿＿＿＿检验批质量验收记录（通用表格） 表2.1.3-6　风管系统安装检验批质量验收记录（送风系统） 表2.1.3-9　＿＿＿＿＿＿＿＿分项工程质量验收记录
	8	施工进度计划的分析与调整	表2.2.1-2　安装工程施工进度计划纠偏结论
	9	成本控制管理	表2.3.1-4　安装工程施工成本控制的步骤（完善和补充） 表2.3.2-2　新建公寓楼安装工程费用及工期索赔分析 表2.3.2-3　新建公寓楼安装工程费用及工期索赔申请报告
	10	暖通工程安全文明施工	表2.4.1-2　安全管理目标及组织机构 表2.4.1-3　危险源辨识 表2.4.1-4　现场文明施工设置 表2.4.1-5　废水排放环境管理计划 表2.4.1-6　噪声排放环境管理计划 表2.4.1-7　粉尘排放环境管理计划 表2.4.1-8　固体废物排放环境管理计划 表2.4.1-9　安全管理检查评分 表2.4.1-10　文明施工检查评分 表2.4.1-11　职业健康安全管理计划 表2.4.2-2　安装工程安全技术交底程序单 表2.4.2-3　安全技术交底
竣工阶段	11	暖通工程分部（子分部）质量验收	表3.1.0-2　＿＿＿＿＿＿＿＿分部工程质量验收记录（通用表） 表3.1.0-9　＿通风与空调＿分部工程质量验收记录 表3.1.0-10　＿送风系统＿子分部工程质量验收记录 表3.1.0-11　＿送风系统＿子分部工程资料检查表 表3.1.0-12　安装工程质量验收记录填写修改意见
	12	暖通工程调试试运行	表3.2.0-2　＿＿＿＿＿＿＿＿联动试运行及调试记录 表3.2.0-6　通风与空调设备单机试运转及调试记录 表3.2.0-8　安装工程调试试运行记录填写修改意见
	13	单位工程验收	表3.3.0-2　单位（子单位）工程质量竣工验收记录 安全和功能检验资料核查及主要功能抽查记录 表3.3.0-3　单位（子单位）工程质量竣工验收记录 工程质量控制资料核查记录 表3.3.0-4　单位（子单位）工程质量竣工验收记录 观感质量检查记录 表3.3.0-5　单位（子单位）工程质量竣工验收记录汇总表 表3.3.0-6　施工单位工程竣工报告 表3.3.0-7　安装工程单位工程质量验收记录填写总结

消防安装工程施工组织与管理典型任务导引

阶段	任务顺序号	任务名称	重点任务清单
施工准备阶段	1	消防施工图图纸会审	表1.1.1-2 新建公寓楼安装工程施工图图纸会审会议议程
			表1.1.1-3 新建公寓楼安装工程施工图图纸会审签到表
			表1.1.1-4 新建公寓楼安装工程施工图图纸会审记录
			表1.1.1-5 新建公寓楼安装工程施工图图纸会审总结
	2	消防工程施工组织设计的撰写	表1.1.2-2 新建公寓楼安装工程施工组织设计程序
			表1.1.2-3 新建公寓楼安装工程施工组织设计程序报告单
			表1.1.3-3 新建公寓楼安装工程施工组织设计目录清单
			表1.1.3-4 新建公寓楼安装工程施工组织设计内容
	3	消防工程施工准备	表1.2.0-6 新建公寓楼安装工程施工准备计划
			表1.2.0-7 新建公寓楼安装工程施工准备计划报告
	4	消防工程施工进度计划准备	表1.3.1-2 新建公寓楼安装工程进度计划步骤
			表1.3.1-3 新建公寓楼安装工程劳动量计算
			表1.3.1-4 新建公寓楼安装工程进度计划程序和步骤总结
			表1.3.2-5 安装工程常用施工组织方式选择
			表1.3.2-7 新建公寓楼安装工程流水施工进度参数表达
			表1.3.2-8 安装工程施工组织方式选择和参数表达总结
			表1.3.3-3 安装工程流水施工计算步骤(等节奏)
			表1.3.3-4 安装工程流水施工计算、绘图总结(等节奏)
			表1.3.4-3 安装工程流水施工计算步骤(异节奏)
			表1.3.4-4 安装工程流水施工计算、绘图总结(异节奏)
			表1.3.5-3 安装工程流水施工计算步骤(无节奏)
			表1.3.5-4 安装工程流水施工计算、绘图总结(无节奏)
			表1.3.6-4 安装工程双代号网络计划的绘制
			表1.3.6-5 安装工程网络计划进度绘制总结
			表1.3.7-2 安装工程双代号网络计划的时间参数识读(二时标注法)
			表1.3.7-3 安装工程双代号网络计划进度报告(二时标注法)
			表1.3.8-2 安装工程双代号网络图识读(六时标注法)
			表1.3.8-3 安装工程双代号网络计划进度报告(六时标注法)
			表1.3.9-3 安装工程时标网络计划时间参数判读
			表1.3.9-4 安装工程时标网络计划进度报告
施工阶段	5	消防施工技术交底	表2.1.1-3 新建公寓楼安装工程技术交底程序单
			表2.1.1-4 新建公寓楼安装工程技术交底
	6	消防工程施工日志及隐蔽工程验收	表2.1.2-2 安装工程施工日志、隐蔽工程填写准备
			表2.1.2-3 安装工程施工日志
			表2.1.2-4 隐蔽工程检查验收记录
			表2.1.2-5 给水管道隐蔽工程检查验收记录

◆ 安装工程施工组织与管理（活页式）

续表

阶段	任务顺序号	任务名称	重点任务清单
施工阶段	7	消防工程检验批验、分项工程质量验收	表2.1.3-2 安装工程检验批质量验收工作准备
			表2.1.3-3 ＿＿＿＿＿＿检验批质量验收记录（通用表格）
			表2.1.3-7 室内消火栓系统安装检验批质量验收记录
			表2.1.3-8 消防喷淋系统安装检验批质量验收记录
			表2.1.3-9 ＿＿＿＿＿＿分项工程质量验收记录
	8	施工进度计划的分析与调整	表2.2.1-2 安装工程施工进度计划纠偏结论
	9	成本控制管理	表2.3.1-4 安装工程施工成本控制的步骤（完善和补充）
			表2.3.2-2 新建公寓楼安装工程费用及工期索赔分析
			表2.3.2-3 新建公寓楼安装工程费用及工期索赔申请报告
	10	消防工程安全文明施工	表2.4.1-2 安全管理目标及组织机构
			表2.4.1-3 危险源辨识
			表2.4.1-4 现场文明施工设置
			表2.4.1-5 废水排放环境管理计划
			表2.4.1-6 噪声排放环境管理计划
			表2.4.1-7 粉尘排放环境管理计划
			表2.4.1-8 固体废物排放环境管理计划
			表2.4.1-9 安全管理检查评分
			表2.4.1-10 文明施工检查评分
			表2.4.1-11 职业健康安全管理计划
			表2.4.2-2 安装工程安全技术交底程序单
			表2.4.2-3 安全技术交底
竣工阶段	11	消防工程分部（子分部）质量验收	表3.1.0-2 ＿＿＿＿＿＿分部工程质量验收记录（通用表）
			表3.1.0-3 ＿建筑给水排水及供暖＿分部工程质量验收记录
			表3.1.0-12 安装工程质量验收记录填写修改意见
	12	消防工程调试试运行	表3.2.0-2 ＿＿＿＿＿＿联动试运行及调试记录
			表3.2.0-3 承压管道系统、设备、阀门强度及严密性试验记录
			表3.2.0-7 自动喷水灭火系统联动试验记录
			表3.2.0-8 安装工程调试试运行记录填写修改意见
	13	单位工程验收	表3.3.0-2 单位（子单位）工程质量竣工验收记录 安全和功能检验资料核查及主要功能抽查记录
			表3.3.0-3 单位（子单位）工程质量竣工验收记录 工程质量控制资料核查记录
			表3.3.0-4 单位（子单位）工程质量竣工验收记录 观感质量检查记录
			表3.3.0-5 单位（子单位）工程质量竣工验收记录汇总表
			表3.3.0-6 施工单位工程竣工报告
			表3.3.0-7 安装工程单位工程质量验收记录填写总结

目 录

安装工程施工组织与管理概述 ...1

任务 0.1 施工组织与管理认知 ...2

模块 1 安装工程施工准备阶段 ...13

任务 1.1 技术准备 ...14
子任务 1.1.1 图纸会审 ...14
子任务 1.1.2 施工组织设计认知 ...27
子任务 1.1.3 施工组织设计的撰写 ...37

任务 1.2 施工准备 ...53

任务 1.3 施工进度计划准备 ...64
子任务 1.3.1 施工进度计划的认知 ...64
子任务 1.3.2 流水施工技术认知 ...75
子任务 1.3.3 等节奏（固定节拍）流水施工计算与绘图 ...89
子任务 1.3.4 异节奏流水施工计算与绘图 ...96
子任务 1.3.5 无节奏流水施工计算与绘图 ...104
子任务 1.3.6 网络计划的绘制 ...112
子任务 1.3.7 双代号网络计划节点时间的计算（二时标注法） ...124
子任务 1.3.8 双代号网络计划工作时间的计算（六时标注法） ...134
子任务 1.3.9 时标网络计划的绘制与计算 ...146

模块 2 安装工程施工阶段 ...157

任务 2.1 质量控制管理 ...158
子任务 2.1.1 技术交底 ...158
子任务 2.1.2 施工日志及隐蔽工程验收 ...168

　　　　子任务 2.1.3　安装工程检验批、分项工程质量验收 …182
　　任务 2.2　进度控制管理 …216
　　　　子任务 2.2.1　施工进度计划的分析与调整 …216
　　任务 2.3　成本控制管理 …227
　　　　子任务 2.3.1　成本控制的认知 …227
　　　　子任务 2.3.2　工程费用的索赔与签证单的填写 …244
　　任务 2.4　安全文明施工管理 …263
　　　　子任务 2.4.1　安全文明的认知 …263
　　　　子任务 2.4.2　安全交底 …293

模块 3　安装工程竣工阶段 …303

　　任务 3.1　分部（子分部）工程质量验收 …304
　　任务 3.2　调试试运行 …321
　　任务 3.3　单位工程验收 …332

参考文献 …352

附录 A　给水排水工程工程量清单 …353

附录 B　电气工程工程量清单 …357

附录 C　通风与空调工程工程量清单 …360

附录 D　消防工程工程量清单 …362

安装工程施工组织与管理概述

建筑安装工程涉及面广，包括多个行业和不同的专业，是一个极其复杂的、综合的系统工程。建筑安装工程是工程建设的最后一个重要阶段，在民用工程中，它直接影响工程产品的使用和安全性能的发挥，影响人民生命和财产的安全。

建筑安装工程施工组织与管理就是针对安装工程多专业、高技术的特点，研究如何将投入项目施工中的各种资源（如人力、材料、机械和资金等）合理有效地组织起来，寻求最佳施工方案，通过一系列的组织、策划、激励、沟通、控制等专业活动，使项目施工有条不紊地进行，从而实现质量、成本和工期的既定目标。

建筑安装工程领域包括给水、排水、消防、采暖、电气、通风与空调等专业，它基本上贯穿于整个建筑工程过程中，主要部分是在建筑的主体结构工程结束以后才进行施工，并在建筑装修完成前就要基本结束，因而具有工期短、边施工边进行的特点。因此，不仅需要健全的工程项目组织，而且要建立严格的工程施工管理体系、安装应急预案，同时还要为工程施工过程中所涉及的人力、物力、资金等所需资源提供有力且充分的保障。

任务0.1　施工组织与管理认知

任务描述

建筑施工组织与管理是组织实施和具体指导拟建工程从施工准备到竣工验收全过程的综合性技术经济活动，包括施工过程中对各项工作的检查、监督、控制与调节等。在空间、时间、数量上，施工组织与管理研究如何通过合理的安排、组织与协调，优化施工过程，保证建设工程顺利竣工交付使用，实现建设项目投资效益的合理最大化。

某新校区建设项目，总共有17栋宿舍楼、6栋教学楼、2个食堂、2栋实训楼、1栋行政楼以及礼堂、体育馆等，每栋建筑需要进行土建、装饰装修、设备安装等工程。请根据该建设项目内容，划分建设项目，并撰写相关报告。

学习目标

1. 知识目标

（1）能说出施工组织的定义。
（2）能描述建设项目的划分。
（3）能说出施工管理的定义和工程项目管理的内涵。
（4）能说出建筑安装工程的特点。

2. 能力目标

能够进行建设项目的划分。

3. 素质目标

（1）培养计划周全、考虑项目整体性的工作态度。
（2）培养严谨的逻辑思维方式。
（3）培养合作共赢、相互依存的团队意识。
（4）增强民族自豪感和树立全局观。

施工组织与
管理的基本概念

任务分析

1. 重点

（1）理解施工组织和施工管理。
（2）掌握建设项目的划分。

2. 难点

建设项目的划分。

基本建设项目的
划分

> 相关知识链接

知识卡一　施工组织的基本知识

施工组织是工程项目实施的指挥中枢，是各种规章制度和管理措施落实的根本保证，是沟通和协调各种矛盾的重要桥梁。

在建筑安装工程领域中，"施工组织"既可作为动词，又可作为名词。

作为动词，"施工组织"指根据批准的建设计划、设计文件（施工图）和工程承包合同，对土建工程任务从开工到竣工交付使用所进行的计划、组织、控制等活动的统称。

作为名词，"施工组织"是"施工组织机构"的简称，泛指具有法人资格的、专业化的施工企业。这类施工企业拥有一支稳定的专业技术骨干和施工队伍，能够承接相应的各类建筑安装工程。具体到一个工程项目，这类施工企业要根据工程项目的规模、特点和复杂程度，组建一个专业化的"项目管理组织机构"，对工程项目组织开展具体的实施活动。

如何选定项目管理组织机构负责人，即项目经理，是施工组织的重要课题，它关系到工程项目实施的成效。同时，项目经理还要将参与工程项目的管理人员和技术工人凝聚成一个战斗力很强的一线团队，并高效地投入生产作业中，使工程项目目标得以顺利实现。

知识卡二　建设项目的划分

按一个总体设计组织施工，建成后具有完整的系统，可以独立地形成生产能力或使用价值的建设工程，称为基本建设项目，简称建设项目，例如，一所学校、一家医院、一座工厂或较大的住宅小区等。

一般情况下，一个建设项目由单项工程（又称工程项目）、单位工程、分部工程和分项工程组成。建设项目的划分如图0.1.0-1所示。

1. 单项工程

单项工程是构成建设项目的基本单位。一个建设项目既可以是一个单项工程，也可以包括多个单项工程。单项工程指具有独立的设计文件、独立概算、在竣工后能独立发挥设计规定的生产能力和效益的工程，如独立的生产车间、实验楼、图书馆或住宅楼等。

2. 单位工程

单位工程是单项工程的组成部分，它是具有独立的施工图设计，具备独立的施工条件，但竣工后不能独立发挥生产能力或效益的工程。建筑规模较大的单体工程和具有综合使用功能的综合性建筑物工程可被划分为若干个子单位工程进行验收。例如，单项工程住宅楼可以分为土建、电气照明和给水排水等单位工程。

单位工程的划分应按下列原则确定：

（1）具备独立施工条件并能形成独立使用功能的建筑物及构筑物为一个单位工程。

◆ 安装工程施工组织与管理（活页式）

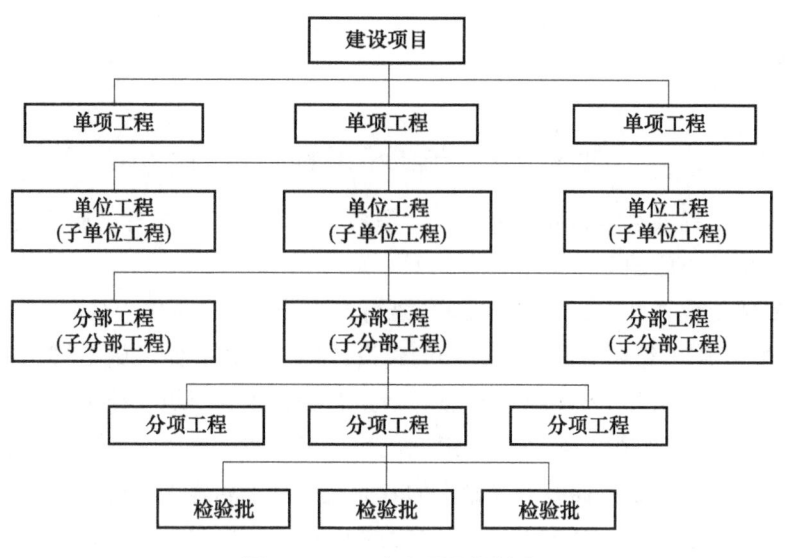

图 0.1.0-1　建设项目的划分

（2）规模较大的单位工程，能将其可形成独立使用功能的部分划分为一个子单位工程。子单位工程的划分一般可根据工程的建筑设计分区、使用功能的显著差异、结构缝的设置等实际情况，在施工前由建设、监理、施工单位自行商定，并据此收集、整理施工技术资料并组织验收。

（3）室外工程可根据专业类别和工程规模划分单位（子单位）工程。

3. 分部工程

分部工程是单位工程的组成部分，一般按单位工程的专业性质、建筑部位划分。例如，一栋房屋的土建单位工程，按其结构或构造部位，可以划分为地基与基础、主体结构、建筑屋面、建筑装饰装修等分部工程。

分部工程的划分应按下列原则确定：

（1）分部工程的划分应按专业性质、建筑部位确定。例如，建筑工程划分为地基与基础、主体结构、屋面、建筑装饰装修、建筑给水排水及供暖、通风与空调、建筑电气、智能建筑、建筑节能、电梯十个分部工程。

（2）当分部工程较大或较复杂时，可按施工程序、专业系统及类别等划分为若干个子分部工程。例如，智能建筑分部工程中就包含了火灾及报警消防联动系统、安全防范系统、综合布线系统、智能化集成系统、电源与接地、环境、住宅（小区）智能化系统等子分部工程。

4. 分项工程

分项工程是分部工程的组成部分，一般是按主要工种和施工工艺等进行划分的，如挖土、填土、混凝土垫层、管道安装等。分项工程也称为施工过程，是用工、用料和机械台班计量的基本单元。

分项工程既有施工作业的独立性，又有相互联系、相互制约的整体性。

5. 检验批

检验批是按相同的生产条件或按规定的方式汇总供检验，由一定数量样本组成的检验体。分项工程可由一个或若干个检验批组成。检验批是施工质量验收的最小基本单位，可根据施工、质量控制和专业验收的需要，按工程量、楼层、施工段、变形缝等进行划分。安装工程一般将一个设计系统或组别划分为一个检验批。

知识卡三 施工管理的基本知识

建筑安装工程同土建工程一样，涉及面广，针对的目标多，专业技能要求高。凡是与安装工程施工相关的大大小小的问题，都属于施工管理的范畴。

建筑安装工程的施工管理是指从开始至完成，应运用科学的方法和手段，建立行之有效的规章制度，明确管理人员的职责，编制施工组织设计和施工方案，通过策划、组织、实施、控制和调整，将一些基本资源加以整合和运作，以使项目的质量目标、进度目标和成本目标等圆满实现。

目标是前提，实现是目的，这就是施工管理的唯一任务。

1. 施工组织与施工管理的关系

施工组织与施工管理是一个不可分割的整体。施工组织为施工管理提供了指挥中枢和动力，施工管理为施工组织提供了完成目标的工具和手段。没有专业化的管理制度，项目管理无从谈起；有了施工组织，制度的落实才有保证，目标才能以实现。有人形象地比喻：专业化的管理制度是项目管理的血和肉，专业管理人员是项目管理的灵魂。两者相依相存，缺一不可，但主次关系是很明确的。

2. 工程项目管理的内涵

项目管理是近年来发展起来的一种现代化的管理模式，它运用系统的观点、理论和方法，对工程项目进行计划、组织、实施、协调和控制等专业化活动。

工程项目管理的内涵是：自项目开始至项目完成，通过项目策划和项目控制，使项目的费用目标、进度目标和质量目标得以实现。项目管理按建设工程参与方划分，包括业主方的项目管理、设计方的项目管理、施工方的项目管理以及物资供货方的项目管理等。

施工项目管理是一线管理，或称现场管理。由于受工程项目的目标和时间的制约，施工项目管理是一种约束力很强的管理，也是一次性的管理，其结果是不可逆转的，一旦出现失误，难有纠正的机会。

目前，施工项目管理普遍推行和实施项目经理责任制。项目经理责任制是以项目经理为责任主体的施工项目管理目标责任制度，用以确保项目履约，确立项目经理部与企业、职工三者之间的责、权、利关系。

项目经理责任制是以施工项目为对象，以项目经理全面负责为前提，以"项目管理目标责任书"为依据，以创优工程为目标，以最佳社会和经济效益为目的，实行从施工项目开工到竣工验收的一次性全过程管理。这也是项目管理区别于其他管理模式的显著特点。

因此，项目经理不仅专业水平要强，管理素质也要高；要善于将管理人员和施工队伍捏成一个整体，调动和发挥大家的主观能动性，对工程项目进行科学管理、组织文明施工，使投入项目施工中的人力和物力能最大限度地发挥作用，使施工有条不紊地进行；对施工过程中出现的问题，能稳妥、及时地处理，使各项目标得以顺利实现。

施工项目管理按需要可划分为施工项目管理规划大纲和施工项目管理实施规划两类。施工项目管理规划大纲是由企业管理层在投标之前编制的，旨在作为投标依据、满足招标文件要求及签订合同要求的文件。施工项目管理实施规划是在开工前，由项目经理主持编制的，旨在指导项目经理实施阶段管理的文件。施工项目管理实施规划依据施工项目管理规划大纲进行编制，对施工项目管理规划大纲确定的目标和决策作出更具体的安排，以指导实施阶段的项目管理。

知识卡四　建筑安装工程的特点

建筑安装工程的特点主要有以下几方面：

（1）产品固定，人员流动。这一特点与土建工程一样。工程项目一旦动工，其产品就在原地固定不动，生产人员围绕该产品进行各种生产活动。当工程项目或分部分项工程完成时，生产人员随之流动到其他工作面或工地。

（2）工程批量小，施工周期短。这一特点与土建工程显著不同。土建工程体量大，施工周期长，持续时间短则几个月，长则三五年。与土建工程相比，建筑安装工程的工程批量和施工周期都显得小而短。

（3）专业性强，技术要求高。技术和质量要求复杂、严格，专业性强，技术含量高，是建筑安装工程显著特点。针对建筑安装工程的这些特点，要求技术工人具备较高的文化素质和独当一面的专业操作能力。

（4）测试工序严格、复杂。由于建筑安装工程各种专业的特殊性和对安全的严格要求，在每道工序或分项、分部工程完成后，都要进行严格的测试，以确保工程的质量和安全。

（5）单一性和不可重复性。建筑安装工程与土建工程一样，不同工程的地点、环境、规模和形态具有差异性。这决定了建筑安装产品只能单体生产，不像工业产品能批量生产、重复生产。

（6）材料配件单位价值高。建筑安装工程的材料、配件的单位价值较高，若使用、保管不善，容易遗失或损坏，造成很大的浪费，对降低成本影响较大。

（7）全局观点。建筑安装工程施工在时间和空间上有时会与土建施工形成交叉作业，各专业施工之间、本专业内部也会出现较多的交叉作业，所以，要求参与作业的人员要放眼全局，重视质量，主动和其他专业沟通与协调，共同爱护已完成的产品。

由于以上这些特点，建筑安装工程项目在施工组织与施工管理上要有很强的针对性和具体的实施方案，在编制施工组织设计时，要统筹考虑，合理安排，实现作业时间和空间的最佳利用，使工程连续、均衡、顺利地进行。

思想政治素养养成

（1）工程项目投资大、建设周期长、不确定性因素多、风险大、参与人员多，这就需要参与项目管理的施工技术管理人员具有严谨的工作态度和良好的职业素养。2013年6月28日，习近平总书记在全国组织工作会议上用20字概括了"好干部"的标准：信念坚定、为民服务、勤政务实、敢于担当、清正廉洁。学生在施工组织与管理工作中将不断成长，从施工员到项目经理，最终走上施工管理者的岗位。要成为一名优秀的管理者，必须具备良好的社会道德品质和经营管理素质，具有爱岗敬业、诚实守信、严谨求实的职业素养和工匠精神。

（2）施工组织是在工程项目施工前、施工中、施工后对成本、进度、质量、文明施工等进行计划、组织和控制等，因此要培养仔细周到、计划周全、考虑项目整体性的工作态度。

（3）建设项目的划分是对整个工程建设项目的层层拆解，以便各个专业进行施工和验收，分清主次。因此，在划分建设项目时，要养成严守规范的工作态度，形成认真严谨的思维方式。

（4）随着新技术、新设备的出现，我国也涌现出很多高、新、现代化建筑，展示了我国的综合实力，增强了民族自豪感。高、新建筑的建设需要各个单位、专业的协调，专业技术人员要树立全局观，提高沟通协调能力。

任务分组

填写表0.1.0-1，完成学生任务分配。

表0.1.0-1 学生任务分配

班 级		组 号		指导教师	
组 长		学 号			
组 员	姓 名		学 号	姓 名	学 号
任务分工					
备 注					

> 自主探学

任务工单 1

组号_____　　　姓名_____　　　学号_____

引导问题：

（1）请说出现代建筑安装工程有哪些特点。

_____
_____
_____

（2）什么是施工组织？施工组织的主要任务是什么？

_____
_____
_____

（3）什么是施工管理？施工组织与施工管理的关系是什么？

_____
_____
_____

（4）建设工程项目管理的内涵是什么？建设工程项目管理实行的是什么制度？

_____
_____
_____
_____

合作研学

任务工单2

组号_____   姓名_____   学号_____

引导问题：

（1）小组交流，教师参与。正确划分建设项目，并填写表0.1.0-2。

表0.1.0-2 新校区建设项目划分明细

序 号	工程名称	定义（划分依据）	新校区工程例子
1			
2			
3			
4			
5			
6			
7			

（2）记录存在的不足。

_____
_____
_____

任务工单 3

组号_____ 姓名_____ 学号_____

引导问题:

(1) 每个小组推荐一名同学汇报。借鉴每组经验,完善本组新校区建设项目划分实例,撰写项目划分报告(见表 0.1.0-3)。

表 0.1.0-3 新校区建设项目划分报告

新校区建设项目划分报告

(2) 记录存在的不足。

_____
_____
_____
_____

评价反馈

结合任务完成情况,扫描以下二维码,完成个人自评、组内互评、小组组间评价和教师评价。

评价反馈

拓展延学

延伸阅读:(1)《建筑工程施工质量验收统一标准》(GB 50300—2013)。
（2）《建设工程项目管理规范》(GB/T 50326—2017)。

《建筑工程施工质量
验收统一标准》
(GB 50300—2013)

模块 1　安装工程施工准备阶段

现代的建筑施工是一项十分复杂且周期较长的生产活动，不但需要耗用大量的人力和物力，还要处理各种复杂的技术问题，受外界环境影响较大，不可预见因素较多，如果事先缺乏周密的考虑和准备，势必会造成某种混乱或损失，影响施工正常进行。因此，施工准备是降低和避免风险的有效措施，是搞好目标管理的重要前提。

施工准备工作是施工程序中的重要环节，不仅存在于开工之前，还贯穿于整个施工过程。它的基本任务是为拟建的工程施工创造必要的技术条件和物质条件，统筹安排施工力量，合理布置施工现场，确保工程施工正常地展开和顺利地进行。

施工准备阶段的工作指开工前的施工准备和施工过程中的各分部分项工程施工作业前的准备，包括熟悉、审查图纸；了解业主和设计意图；结合国家规范、行业标准及业主要求，进行深化设计。施工准备阶段要核对本工程与土建、消防、电气、暖通等相关专业施工图纸的配合情况，例如，土建图纸的预留预埋，与消防、电气和暖通专业的结合点、安装位置、安装顺序等。

在本模块，以新建公寓楼安装工程项目为纽带，以真实工作任务为载体，进行项目施工前的准备工作，完成技术准备，现场、人员、物资准备，以及进度计划准备等 13 个典型工作任务，通过任务工单，为新建公寓楼安装工程做好施工前的准备工作。培养学生具备安装施工的准备工作能力，树立全局观，形成严谨细致的工作作风。

任务 1.1　技术准备

子任务 1.1.1　图纸会审

任务描述

图纸会审是施工准备的一项必备工作。施工图是工程施工的过程依据，按图施工也是工程竣工验收的基础参照，更为工程投入使用后的维修以及养护提供可靠参考。因此，建设单位应在施工前组织图纸会审，参加该工程项目的各方技术管理人员和相关部门认真阅图，了解工程情况和设计意图，把图纸中的错漏、矛盾、交代不清楚、设计不合理等问题解决在施工作业之前。

安装工程开工前，由建设单位组织，施工、设计、监理等单位参加新建公寓楼安装工程图纸会审会议，会前认真仔细熟读图纸、做好施工图纸的预审工作，会中认真记录图纸会审内容，会后整理会议内容并形成图纸会审纪要。

学习目标

1. **知识目标**

（1）能说出图纸会审的定义和目的。
（2）能说出图纸会审的主持单位、参会单位和参会人员。
（3）能描述图纸会审的主要内容。

2. **能力目标**

（1）能正确识读需要会审的图纸。
（2）能组织图纸会审，熟悉会议程序。
（3）会编写图纸会审会议记录、整理图纸会审纪要。

3. **素质目标**

（1）具备组织协调能力，培养会议组织能力。
（2）具备团队协作能力，树立团队合作意识。
（3）养成沟通交流的职业习惯，树立工程职业意识。
（4）培养严谨、踏实、实事求是的工匠精神。

任务分析

1. **重点**

（1）图纸会审的定义及目的。

图纸会审

(2) 图纸会审的程序。

(3) 图纸会审会议纪要的记录和整理。

2. 难点

图纸会审会议纪要的记录和整理。

> 相关知识链接

知识卡　图纸会审

1. **图纸会审的定义**

图纸会审是指在工程项目施工前，建设单位组织施工、监理、设计、设备供货等相关单位，在收到审查合格的施工图设计文件后，在设计交底前进行的全面细致地熟悉和审查施工图纸的活动。

2. **图纸会审的目的**

(1) 使施工单位和各参建单位熟悉设计图纸，了解工程特点和设计意图，找出需要解决的技术难题，并制订解决方案。

(2) 解决图纸中存在的问题，减少图纸的差错，消灭质量隐患。

3. **图纸会审的程序**

图纸会审应在开工前进行。若施工图纸在开工前未全部到齐，可先进行分部工程图纸会审。

(1) 图纸会审的一般程序：业主或监理方主持人发言→设计方图纸交底→施工方、监理方代表提问题→逐条研究→形成图纸会审记录文件→签字、盖章后生效。

(2) 图纸会审前必须组织预审。阅图中发现的问题应归纳汇总，会上派一名代表发言，其他人可视情况适当解释、补充。

(3) 施工方及设计方专人对提出和解答的问题做好记录，以便查核。

(4) 整理会议内容形成图纸会审记录，由各方代表签字盖章认可。

4. **图纸会审人员**

(1) 建设方：现场负责人员及其他技术人员。

(2) 设计方：设计院总工程师、项目负责人及各个专业设计负责人。

(3) 监理方：项目总监及各个专业监理工程师。

(4) 施工单位：项目经理、项目副经理、项目总工程师及各个专业技术负责人。

(5) 其他相关单位：技术负责人。

5. **图纸会审的时间控制**

设计图纸分发后三个工作日内，由监理负责组织业主、设计、监理、施工单位及其他相关单位进行设计交底。设计交底后十五个工作日内，由监理负责组织上述单位进行图纸会审。

6. 图纸会审的要求

图纸会审可采用全部图纸集中会审、分部图纸会审、分阶段图纸会审及分专业图纸会审，具体的会审形式由监理确定。

施工单位、监理单位及其他各个专业的工程技术人员针对自己发现的问题或对图纸的优化建议，以文字汇报材料分发会审人员讨论。

每个单位提出的问题或优化建议，在会审会议上必须经过讨论并形成明确结论；对需要再次讨论的问题，在会审记录上明确最终答复日期。

图纸会审记录由施工单位负责整理，并分发给各个相关单位执行、归档。

作废的图纸设计以书面形式通知，各个施工单位自行处理，不得影响施工。

7. 图纸会审的内容

（1）施工图的设计是否符合国家有关技术规范。

（2）图纸及设计说明是否完整、齐全、清楚；图纸中的尺寸、坐标、轴线、标高、各种管线和道路的交叉连接点是否准确；一套图纸中前、后各图纸及建筑与结构施工图是否吻合；地下与地上的设计是否有矛盾。

（3）施工单位技术准备条件能否满足工程设计要求；若采用的新结构、新工艺、新技术或工程的工艺设计与使用功能要求土建施工、设备安装以及管道、动力和电器安装采取特殊技术措施，施工单位在技术上有无困难，是否能确保施工质量和施工安全。

（4）在组织采购时，设计中所选用的各种材料、配件、构件（包括特殊的、新型的）的品种规格、性能、质量、数量等方面能否满足设计规定的要求。

（5）对设计中不明确或存疑之处，请设计人员解释清楚。

（6）对图纸中的其他问题提出合理化建议。

8. 图纸会审的方法

图纸会审工作首先应熟悉施工图，如建筑图、结构施工图、设备（给水排水、电气、暖通）施工图等。

9. 会审图纸的常见问题

尺寸、标高是否一致；给水排水、电气和暖通安装专业图之间、图号之间是否有矛盾；预留洞、预埋件是否错漏；构造做法是否交代清楚；材料选用是否合理，设计能否满足质量要求；基础、地沟等是否相碰；建筑图与结构图是否一致；标准图、详图是否正确；顶棚、墙面、墙裙、踢脚线、地面等装修做法是否协调；门窗、构件的尺寸、规格、数量是否相符等。

10. 图纸会审的审查顺序

（1）先粗后细。先看平面图、立面图、剖面图、大样图，了解整个工程，对总长、宽尺寸、轴线尺寸、标高、层高、总高形成初步印象，再看细部做法，核对总尺寸与细部尺寸、位置、标高是否相符，门窗表中的门窗型号、规格、形状、数量是否与结构相符等。

（2）先小后大。先看小样图，再看大样图，核对在平面图、立面图、剖面图中标注的细部做法与大样图的做法是否相符；所采用的标准构配件图集编号、类型、型号与设计图纸是否矛盾；索引符号是否存在漏标；大样图是否齐全；等等。

（3）先建筑后安装。先看建筑图，后看安装图；并把建筑图与安装图相互对照，核对其轴线尺寸、标高是否相符，有无矛盾，查对有无遗漏尺寸，有无构造不合理之处。

（4）先一般后特殊。先看一般的部位和要求，后看特殊的部位和要求。特殊要求一般包括防水处理要求和抗震、防火、保温、隔热、隔声、防尘和特殊装修等技术要求。

（5）图纸与说明相结合。在看图纸时，要对照设计总说明和图中的细部说明，核查图纸和说明有无矛盾、规定是否明确、要求是否可行、做法是否合理等。

（6）土建与安装相结合。在看土建图时，应有针对性地看一些安装图，并核对与土建图有关的安装图有无矛盾，预埋件、预留洞或槽的位置、尺寸是否一致，了解安装对土建的要求，以便考虑在施工中的协作问题。

（7）图纸要求与实际情况相结合。核对图纸有无不切合实际之处，如建筑物相对位置、场地标高、地质情况等是否与设计图纸相符；对于一些特殊的施工工艺，施工单位能否做到；等等。为了做好设计图纸的会审工作、提高设计图纸的质量，应尽量减少在施工过程中发现设计图存在的问题。

11. 图纸会审工作中的注意事项

（1）施工单位应以谦虚、配合、学习、和谐的态度参加图纸会审会议。根据建设单位、设计单位、监理公司的组织能力和协调能力提供必要的服务，促使图纸会审圆满完成。

（2）图纸会审记录是施工文件的组成部分，与施工图具有同等效力，所以图纸会审记录的管理办法和发放范围与施工图的管理和发放相同，并应认真实施。

图纸会审是一项很重要的程序和工作，对施工能否顺利进行将产生较大的影响。要做好详尽的会议记录，凡参与图纸会审的单位与人员均应记录在案。会议记录作为记录文件之一归档保管。

▎思想政治素养养成▎

（1）图纸会审会议需要各参建单位参加，涉及的单位、部门较多，会议议程也较多，如何全面地通知到各个单位、部门、成员等，使会议有序、顺利进行，是需要认真思考的问题。在组织会议的过程中，培养学生的组织协调能力。

（2）图纸会审以专业为单位，针对新建公寓楼的安装工程施工图图纸，提出各专业的疑问，团队内要分工明确，共同商议讨论，形成问题在会上讨论。因此，学生要具备团队协作能力，树立团队合作意识。

（3）在图纸会审会议上，专业代表要针对本专业的问题陈述情况，并听取其他专业提出的问题，其沟通表达能力是非常重要的。在工程项目中，时刻都要与其他专业沟通，以减少不必要的冲突和麻烦。因此，要养成沟通交流的职业习惯，树立工程职业意识。

（4）在填写图纸会审记录等表格时，要非常谨慎。图纸会审记录是具有法律效力的，要根据会议的实际情况实事求是地填写。因此，要培养严谨、踏实、实事求是的工匠精神。

任务分组

填写表 1.1.1-1，完成学生任务分配。

表 1.1.1-1 学生任务分配

班　级		组　号		指导教师	
组　长		学　号			
组　员	姓　名		学　号	姓　名	学　号
任务分工					
备　注					

> 自主探学

任务工单 1

组号_____ 姓名_____ 学号_____

引导问题:

(1) 什么是图纸会审?
_____
_____

(2) 图纸会审的目的是什么?
_____
_____

(3) 图纸会审的参会单位和人员有哪些?
_____
_____

任务工单 2

组号_____ 姓名_____ 学号_____

引导问题:

(1) 图纸会审的主要内容是什么?
_____
_____

(2) 图纸会审应审查哪些主要问题?
_____
_____

(3) 图纸会审的主要程序是什么?
_____
_____

> 合作研学

任务工单3

组号_____   姓名_____   学号_____

引导问题：

（1）小组交流，教师参与。假设你是一名安装施工员，为了顺利开展新建公寓楼安装工程施工图图纸会审会议，请你撰写一份会议议程（见表1.1.1-2）。

表1.1.1-2　新建公寓楼安装工程施工图图纸会审会议议程

所属专业：
给水排水专业□　　　　电气专业□　　　　暖通专业□　　　　消防专业□

新建公寓楼安装工程施工图图纸会审会议议程
图纸会审会议目的及意义：
参会单位及人员：
会议时间及地点：
本次图纸会审会议议程如下：
一、
二、
三、
四、
五、
六、

（2）记录存在的不足。

_____
_____
_____
_____

> 情境模拟

任务工单4

组号_____　　　　姓名_____　　　　学号_____

引导问题：

召开一次图纸会审会议，分小组代表建设、设计、施工、监理等单位，完成安装工程图纸会审会议流程，记录、整理安装工程图纸会审会议纪要，并对此次会议进行总结。

（1）会议准备，请选择所属专业，然后组织各参加单位签到并填写签到表（见表1.1.1-3）。

表1.1.1-3　新建公寓楼安装工程施工图图纸会审签到表

所属专业：

给水排水专业□　　　　电气专业□　　　　暖通专业□　　　　消防专业□

工程名称		会审时间	年　月　日
会审内容		会审地点	
建设单位			
参加人员（签字）			
设计单位			
参加人员（签字）			
监理单位			
参加人员（签字）			
施工单位			
参加人员（签字）			
主持人		记录人	
建设单位	设计单位	监理单位	施工单位
盖章	盖章	盖章	盖章

◆ 安装工程施工组织与管理（活页式）

（2）针对会议现场各参加单位提出的问题，请如实记录问题和填写会审意见（见表 1.1.1-4）。

表 1.1.1-4 新建公寓楼安装工程施工图图纸会审记录

编号

工程名称					
专业名称				会审日期	年 月 日
序 号	图 号	提出问题		会审意见	
建设单位（公章）	监理单位（公章）		设计单位（公章）		施工单位（公章）
项目负责人： (签章)	总监理工程师： (签章)		项目负责人： (签章)		项目负责人： (签章)
项目专业负责人：	专业监理工程师：		项目专业技术 负责人：		项目专业负责人：

（3）图纸会审会议已圆满结束，请总结本次会议（见表1.1.1-5）。

表1.1.1-5 新建公寓楼安装工程施工图图纸会审总结

所属专业：

给水排水专业□　　　　　电气专业□　　　　　暖通专业□　　　　　消防专业□

图纸会审会议总结
一、总结
二、不足与改进

评价反馈

结合任务完成情况,扫描以下二维码,完成个人自评、组内互评、小组组间评价和教师评价。

评价反馈

拓展延学

各专业施工图纸核查零点分别如表1.1.1-6~表1.1.1-8所示。

表1.1.1-6 给水排水专业施工图纸核查要点

序号	重点需要核查的内容	常见问题
1	校对设计说明和材料明细表	是否有错、漏
2	检查各层平面布置图,是否有遗漏。例如,卫生间和盥洗的龙头除三件套外,应加设计洗衣机和淋浴器两个龙头。厨房水龙头除了生活用水、污水外再加过滤水的龙头	
3	校对所有系统图的管径尺寸和标高	是否符合要求
4	排水管的直径按照排放量而定。校对排水管的直径、尺寸、标高及坡度,排进市政集水井的坡度不小于0.3%	标注等是否有遗漏或错误
5	校对各层平面图和排水系统图,特别是位置、数量、管径、标高	是否符合规范。需设置地漏的地面是否做坡度
6	凡有穿孔及预埋套管处都须在图中表明	是否注明
7	注意变压器室下面	是否需要设置隔油池
8	屋面排水斗的设计和排水量	是否符合规范要求
9	卫生间采用整块门槛石,门槛石先于门套施工,保证门套压在门槛石上面,要有安装节点图	卫生间门口反坎易漏水

表1.1.1-7 电气专业施工图纸核查要点

序号	重点需要核查的内容	常见问题
1	校对说明书与材料表	是否有遗漏或需补充
2	进户线的方位应该在主电源提供的距离最短的方向,节省用户的电线、电缆	
3	检查每层分项的电表或漏电保护装置	是否合理
4	动力与照明、强电与弱电线路必须分开设置	是否分开设置
5	对建筑所须开洞、预埋的都须在图中交待清楚,并要注明标高和尺寸	是否标示清楚
6	校对所有平面图与系统图的设计	是否一致
7	校对每户需用电气设备的布局(如照明、空调、电视)以及高标准装修所提出的要求	是否都有设计,是否与实际相符

续表

序 号	重点需要核查的内容	常见问题
8	防雷系统的设计是否遗漏	
9	电缆沟的设计	是否遗漏或是否符合规范
10	是否设总机房,根据电话门数而定,总机房必须设防静电地板	
11	进每户的电话线和光纤除特殊要求外,每户进一路线,设两至三个分线盒	
12	卫生间应设置一电话分线盒	
13	校对消防系统图、电话系统图、安防系统图、有线电视、网络光纤等	
14	火灾报警及联动系统图;消防控制中心设备平面布置及桥架、电缆平面图,报警元件联动模块及线路平面图;火灾报警及联动施工说明;报警联动控制程序要求	
15	宽带网信息系统:宽带网信息系统图及平面图,核对总进线光缆及光端机容量及平面布置,区域光端机箱的布置及容量,进户宽带线路布置平面图	
16	有线电视系统:有线电视系统图及平面图,核对前端放大器箱位置及平面布置,中间放大器箱位置,进户电视电缆平面图	
17	安防报警系统设置的分系统(对讲报警系统、周界安防系统、摄像监视系统、巡更系统);安防设备主机平面图,进线出线桥架及电缆敷设平面图,室外平面图中各安防探测及报警的前端元件平面布置,线路的敷设,各个系统的功能说明	
18	消防及弱电通信、安防系统的接地及防雷击措施,在各个系统图中有设计,在设计说明中有专题说明	

表 1.1.1-8　暖通专业施工图纸核查要点

序 号	重点需要核查的内容	常见问题
1	目录是否齐全(含标准图及重复利用图)	
2	设计及施工说明是否完整、设计参数是否合理、计算指标是否经济	
3	系统流程图是否合理	
4	通风、空调及制冷机房有无平、剖面图	
5	系统形式是否完整、是否满足使用功能要求	
6	气流组织是否合理	
7	环保是否达标	
8	设备房设置位置及设备布置形式是否合理、使用及维护是否方便	
9	管井布置及设置大小是否合理	

◆ 安装工程施工组织与管理（活页式）

续表

序　号	重点需要核查的内容	常见问题
10	风井进出风口有无控制尺寸及标高	
11	风管及水管的布管形式是否合理	
12	相关预留或预埋有无交代，有无安装控制标高，有无减震降噪措施及减震降噪措施是否合理	
13	主要的设备材料选用是否经济合理、是否满足采购及安装需求	

子任务 1.1.2　施工组织设计认知

【任务描述】

编制施工组织设计是施工前一项非常重要的技术准备工作,是各种规章制度和管理措施落实的根本保证。在编制施工组织设计时,要考虑众多的因素。请根据新校区新建公寓楼的实际情况,结合安装工程施工特点,思考编制施工组织设计所需的材料,写出编制安装工程施工组织设计的程序报告单。

【学习目标】

1. 知识目标

(1) 能说出安装工程施工组织设计的定义、主要作用。
(2) 能列举安装工程施工组织设计的编制依据、编制原则。
(3) 能列出安装工程施工组织设计的编制程序。

2. 能力目标

(1) 能判断安装工程施工组织设计的类型。
(2) 能正确找出编制施工组织设计所需的依据和原则。

3. 素质目标

(1) 培养科学、系统、全面的思维方式。
(2) 培养具体问题具体分析、做事突出重点的能力。
(3) 培养做事有周密计划性和良好预见性的意识,提高沟通协调能力。
(4) 培养严格按照规章制度办事、切不可麻痹大意的意识。

施工组织设计的分类

施工组织设计的编制程序

【任务分析】

1. 重点

施工组织设计的分类。

2. 难点

单位工程施工组织设计的判断与作用。

【相关知识链接】

在建造房屋时,人们总是要想一想先做什么、后做什么、怎么做,例如,人工如何安排、材料怎么运输、现场怎么布置、安全如何保证、需要多少费用等。合理地整理和归纳这些想法并形成文字和图表，就是施工组织设计。

早在春秋时代，就有施工组织设计思想的记载。秦代修建万里长城，对城墙的长、宽、高，人工和材料，以及各地分担的任务，都计算得十分准确，对工程质量的验收标准规定得非常严格而具体，例如，在一定距离射箭，箭头不能入墙，才算合格。正因为如此，长城历经2000多年，仍然耸立在边关要塞。北宋真宗年间（998—1022年），皇城失火烧了皇宫，大臣丁谓领导修复，采用了"一举三得"的施工方案。该方案是先将宫前大街挖成沟，从沟中取土烧砖，免去从远处取土运砖之累，再将汴河之水引入沟，使船只可以装运各种物资，最后回填平沟，修复大街。这两个例证表明了古代施工组织设计的巧思和先进。

施工组织设计是以施工项目为对象编制的，用以指导施工的技术、经济和管理的综合性文件。其策划内容涵盖了工程项目的人员和资源配置、施工进度、施工方法、施工质量、安全及文明施工、控制措施、经济分析等。它既要体现工程设计的意图，又要符合施工的客观规律和特点，通过科学的统筹、合理的安排，使工程施工能够连续、均衡、协调地进行。

施工组织设计是工程技术人员的一项基本技能，适用性相当强。

知识卡一　施工组织设计的作用

施工组织设计是对施工活动全过程科学管理的主要手段。其作用具体表现在以下几方面：

（1）施工组织设计具有宏观部署和具体实施的双重作用，为各阶段的施工准备工作提供了具有可操作性的依据。

（2）施工组织设计根据项目的特点和施工的客观规律，科学、合理地拟定施工方案，确定施工顺序、劳动组织和技术措施，为紧凑、有条不紊地开展施工活动提供了指导性的文件。

（3）施工组织设计提出的各项资源配置计划为组织材料、机具、设备和劳动力提供了详尽的数据。

（4）施工组织设计提出的合理的施工现场平面布置为安全、文明施工创造了条件。

（5）施工组织设计将项目设计与施工、技术与经济、全局与局部、土建与安装、各部门与各专业进行了有机结合和统一协调。

（6）施工组织设计统筹安排工程项目，对风险和矛盾形成了具体对策，提高了预见性，降低了盲目性，为合理投入和产出创造了条件。

知识卡二　施工组织设计的分类

施工组织设计是一个总的概念，根据不同的工程项目类别、工程规模、编制阶段、编制对象、编制范围、编制深度和广度，有不同的分类。例如，一项目工程在投标前和投标后编制的施工组织设计是不同的，显著表现在深度和广度上。

1. 按编制对象分类

（1）施工组织总设计。施工组织总设计是以若干单位工程组成的群体或大型建设项目为对象编制的施工组织设计,是用以指导整个工程项目各项施工活动的全局性、控制性文件。它涉及的范围较广,内容比较概括。

施工组织总设计确定的建设总工期、各单位工程开展的顺序及工期、主要工程的施工方案、各种资源供需计划等,是施工单位编制年度施工计划和单位工程施工组织设计的依据。

(2) 单位工程施工组织设计。单位工程施工组织设计是以一个单位工程为主要对象编制的施工组织设计,是用以指导和实施单位工程施工全过程的制约性的文件,是施工组织总设计的具体化。

单位工程施工组织设计,根据工程规模、技术复杂程度以及编制的深度和广度有所侧重,该繁则繁,该简则简,也可以用"一案、一表、一图"(即施工方案、施工进度计划表和现场施工平面布置图)来表达。

(3) 分部分项工程施工组织设计(施工方案)。分部分项工程施工组织设计(施工方案)是以分部分项工程为编制对象的施工组织设计,是用以实施分部分项工程各项施工活动的技术、经济和组织的控制性文件,也可称为施工方案。

施工组织总设计、单位工程施工组织设计和分部分项工程施工组织设计是同一工程项目不同广度、深度和作用的三个层次。

2. 按编制阶段和作用分类

(1) 标前施工组织设计,也可称为项目管理规划大纲,是为满足投标需要而制定的策划性的技术文件,是施工企业根据招标文件的要求和所提供的工程资料,结合本企业施工组织管理能力,考虑投标竞争因素,提出的总体构想和宏观方案。其重点是技术方案、资源配置、施工程序、质量保证及工期目标等控制措施。同时,要突出技术方案的优势和特色,体现施工成本的优势,有力地支撑商务标书的竞争力。

标前施工组织设计既可用以指导项目投标和签订施工合同,也可作为项目管理实施规划或施工组织设计的编制依据。

(2) 标后施工组织设计,也可称为项目管理实施规划,由项目经理牵头,组织有关技术人员,根据施工合同及标前施工组织设计、施工图纸等相关文件,编制的实施性施工组织设计。标后施工组织设计经内部审核批准后,报监理单位审核确认,予以贯彻落实。

知识卡三　施工组织设计的编制依据与编制原则

1. 施工组织设计的编制依据

施工组织设计的编制依据主要有以下几方面:

(1) 工程施工合同和招投标文件。

(2) 施工图纸、会审记录,以及设计单位和建设单位有关的要求。

(3) 施工现场的条件和地质勘察资料,例如,地形、地质、水文、气象、障碍物、道路交通和水电供应,以及现场可占用的面积和甲方可能提供的临时设施等。

(4) 施工组织总设计文件和工程预算。

(5) 有关资源的供应情况，如劳动力、材料、半成品、机械设备等。

(6) 本项目相关技术资料，如标准图集、地区定额、有关操作规程、验收规范等。

(7) 实行建设监理的有关规定。

2. 施工组织设计的编制原则

施工组织设计的编制原则主要有以下几方面：

(1) 满足施工合同和施工组织总设计有关的工程进度、质量、安全、环境和成本等各项要求。

(2) 按照建筑安装工程施工的客观规律及各种专业的工艺要求，科学地划分施工作业段，有效地配置各种资源，合理地安排施工顺序及组织流水施工，充分地利用时间及空间，实现连续、均衡施工。

(3) 从实际出发，采用有效的、适用性强的新技术、新工艺，是提高劳动生产率、保证工程质量、加快施工进度、降低工程成本、减轻劳动强度的重要途径。

(4) 各专业工作之间要合理地搭接和密切地配合。由于建筑施工对象趋于复杂化、高技术化，参与的各专业工种越来越多，相互之间的影响也将越来越大，既相互制约又相互依存，施工组织设计要有周密的计划性和预见性，防患于未然；各专业工种之间既要密切配合，也要主动沟通、协调。

(5) 选择经济上合理、技术上先进、切合现场实际且适合本项目的施工方案。

(6) 确保工程质量、施工安全和文明施工。

(7) 满足环境保护要求。

知识卡四　施工组织设计的编制程序

1. 施工组织设计的编制程序

施工组织设计的编制程序如图 1.1.2-1 所示。

2. 施工组织设计的编制与审批

(1) 施工组织设计应由项目负责人主持编制，可根据需要分阶段编制和审批。有些分期分批建设的项目跨越时间很长，还有些项目的地基基础、主体结构、装修装饰和机电设备安装并不是由一个总承包单位完成，此外还有一些特殊情况的项目，在征得建设单位同意的情况下，施工单位可分阶段编制施工组织设计。

(2) 施工组织总设计应由总承包单位技术负责人审批；单位工程施工组织设计应由施工单位技术负责人或技术负责人授权的技术人员审批，施工方案应由项目技术负责人审批；重点、难点分部分项工程和专项工程施工方案应由施工单位技术部门组织相关专家评审，施工单位技术负责人批准。

在《建设工程安全生产管理条例》第二十六条中规定，对下列达到一定规模的危险性较大的分部分项工程编制专项施工方案，并附具安全验算结果，经施工单位技术负责人、

模块1 安装工程施工准备阶段

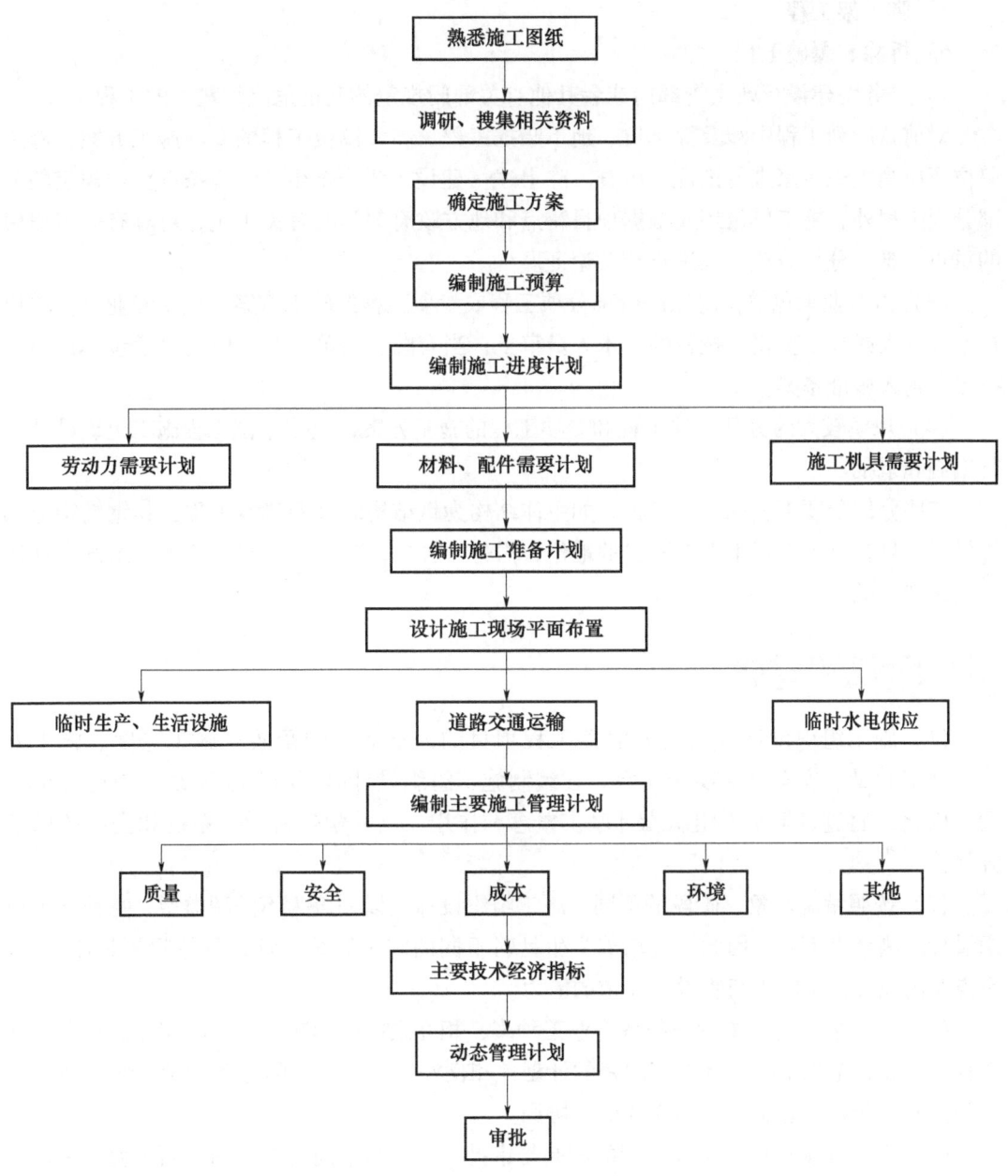

图1.1.2-1 施工组织设计的编制程序

总监理工程师签字后实施,由专职安全生产管理人员进行现场监督:

1)基坑支护与降水工程。
2)土方开挖工程。
3)模板工程。
4)起重吊装工程。

5）脚手架工程。

6）拆除、爆破工程。

7）国务院建设行政主管部门或者其他有关部门规定的其他危险性较大的工程。

对前款所列工程中涉及深基坑、地下暗挖工程、高大模板工程的专项施工方案，施工单位还应当组织专家进行论证、审查。除上述《建设工程安全生产管理条例》中规定的分部分项工程外，施工单位还应根据项目特点和地方政府部门的有关规定，对具有一定规模的重点、难点分部分项工程进行相关论证。

（3）由专业承包单位施工的分部分项工程或专项工程的施工方案，应由专业承包单位技术负责人或技术负责人授权的技术人员审批；当有总承包单位时，应由总承包单位项目技术负责人核准备案。

（4）规模较大的分部分项工程和专项工程的施工方案，应按单位工程施工组织设计进行编制和审批。

有些分部分项工程或专项工程，如主体结构为钢结构的大型建筑工程，其钢结构分部规模很大且在整个工程中占有重要的地位，需另行分包，其施工方案应按施工组织设计进行编制和审批。

思想政治素养养成

（1）施工组织设计策划内容涵盖工程项目的人员和资源配置、施工进度、施工方法、施工质量、安全及文明施工等，在编制施工组织设计时要科学、系统地考虑各个要素。因此，通过讲解施工组织设计基本概念和作用，培养学生科学、系统和全面的思维方式。

（2）按照编制对象、阶段的不同，施工组织设计可以划分为不同种类型，每种施工组织设计的侧重点不同，因此，要培养学生针对不同的施工组织设计，具体问题具体分析，重点突出该种类型施工组织设计要求的能力。

（3）由于建筑施工中参与的各专业工种多，相互之间的影响较大，既相互制约又相互依存。因此，施工组织设计要有周密的计划性和良好的预见性，防患于未然；各专业工种之间要密切配合，善于主动沟通及组织协调。

（4）在工程项目中，每项工程的编制与审批，尤其是危险性较大的专项工程，一定要按照相关的程序进行论证、审查、审批，否则可能会出现严重的事故。因此，在施工前后，一定要严格按照规章制度办事，切不可麻痹大意。

任务分组

填写表1.1.2-1，完成学生任务分配。

表1.1.2-1 学生任务分配

班　级		组　号		指导教师	
组　长		学　号			
组　员	姓　名		学　号	姓　名	学　号
任务分工					
备　注					

> 自主探学

任务工单1

组号_____　　姓名_____　　学号_____

引导问题：

（1）什么是施工组织设计？

_____

_____

（2）施工组织设计的主要作用有哪些？

_____

_____

（3）按照编制对象的不同，施工组织设计可分为哪三类？

_____

_____

◆ 安装工程施工组织与管理（活页式）

合作研学

任务工单2

组号_____　　　　姓名_____　　　　学号_____

引导问题：

（1）新建公寓楼水电安装工程属于单位工程，应编制什么类型的施工组织设计？
_____
_____

（2）小组交流，教师参与。根据新建公寓楼安装工程实际情况，写出编制安装工程施工组织设计的程序（见表1.1.2-2）。

表1.1.2-2　新建公寓楼安装工程施工组织设计程序

所属专业：

给水排水专业□　　　　电气专业□　　　　暖通专业□　　　　消防专业□

序号	项目	类型
1	新建公寓楼安装工程施工组织设计的类型	
2	新建公寓楼安装工程施工组织设计的作用	
3	编制的依据	
4	编制的原则	
5	编制时间	
6	编制人	
7	审批人	

（3）记录存在的不足。
_____
_____
_____

任务工单3

组号_____ 姓名_____ 学号_____

引导问题：

(1) 每个小组推荐一名同学汇报。借鉴每组经验，完善本组安装工程施工组织设计的程序报告单（见表1.1.2-3）。

表1.1.2-3 新建公寓楼安装工程施工组织设计程序报告单

所属专业：

给水排水专业□　　　电气专业□　　　暖通专业□　　　消防专业□

编制安装工程施工组织设计程序报告单

(2) 记录存在的不足。

_____
_____
_____
_____

◆ 安装工程施工组织与管理（活页式）

评价反馈

结合任务完成情况，扫描以下二维码，完成个人自评、组内互评、小组组间评价和教师评价。

评价反馈

拓展延学

延伸阅读：(1)《建设工程安全生产管理条例》。
(2)《危险性较大的分部分项工程安全管理规定》。

子任务1.1.3　施工组织设计的撰写

任务描述

施工组织设计是指导工程施工的重要文件，是建筑施工企业能以高质量、高速度、低成本、少消耗完成工程项目建设的有力保证，也是正确处理施工中人员、机器、原料、方法、环境以及工艺与设备、土建与安装协作、消耗与供应、管理与生产等矛盾，科学合理、计划有序、均衡地组织项目施工生产的重要保障。

新建公寓楼为一栋地上12层公寓楼，位于新校区东北面。总建筑面积5255.78 m^2，建筑基底面积481.82 m^2，建筑总高度为36.60 m。本工程属二类高层公共建筑，设计耐火等级为二级，建筑物使用年限为50年。

该安装工程主要包括给水排水工程、电气工程、消防工程、通风工程等。其中给水排水工程主要包括生活给水系统、生活排水系统、雨水排水系统；消防工程主要包括消火栓给水、自动喷淋给水系统及灭火器配置（水施）、火灾自动报警系统（电施）等；电气工程主要包括220/380V配电系统，建筑物防雷、接地系统安全措施，以及电视、网络系统。请根据新建公寓楼安装工程的施工图纸、建设单位要求、施工验收规范等，编制该安装工程的施工组织设计。

学习目标

1. 知识目标

（1）能说出安装工程施工组织设计的工程概况。
（2）能说出安装工程施工组织设计的施工部署。
（3）能说出安装工程的施工准备和资源配置。
（4）能编制安装工程的施工方案、平面布置和管理计划。

2. 能力目标

（1）能够编制并撰写安装工程施工组织设计。
（2）能列出安装工程施工组织设计的目录清单。

3. 素质目标

（1）培养资料收集、信息筛查的能力。
（2）培养沟通协调的能力。
（3）养成事先周密计划的职业习惯。
（4）培养分清主次、抓住重点的思维方式。

任务分析

1. 重点

安装工程施工组织设计的主要内容。

2. 难点

编制安装工程工程施工组织设计。

相关知识链接

施工组织设计是全面考虑拟建工程的各种具体施工条件,扬长避短地拟订合理的施工方案,确定施工顺序、施工方法和劳动组织,合理地统筹安排拟订施工进度计划;为拟建工程的设计方案在经济上的合理性、在技术上的科学性和在实施工程上的可能性进行论证提供依据。

知识卡一 工程概况

1. 基本情况

(1) 参与单位:建设单位、勘察单位、设计单位、监理单位、总承包单位和各专业有关单位。

(2) 工程概况。

1) 工程项目名称、占地面积、建筑面积、结构类型、工程造价、招标工期、开竣工日期。

2) 给水系统:水源概况、系统划分、敷设方式、材质及连接方法、设备选用与安装。

3) 排水系统:排水体制、管道系统、敷设方式、材质及连接方式。

4) 消火栓给水系统:供水方式,设置消防水泵、水箱等情况,以及消火栓形式等。

5) 自动喷水灭火系统:供水压力、泵房设备简介、管材、喷头形式等。

6) 电气工程:电源、电力负荷、电力照明线路敷设方式、导线型号、配电柜安装方式、防雷等级等。

7) 暖通工程:空调制冷设备、供回水温度、空调方式、水系统形式、风管及水管材料、保温材料及保温层厚度、防排烟的方式、防火分区的划分、送/排风机的位置等。

8) 智能建筑工程:各分部工程内容、功能、组成情况、机房和控制室的位置等。

2. 工程特点

(1) 新结构、新技术、新工艺和新材料是否有新的施工要求。

(2) 生产流程和工艺是否有特殊要求。

(3) 专业设备及吨位是否有特殊说明。

3. 施工现场条件

(1) 地形、水文、地质、拆迁、道路交通、水电供应、周边环境以及影响安装工程施工的有关因素。

(2) 当地的最低温度与最高温度及出现的时期,冬雨季施工的起止时间和主导风向等。

(3) 有关资源情况,如劳动力、材料、设备等的供应及价格情况。

(4) 业主可能提供的临时设施、协作条件等。

以上内容，可用文字表达，也可用图表形式表达。

知识卡二　施工部署

施工部署是在充分了解并掌握工程情况、施工条件和有关方面的要求的基础上，对整个工程进行统筹规划和全面安排，确定主要目标、施工顺序、空间组织及有关重大问题的方案等。其主要内容包括以下几方面。

1. 明确项目管理组织机构

施工部署首先应明确施工项目的管理机构和体制。目前，普遍推行和实施"项目经理责任制"。根据工程项目规模及特点，组建以项目经理为中心的项目经理部，建立健全相关的规章制度，明确有关人员的职责、权限与奖罚，对整个工程项目实施统一组织和领导。

（1）项目经理部。项目经理部的部门设置和人员配置与施工项目的规模和项目的类型有关。项目经理部一般应建立"五部一室"的设置，即技术部、工程部、质量部、经营部、物资部及综合办公室，复杂及大型的项目还可设机电部。

项目经理部人员由项目经理、生产或经营副经理、总工程师、部门负责人组成。管理人员持证上岗。项目经理部的人员实行一职多岗、一专多能、全部岗位职责覆盖项目施工全过程的管理，不留死角，亦避免职责重叠交叉，同时实行动态管理，根据工程的进展程度，调整项目的人员组成。

图 1.1.3-1 是某安装工程项目经理部组织机构图。该工程建筑面积约 1.5 万 m^2，27 层综合楼。项目经理部由决策层、执行层和作业层组成。决策层主要是项目经理和技术负责人；执行层也称为管理层，主要岗位由施工员、安全员、材料员、预算员、资料员等组成；作业层为各工种的施工班组。

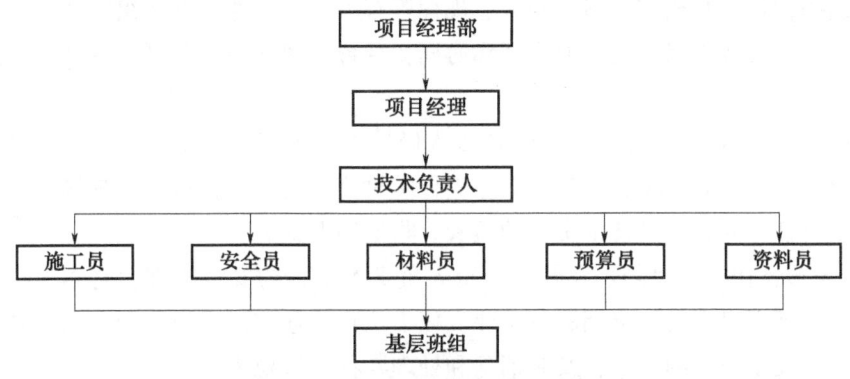

图 1.1.3-1　项目经理部组织机构图

（2）项目管理人员职责。

1）项目经理：受公司法人代表的委托，实施"项目经理责任制"，全权处理工程项目中的一切事务，确保工程项目的质量、进度和成本等目标圆满实现；沟通协调各方关系，并承担相应的责任。项目经理是项目管理实施阶段全面负责的管理者。

项目经理的任职要求如下：

①执业资格的要求。项目经理只能由建造师担任。在行使项目经理职责时，一级注册建造师可以担任《建筑业企业资质等级标准》规定的特级、一级建筑业企业资质的建设工程项目施工的项目经理，二级注册建造师可以担任二级建筑业企业资质的建设工程项目施工的项目经理。取得建造师执业资格的人员能否担任大中型工程项目的项目经理，应由建筑业企业自主决定。

②知识方面的要求。项目经理应具有大专以上学历，具备工民建或相关专业知识，具有工程师以上专业技术职务，具备企业管理、项目施工管理的专业理论知识，具有较强的项目施工管理、合约管理、项目成本管理、员工管理的实践经验。

③能力方面的要求。项目经理必须具有一定的施工实践经历，具有很强的沟通能力、激励能力和处理人事关系的能力，具有较强的组织管理能力和协调能力，具有较强的语言表达能力，掌握谈判技巧。在工作中能发现问题、提出问题，能够从容地处理紧急情况。

④素质方面的要求。项目经理应注重工程项目对社会的贡献和历史作用。项目经理必须具有良好的职业道德，将用户的利益放在第一位，不谋私利，必须有工作的积极性、热情和敬业精神，具有创新精神、务实态度，勇于挑战，勇于决策，勇于承担责任和风险，特别是有敢于承担错误的勇气，言行一致，正直，办事公正、公平，实事求是，能承担艰苦的工作，任劳任怨，忠于职守，具有合作精神，能与他人达成共识，具有较强的自我控制能力。

2）技术负责人：在项目经理的领导下，全面负责项目的质量、安全管理以及施工技术工作，并承担相应的责任。

3）施工员：在项目经理和技术负责人的领导下，根据施工合同、施工图纸、施工预算和施工组织设计以及相应的施工规范、规程等有关技术文件，具体组织实施工程项目的施工管理，与相关各方保持紧密的沟通和协调，妥善处理好各方关系，保证每一道工序达到目标要求。

4）质检员：协助项目经理及技术负责人做好本工程施工质量管理工作，是施工现场质量的主要责任人，对现场施工各道工序进行实时监督与检查，对施工现场出现的质量问题负有重要责任，同时负责技术资料的检验、收集和保管。

5）安全员：协助项目经理及技术负责人负责本工程的安全管理，是本工程专职安全人员，对施工现场出现的安全问题负重要责任，认真检查和督促施工现场的安全生产、劳动保护及各项安全规定的落实，及时消除和处理各种事故隐患。

6）材料员：负责合格的材料、配件及半成品的供应和保管，提供相应的合格证明。

7）预算员：熟悉施工图纸，负责编制工程项目的预决算，根据施工作业进度，编制每月完成工作量，为项目经理申报工程款提供依据。

8）资料员：负责收集、整理工程项目施工的各种资料，确保工程项目竣工资料完整无误。

2. 确定主要目标

根据施工合同、招标文件、施工图纸和施工组织设计，确定工程项目的进度、质量、安全、环境和成本等目标。

3. 划分施工阶段

根据建筑安装工程的具体情况和特点，施工阶段一般划分为施工准备、管线预埋、安装、调试、交工验收和保修等，并应明确各阶段主要内容、施工顺序和流水施工方案。

4. 确定施工程序

施工程序是分部工程、专业工程或施工阶段的顺序与相互关系。

例如，单位工程的基本施工程序为"先土建后设备"，这是指土建与给水排水、采暖通风、强弱电、智能工程等的关系，统一考虑、合理穿插，土建工程要为安装工程的预留预埋提供方便、创造条件，安装工程要注意土建工程的成品保护。

5. 确定重点和难点

从组织管理和施工技术两个方面分析工程施工的重点和难点，以及新技术、新工艺、新材料和新设备的应用，采取相应的技术措施和管理部署。

工程施工的重点和难点对于不同工程和不同企业具有一定的相对性，某些重点、难点工程的施工方法可能已通过有关专家论证成为企业工法或企业施工工艺标准，此时企业可直接引用。重点、难点工程的施工方法选择应着重考虑影响整个单位工程的分部分项工程，如工程量大、施工技术复杂或对工程质量起关键作用的分部分项工程。

知识卡三　施工进度计划

（1）为实现项目设定的工期目标，按照施工部署和施工的客观规律以及合理的施工顺序，对施工进度进行统筹策划和安排，保证各工序在时间和空间上顺利衔接。

（2）针对不同施工阶段的特点，制定相应的施工组织措施、技术措施，使各阶段目标逐步实现，确保最终工程圆满完成。

（3）组织管理机构是必需的，还要有健全的管理制度，明确各自职责，落实到人。

施工进度计划可采用网络图或横道图表示，并附必要说明；对于工程规模较大或较复杂的工程，宜采用网络图表示。

知识卡四　施工准备与资源配置计划

1. 施工准备计划

（1）基本概念。施工准备工作的基本任务是为拟建的工程施工创造必要的技术和物质条件，统筹安排施工力量，合理布置施工现场，确保工程施工正常地展开和顺利地进行。施工准备工作是施工程序中的重要环节，不仅存在开工之前，还贯穿于整个施工过程。

现代的建筑施工,是一项十分复杂漫长的生产活动,不但需要耗用大量的人力和物力,还要处理各种复杂的技术问题,受外界环境影响较大,不可预见因素较多,如果事先缺乏周密的考虑和准备,势必会造成某种混乱或损失,影响施工正常进行,所以,施工准备是降低和避免风险的有效措施,是搞好目标管理的重要前提。

(2) 施工准备分类。

1) 按施工范围分类,施工准备可分为全场性的施工准备、单位工程施工准备、分部分项工程施工准备三种。

全场性的施工准备是以一个建筑工地为对象而进行的各项施工准备,其目的和内容都是为全场性的施工活动创造条件,兼顾单位工程施工准备。

单位工程施工准备是以一个建筑物或构筑物为对象而进行的各项施工准备,其目的和内容不仅为单位工程施工创造条件,还要为分部分项工程做好施工准备。

分部分项工程施工准备是单位工程施工准备进一步的具体化。

2) 按施工阶段分类,施工准备可分为开工前的施工准备和各施工阶段前的施工准备两种。

开工前的施工准备是为工程正式开工创造必要条件,是全局性的,没有这个阶段,工程难以顺利开工和正常施工。

各施工阶段前的施工准备是指工程开工后,为某个施工阶段或分部分项工程所做的施工准备,是局部性的,但需组织实施。冬、雨季施工属于这种类型。

(3) 施工准备工作主要内容。施工准备工作的主要内容包括以下几方面:

1) 原始资料调查。

2) 技术资料准备。

3) 施工现场准备。

4) 物资准备。

5) 施工人员准备。

6) 季节施工准备。

(4) 施工准备工作计划。为了落实各项准备工作,便于控制和监督,根据各项施工准备工作的内容、时间和人员,编制施工准备工作计划。各项施工准备工作不是孤立的,需要相互协调和配合;加强与建设单位、设计单位与监理单位的沟通工作,建立健全施工准备工作责任制度,使施工准备工作有领导、有组织、有计划、有检查并分期分批地进行,贯穿施工的全过程。

2. 资源配置计划

资源配置计划是为满足施工项目所需的人力和物力等生产要素而编制的计划。当施工进度计划确定后,根据各阶段、各工序及持续时间所需资源,编制出劳动力、材料、半成品及施工机具等需要量计划,以利于及时组织供应。资源配置计划也可作为有关职能部门的调配依据,以保证施工顺利进行。

知识卡五　主要施工方案

1. 基本概念

施工方案和施工方法是施工组织设计中的核心内容，是关系到工程项目全局性的关键。施工方案和施工方法的选择将直接影响到工程的质量、工期和成本。科学合理的施工方案和施工方法，不但为工程施工在技术上提供了依据，还为施工现场布置、资源准备和施工过程顺利开展提供了保障。

施工方案的确定，既要考虑到技术上的先进性，也要考虑到经济上的合理性，还要兼顾各专业、工种之间合理衔接。

施工方案是对单位工程及主要分部分项工程所采用施工方法的简要说明。

施工方法是施工方案的具体化，是用以具体指导施工全过程的步骤和方法。

2. 主要内容

施工方案主要内容包括分部分项工程的施工顺序、施工作业段的划分、施工方法和施工机具的选择等。

（1）要了解和掌握土建工程的施工流向和顺序，以及"四先四后"原则，即先准备后施工、先地下后地上、先主体后围护、先结构后装修。这样在选择施工方案时，才能做到知己知彼。

（2）确定施工顺序：除密切关注土建工程的施工进度及动态外，根据安装工程的特点，按照工程的"四先四后"原则组织施工。

1）先准备后施工。

2）先地下后地上。力求做到与土建工程密切配合，交叉作业；及时跟进各种预埋导管、线缆、预留孔洞和接地装置施工。

3）先预制后安装。在条件许可的条件下，各安装工种应提前预制，既能确保质量，又能缩短工期。

4）先重点后一般。例如，混凝土楼板、墙身、梁柱的暗敷管线、预留孔洞等。

安装阶段一般先通风与空调，后给水排水与采暖管道，再建筑电气线路。

水暖电卫等工程的施工顺序：水暖电卫工程一般与土建工程中有关分项工程交叉施工，紧密配合。

在基础工程施工时，先将相应的上下水管沟和暖气管沟的垫层、管沟墙做好，然后回填土。

在主体结构施工时，应在砌墙或现浇钢筋混凝土楼板的同时，预留上下水管和暖气立管的孔洞、电线孔槽或预埋木砖和其他预埋件。

在装饰工程施工前，安设相应的各种管道和电气照明用的附墙暗管、接线盒等。水、暖、电、卫安装一般在楼地面和墙面抹灰前后穿插施工。

（3）确定施工作业段的划分。随时与土建工程施工保持沟通和协调，合理地利用时间和空间，及时穿插、交叉施工。

（4）施工方法是根据安装工程类别、施工工艺及特点，对分部分项工程施工提出具体操作步骤和要求。对新技术、新工艺、新材料和新设备，要提出专业的详尽操作步骤和要求。

（5）要积极推广使用先进的施工机具和设备，这不但可以加快施工进度、降低成本，还可以提高工程质量。例如，红外水平仪的利用，就大大提高了管道安装精度；电动切管机的利用，不但快捷、方便，还可提高管道接口焊缝的质量。

3. 基本原则

（1）具有针对性。在确定分部分项工程施工方法时，既要针对分部分项工程的具体情况、特点，又要考虑施工现场的客观条件，不能泛泛而谈规范要求。

（2）要体现技术上的先进性、经济上的合理性。

（3）对易发生质量通病，易出现安全事故，施工难度较大、技术含量较高的分项工程，应有专项重点说明及具体措施。

（4）对新技术、新工艺、新材料和新设备的应用，要通过严格、必要的试验和论证。

（5）应有配套的保障措施。在拟定施工方法时，既要有具体的操作步骤和方法，又要有质量和安全保障措施。

4. 施工方法的评价

施工方法的评价是对施工方法进行技术经济分析，避免盲目性和片面性，保证施工方法技术上先进可行、经济上合理，达到技术和经济的统一。

施工方法的评价分为定性分析和定量分析。

定性分析是对施工的难易程度、安全可靠性等因素进行泛泛的比较，受评价人的主观因素影响较大，只能作为初步评价参考。

定量分析是对方案的投入与产出进行量的计算。例如，将劳动力、材料及机械台班、工期和成本等与施工预算进行比较，用数据说话，客观、准确。因此，定量分析是评价的主要方法。

知识卡六　施工现场平面布置

1. 基本概念

施工现场平面布置是对拟建工程施工现场进行的一项平面规划，是施工组织设计中的一项重要内容。在施工现场平面布置前，要认真熟悉施工方案和施工方法，仔细调查研究和周密分析施工现场和周围环境的地形、地质、水文、交通、给水、排水、供电和地面障碍等，通过科学的运筹和计算，确定为施工服务的施工机械、交通运输、材料和构件的堆放、各种临时设施、供水、供电及排水的合理布局。这些错综复杂的因素与拟建工程是一种相互的空间关系，布置得合理与否，管理执行得好坏，对现场文明施工、工程进度、施工安全都会产生直接的影响。

2. 主要内容

（1）已建和拟建的一切建筑物、构筑物及其他设施的位置和尺寸。

（2）起重及运输机械等的位置和运行的路线。

（3）临时生产和生活设施的位置和面积。

（4）材料、半成品、构件和设备的仓库和堆放场。

（5）施工运输道路及现场出入口。

（6）临时给水、排水管道、供电、消防设施、安全设施，以及通信线路的布置。

（7）测量放线、标桩位置、地形等高线和土方取、弃场地。

3. 基本原则

（1）有利施工，保证安全，布置紧凑，便于管理。

（2）尽可能利用建筑工程施工现场平面布置的已有条件。

（3）尽可能节约施工现场用地，减少临时设施的搭建。

（4）最大限度地减少场内运输，特别是场内二次搬运。

（5）尽量避免和减少与其他专业施工相互干扰。

（6）满足现场卫生、安全和防火的要求。

（7）满足安装工程阶段性施工特点和要求。

知识卡七　主要施工管理计划

施工管理计划应包括进度管理计划、质量管理计划、安全管理计划、环境管理计划、成本管理计划、现场管理计划以及其他管理计划等内容。

1. 进度管理计划

项目施工进度管理应按照项目施工的技术规律和合理的施工顺序，保证各工序在时间上和空间上的顺利衔接。不同工程项目的施工技术规律和施工顺序不同。即使是同一类工程项目，其施工顺序也难以做到完全相同。因此，必须根据工程特点，按照施工的技术规律和合理的组织关系，解决各工序在时间和空间上的顺序和搭接问题，以达到保证质量、安全施工、充分利用空间、争取时间、实现经济合理安排进度的目的。

进度管理计划是保证实现项目施工进度目标的管理计划，包括对进度及其偏差进行分析和采取必要措施。不要将进度管理计划与施工进度计划等同和混淆。进度管理计划主要内容如下：

（1）建立以项目经理为首的施工进度管理的组织机构，制定相应的规章制度，并明确职责，落实到人。

（2）按照施工的技术规律及合理的施工顺序，对施工进度计划逐级分解，保证各工序在时间和空间上顺利衔接，通过阶段性目标的实现，保证最终工期目标的完成。

(3) 针对不同施工阶段的特点、难点，制定相应的管理措施、组织措施、技术措施及合同措施等。

(4) 建立施工进度动态管理机制，及时纠正施工过程中的进度偏差，并采取相应的赶工措施。

(5) 根据项目周边的环境特点，制定相应的协调措施，尽量减少外部因素对施工进度的影响。

2. 质量管理计划

质量管理计划是保证实现项目施工质量目标的管理计划，可参照《质量管理体系 要求》（GB/T 19001—2016），在施工单位质量管理体系的框架内编制。

3. 安全管理计划

安全管理计划是在施工过程中，避免人身安全伤害、设备损坏及其他不可接受的损害风险，保证实现项目施工职业健康安全目标的管理计划。其主要内容包括：确定项目重要危险源，制定项目职业健康安全管理目标，建立健全管理结构并明确职责，建立具有针对性的安全生产管理制度和职工安全教育培训制度，制定相应的安全技术措施，建立现场安全检查制度和对安全事故进行处理的相应规定。

4. 环境管理计划

环境管理计划可参照《环境管理体系 要求及使用指南》（GB/T 24001—2016），在施工单位环境管理体系的框架内编制。

5. 成本管理计划

成本管理计划以项目施工预算和施工进度计划为依据编制，主要包括制定项目施工成本目标；对项目施工成本目标进行阶段分解；建立施工成本管理的组织机构并明确职责，制定相应管理制度；采取合理的技术、组织和合同等措施控制施工成本；确定科学的成本分析方法；制定必要的纠偏措施和风险控制措施。

6. 现场管理计划

(1) 基本概念。由于施工现场范围较大，参与的专业工种和人员多，施工周期长，现场情况千变万化，错综复杂，因此，在施工现场必须建立严格的规章制度，使出入施工现场的有关部门和工人有章可循，推动和促进各方认真、合力地做好现场管理工作，营造一个以人为本的和谐的现场环境，使工地中的人、财、物合理有序流动，保证施工顺利进行。

现场管理的重点应是安全、防火、防盗和文明施工。在现场危险源处，应有明显的安全警示标志。

(2) 基本要求。

1) 施工现场出入口应标有企业名称、工程概况标牌；大门内明显处应有现场总平面布置图，安全生产、消防保卫、环境保护、文明施工相关要求，以及管理人员名单。

2）施工现场实施封闭管理，出入口设门卫室和治安保卫制度标牌。

3）施工现场主要材料、机械设备、周转材料、临时设备布置等，均应符合总平面布置图的要求。

4）施工现场应设置畅通的排水沟渠，保持场地的干燥与清洁。

5）施工现场应有防火应急机具。

6）施工现场悬挂必要的安全标语、安全警示标志及安全文明施工宣传牌。

(3) 主要管理制度。现场管理制度主要有：门卫制度；考勤制度；安全用电制度；防火防盗制度；文明施工制度；材料管理制度；碰头协调会制度等；灾害预防措施，如台风、暴雨、雷击、防爆等；大风天气，严禁明火作业；氧气瓶防震、防晒，乙炔罐严禁回火等。

7. 其他管理计划

其他管理计划包括绿色施工管理计划、防火保安管理计划、合同管理计划、沟通协调管理计划、创优质工程管理计划、质量保修管理计划以及施工现场人才资源、施工机具、材料设备等生产要素管理计划等。

以上计划根据项目的特点和复杂程度，有针对性地取舍。计划中的内容应有目标、组织结构、资源配置、管理制度、技术和组织措施等。

思想政治素养养成

（1）在撰写工程概况时，首先要识读各专业工程图纸，收集工程项目的基本信息，整理工程项目建筑、给水排水、消防、暖通和电气等安装工程相关信息。因此，学生要具有资料收集和信息筛查的能力。

（2）施工员具体组织实施工程项目的施工管理时，要与相关各方面保持紧密的沟通和协调，妥善处理好各方关系，保证每一道工序达到目标要求。因此，要培养和锻炼学生的沟通协调能力。

（3）在正式施工前，要进行充分准备，如原始资料的调查、技术准备、现场准备、雨季施工准备、冬季施工准备等，要考虑众多因素。因此，学生要养成事先周密计划的职业习惯。

（4）施工方案是施工组织设计内容的核心，其有合理的施工顺序，要优先安排主要的施工内容进行施工。因此，要培养学生分清主次、抓住重点的思维方式。

任务分组

填写表1.1.3-1，完成学生任务分配。

◆ 安装工程施工组织与管理（活页式）

表 1.1.3-1　学生任务分配

班　级			组　号		指导教师	
组　长			学　号			
组　员	姓　名	学　号		姓　名		学　号
任务分工						
备　注						

自主探学

任务工单 1

组号＿＿＿＿＿＿　　　　姓名＿＿＿＿＿＿　　　　学号＿＿＿＿＿＿

引导问题：

（1）工程概况包含几个内容？

＿＿＿＿＿＿＿＿＿＿＿＿＿＿＿＿＿＿＿＿＿＿＿＿＿＿＿＿＿＿＿＿
＿＿＿＿＿＿＿＿＿＿＿＿＿＿＿＿＿＿＿＿＿＿＿＿＿＿＿＿＿＿＿＿

（2）施工部署的内容有哪些？

＿＿＿＿＿＿＿＿＿＿＿＿＿＿＿＿＿＿＿＿＿＿＿＿＿＿＿＿＿＿＿＿
＿＿＿＿＿＿＿＿＿＿＿＿＿＿＿＿＿＿＿＿＿＿＿＿＿＿＿＿＿＿＿＿

（3）施工准备工作主要内容有哪些？

＿＿＿＿＿＿＿＿＿＿＿＿＿＿＿＿＿＿＿＿＿＿＿＿＿＿＿＿＿＿＿＿
＿＿＿＿＿＿＿＿＿＿＿＿＿＿＿＿＿＿＿＿＿＿＿＿＿＿＿＿＿＿＿＿

（4）资源配置计划主要有哪些？

＿＿＿＿＿＿＿＿＿＿＿＿＿＿＿＿＿＿＿＿＿＿＿＿＿＿＿＿＿＿＿＿
＿＿＿＿＿＿＿＿＿＿＿＿＿＿＿＿＿＿＿＿＿＿＿＿＿＿＿＿＿＿＿＿

任务工单2

组号_____ 姓名_____ 学号_____

引导问题：

请结合新建公寓楼安装工程实际情况，撰写安装工程施工组织设计的目录（见表1.1.3-2）。

表1.1.3-2 新建公寓楼安装工程施工组织设计目录

序 号	一级目录	二级目录
1. 工程概况		
2. 施工部署		
3. 施工进度计划		
4. 施工准备及资源配置计划		
5. 施工方案		
6. 施工平面布置与管理计划		

合作研学

任务工单 3

组号_____   姓名_____   学号_____

引导问题：

小组交流，教师参与。请完善安装工程施工组织设计的目录清单（见表 1.1.3-3）。

表 1.1.3-3　新建公寓楼安装工程施工组织设计目录清单

所属专业：

给水排水专业☐　　　　电气专业☐　　　　暖通专业☐　　　　消防专业☐

序　号	一级目录	二级目录
1		
2		
3		
4		
5		
6		
7		
8		

> 展示赏学

任务工单4

组号_____ 姓名_____ 学号_____

引导问题：

每个小组推荐一名同学汇报。借鉴每组经验，选择自己所属的专业，撰写安装工程施工组织设计内容（见表1.1.3-4）。

表1.1.3-4 新建公寓楼安装工程施工组织设计内容

所属专业：

给水排水专业□ 电气专业□ 暖通专业□ 消防专业□

序 号	一级目录	二级目录	内 容
1			
2			
3			
4			
5			
6			
7			
8			

◆ 安装工程施工组织与管理（活页式）

评价反馈

结合任务完成情况，扫描以下二维码，完成个人自评、组内互评、小组组间评价和教师评价。

评价反馈

拓展延学

《质量管理体系 要求》
（GB/T 19001—2016）

《环境管理体系
要求及使用指南》
（GB/T 24001—2016）

延伸阅读：《建筑施工组织设计规范》（GB/T 50502—2009）。

任务1.2 施工准备

任务描述

现代的建筑施工是一项十分复杂漫长的生产活动,不但需要耗用大量的人力和物力,还要处理各种复杂的技术问题,受外界环境影响较大,不可预见因素较多,如果事先缺乏周密的考虑和准备,势必会造成某种混乱或损失,影响施工正常进行。施工准备是降低和避免风险的有效措施,是确保施工质量的先决条件。

凡事预则立,不预则废。为了保证新建公寓楼安装工程顺利开工,确保工程按时、按量、按质完成。请根据新建公寓楼安装工程施工特点及实际情况,撰写施工准备计划,包括人员、物资、季节性施工准备等方面的计划书,详细列出所需清单。

学习描述

1. 知识目标

(1) 能说出安装工程的工程原始资料的内容和现场准备条件。
(2) 能列出安装工程施工管理人员、施工班组人员组成。
(3) 能列出安装工程施工所需材料、设施等的清单。

2. 能力目标

(1) 会调查工程的原始资料。
(2) 能撰写物资准备工作程序。
(3) 能编写工程施工准备计划表。

3. 素质目标

(1) 具备运用信息化手段进行信息检索的能力。
(2) 具备有效沟通协调和全局思考的能力。
(3) 具备工程协调的逻辑思维能力,树立严谨、细致的工程意识。
(4) 具备应对突发事件的处置能力,树立"凡事预则立,不预则废"的意识。

任务分析

1. 重点

(1) 现场、人员、物资、季节性施工等方面准备的内容。
(2) 物资准备工作程序的编写。
(3) 工程施工准备计划表的编写。

2. 难点

(1) 现场、人员、物资、季节性施工等方面的准备内容。
(2) 工程施工准备计划表的编写。

相关知识链接

知识卡一　施工准备工作的概念与分类

1. 基本概念

施工准备工作的基本任务是为拟建的工程施工创造必要的技术和物质条件，统筹安排施工力量，合理布置施工现场，确保工程施工正常地展开和顺利地进行。施工准备工作是施工程序中的重要环节，不仅存在于开工之前，还贯穿于整个施工过程。

2. 施工准备工作的分类

（1）按施工范围分类，可分为全场性的施工准备、单位工程施工准备、分部分项工程施工准备三种。

全场性的施工准备是以一个建筑工地为对象而进行的各项施工准备。其目的和内容，都是为全场性的施工活动创造条件，兼顾单位工程的施工准备。

单位工程施工准备是以一个建筑物或构筑物为对象而进行的各项施工准备，其目的和内容不仅为单位工程施工创造条件，还要为分部分项工程做好施工准备。

分部分项工程施工准备是单位工程施工准备进一步的具体化。

（2）按施工阶段分类，可分为开工前的施工准备和各施工阶段前的施工准备两种。

开工前的施工准备，是为工程正式开工创造必要条件，是带全局性的，没有这个阶段，工程难以顺利开工和正常施工。

施工阶段前的施工准备，是指工程开工后，为某个施工阶段或分部分项工程所做的施工准备，它是局部性的，但经常有。冬雨季施工属于这种类型。

知识卡二　原始资料调查准备

施工准备工作除要掌握拟建工程的有关书面资料外，还要调查和掌握施工现场与工程相关的水文、气象和环境等各种原始资料，这既是施工准备的重要基础工作，也是编制施工组织设计的依据。

（1）水文地质调查：地质构造、土壤类别、地基承载力、地震级别和烈度以及地下水情况等。

（2）气象资料调查：降水量资料、气温资料、风向资料等。

（3）周边环境调查：现有建筑物、构造物、沟渠、水井、树木、人防设施、上下水管道、电缆、燃气、障碍等。

（4）水源电源调查：利用当地水源的可能性，如供水距离、水压等；利用当地排水设施的可能性，如电源的位置、引入的条件、容量和电压等。

（5）交通运输调查：运输道路的状况、载重量以及超长、超高、超宽的极限情况等，运输的有利时间、方式及路线等。

(6) 建筑材料及周转材料调查。

(7) 劳动力市场调查：风俗习惯、价格水平、技术状况等。

知识卡三　现场准备

施工现场准备是外业准备，是工程项目能否正常、顺利开工的首要条件。

1. 拆除障碍物

施工现场内的一切障碍物，无论是地上的或是地下的，都应在开工之前拆除。这些工作一般是由建设单位完成，也可委托施工单位完成。

拆除旧房屋，首先要截断水源、电源，并且采取相应措施，防止事故发生；树木砍伐须经园林部门批准；给水和污水管网拆除，应由专业公司完成；拆除后的建筑垃圾应清理干净，及时运输到指定地点，并防止扬尘污染环境。

2. 三通一平

(1) 路通：尽可能利用永久工程。

(2) 水通：包括生产、生活和消防用水要畅通；此外，施工现场的排水也要畅通。

(3) 电通：尽可能利用国家电力系统电源。

(4) 场地平整：根据现场地形及控制标高进行，并注意挖填土方的调配和场地找平工作。

有些建设工程要达到"七通一平"的标准，即通上水、排水、供电、供热、供气、电信、道路以及场地平整。

3. 测量放线

由建设单位提供城市规划部门给定的建筑红线及水准点，对建筑物定位放线、测量定位，务必保证精度，杜绝错误；自检合格后，提交甲方、监理人员和城市规划部门验线。

4. 搭设临时设施

各种临时设施应严格按照经审批的施工总平面布置图来搭建，尽可能利用永久或原有的设施。

知识卡四　施工人员准备

组建项目经理部；规划和组织施工力量与任务安排；建立健全质量管理体系、安全管理体系、环境管理体系和各项规章管理制度；审查分包单位资质，落实分包单位。

知识卡五　物资资源配置计划

当施工进度计划确定后，根据各阶段、各工序及持续时间所需资源，编制出劳动力、材料、半成品及施工机具等需要量计划，以利于及时组织供应，也作为有关职能部门调配的依据，以保证施工顺利进行。

(1) 主要内容：劳动力配置计划、主要材料准备、地方材料准备、周转材料准备和施工机具准备。

(2) 物资准备工作程序如图 1.2.0-1 所示。

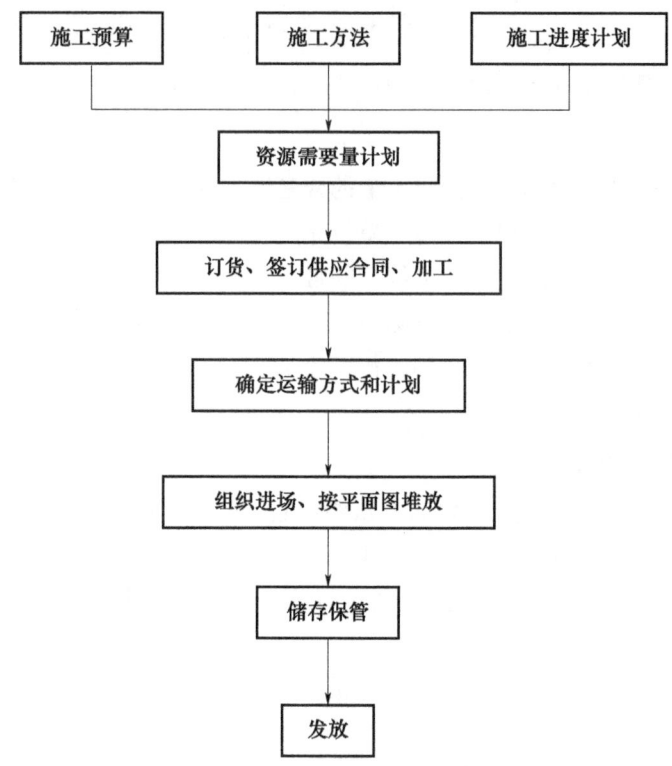

图 1.2.0-1 物资准备工作程序

1. 劳动力配置计划

劳动力配置计划按施工进度计划的安排叠加汇总而成，如表 1.2.0-1 所示。

表 1.2.0-1 劳动力配置计划

序 号	工 种	总工日	每日需用工日								
			1	2	3	4	5	6	7	8	9

2. 主要材料配置计划

主要材料配置计划是为组织备料以及确定仓库或堆场面积之用。其编制方法是将施工预算中的工料分析表或进度计划表中所需要的材料，按名称、规格、使用时间汇总，如表 1.2.0-2 所示。

表 1.2.0-2 材料配置计划

序号	材料名称	规格	单位	数量	进场时间	备注

3. 配件及半成品配置计划

配件及半成品配置计划主要用于订货加工、组织运输和确定仓库或堆场,根据施工进度计划汇编,如表 1.2.0-3 所示。

表 1.2.0-3 配件及半成品配置计划

序号	配件及半成品名称	型号规格	单位	数量	进场时间	备注

4. 施工机具配置计划

施工机具配置计划根据施工方案和施工进度计划确定的施工机具、类型、数量和进场时间汇总而成,如表 1.2.0-4 所示。

表 1.2.0-4 施工机具配置计划

序号	机具名称	型号规格	单位	数量	进场时间	备注

思想政治素养养成

(1) 在安装工程原始资料收集时,要收集工程水文地质、气象资料、劳动力市场等资料。因此,要培养学生运用信息化手段进行信息检索的能力。

(2) 施工现场准备涉及专业很多,每个专业对工程会有特殊的要求,需要将自己的需求以口头或文字形式准确表达出来。因此,学生要具备有效沟通协调的表达能力;此外,本专业可能会影响到其他专业,学生要具有全局性的思考能力。

(3) 在撰写物资准备工作程序时,涉及的单位部门较多,也要填写相应的施工准备工作计划,在填写时要具备工程协调的逻辑思维能力,树立严谨、细致的工程意识。

(4) 安装工程施工准备中要对季节性施工进行充分准备,在南方地区,主要是应对夏季暴雨季节施工,提前做好准备,做好预防,减少外界条件对施工的影响。因此,要具备应对突发事件的处置能力,树立"凡事预则立,不预则废"的意识。

任务分组

填写表 1.2.0-5，完成学生任务分配。

表 1.2.0-5　学生任务分配

班　级		组　号		指导教师	
组　长		学　号			
组　员	姓　名		学　号	姓　名	学　号
任务分工					
备　注					

自主探学

任务工单 1

组号_____　　　姓名_____　　　学号_____

引导问题：

（1）按照施工阶段，可将施工准备分为哪两种，它们的特点分别是什么？

_____

_____

（2）安装工程施工原始资料调查主要有哪些内容？

_____

_____

（3）安装工程施工现场需要准备什么？

_____

_____

（4）在南方地区，季节性施工的准备主要有什么？

_____

_____

模块1 安装工程施工准备阶段

> 合作研学

任务工单2

组号_____ 姓名_____ 学号_____

引导问题：

（1）小组讨论交流，教师参与。为了保证安装工程顺利施工，在施工前要尽可能做好施工现场、人员、物资和季节性施工等方面的准备，请结合施工规范、施工特点及新建公寓楼安装工程项目的实际情况，撰写安装工程施工现场准备、人员准备、物资准备、季节施工准备等方面的计划书（见表1.2.0-6），详细列出所需清单。

表1.2.0-6 新建公寓楼安装工程施工准备计划

所属专业：

给水排水专业□　　　　电气专业□　　　　暖通专业□　　　　消防专业□

序 号	项 目	内 容						
1	安装工程原始资料								
2	安装工程施工现场准备								
3	物资准备 施工准备及资源配置计划	一、主要的材料准备 材料配置计划						
		序 号	材料名称	规 格	单 位	数 量	进场时间	备 注
		二、施工机具准备 施工机具配置计划						
		序 号	机具名称	型号或规格	单 位	数 量	进场时间	备 注

59

续表

序号	项 目	内 容
3	物资准备 施工准备及资源配置计划	三、周转材料准备 配件及半成品配置计划 | 序号	配件及半成品名称	型号或规格	单位	数量	进场时间	备注 | |---|---|---|---|---|---|---| | | | | | | | | | | | | | | | | | | | | | | | | | | | | | | | | | | | | | | | | | | | | | | | | | | | | | | | | 物资准备的工作流程图（可用思维导图绘制）
4	施工人员准备	一、主要管理人员 二、施工班组主要工种人员 劳动力配置计划 | 序号	工种	总工日	每日需用工日 ||||||||| |---|---|---|---|---|---|---|---|---|---|---|---| | | | | 1 | 2 | 3 | 4 | 5 | 6 | 7 | 8 | 9 |

续表

序号	项目	内容
5	季节性施工准备	
6	施工准备工作计划	施工准备工作计划 <table><tr><th>序号</th><th>内容</th><th>负责部门</th><th>负责人</th><th colspan="2">起止时间</th><th>备注</th></tr><tr><td></td><td></td><td></td><td></td><td>月 日</td><td>月 日</td><td></td></tr><tr><td></td><td></td><td></td><td></td><td></td><td></td><td></td></tr></table>

（2）记录存在的不足。

_____
_____
_____
_____

◆ 安装工程施工组织与管理（活页式）

任务工单3

组号_____　　　姓名_____　　　学号_____

引导问题：

推荐同学汇报新建公寓楼安装工程原始资料、施工现场准备、物资准备、人员准备及季节性施工准备等情况。借鉴每组经验，完善新建公寓楼安装工程施工准备计划，撰写施工准备计划报告（见表1.2.0-7）。

表1.2.0-7　新建公寓楼安装工程施工准备计划报告

所属专业：

给水排水专业□　　　　　电气专业□　　　　　暖通专业□　　　　　消防专业□

评价反馈

结合任务完成情况，扫描以下二维码，完成个人自评、组内互评、小组组间评价和教师评价。

评价反馈

拓展延学

季节性施工准备内容要点如下。

1. 雨季施工准备

（1）合理安排雨季施工。应多安排完成基础、地下工程、土方工程、室外及屋面工程等不宜在雨季施工的项目，多留些室内工作在雨季施工。

（2）加强施工管理，做好雨季施工的安全教育。

（3）防洪排涝，做好现场排水工作。

（4）做好道路维护，保证运输畅通。

（5）做好物资的储存。

（6）做好机具设备等的防护。

2. 冬季施工准备

（1）根据实物工程量提前组织有关机具、外加剂和保温材料等进场。

（2）搭建加热用的锅炉房、搅拌站，敷设管道，对锅炉进行试火试压，对各种加热的材料、设备要检查其安全可靠性。

（3）计算变压器容量，节能电源。

（4）工地的临时给水排水管道及白灰膏等材料做好保温防冻工作，防止道路积水成冰，及时清扫积雪，保证运输顺利。

（5）做好冬季施工混凝土、砂浆及掺外加剂的试配试验工作，提出施工配合比。

（6）做好室内施工项目的保温，如先完成供热系统，安装好门窗玻璃等，以保证室内其他项目能顺利施工。

3. 夏季施工准备

（1）编制夏季施工项目的施工方案。

（2）做好现场防雷装置的准备。

（3）做好施工人员防暑降温工作的准备。

任务1.3 施工进度计划准备

子任务1.3.1 施工进度计划的认知

任务描述

施工进度计划是为实现项目设定的工期目标,对各项施工过程的施工顺序、起止时间和相互衔接关系所做的统筹策划和安排,是施工方案在时间上的具体反映。施工进度计划的编制不仅关系到工期目标能否顺利实现,还关系到工程质量、安全和成本目标能否顺利实现。

新建公寓楼安装工程施工之前需要编制施工进度计划,请根据安装工程的实际情况,绘制和编制安装工程施工进度计划的程序思维导图,并计算新建公寓楼安装工程劳动量和各施工过程的持续时间。

学习目标

1. 知识目标
(1) 能说出施工进度计划的定义、作用、分类和编制依据。
(2) 能说出施工进度计划各个步骤的工作内容。

2. 能力目标
(1) 能列出施工进度计划的编制程序和步骤。
(2) 能计算工程劳动量和机械台班。
(3) 能计算施工过程的持续时间。

3. 素质目标
(1) 树立工程安全意识,强化"安全工地、平安中国"的职业意识。
(2) 具备严谨、做事有依据、实事求是的职业素养。
(3) 倡导节约能源、资源均衡分配的原则,践行生态文明观。

任务分析

1. 重点
(1) 安装工程施工进度计划的程序。
(2) 安装工程劳动量和机械台班的计算。
(3) 安装工程施工工程持续时间的计算。

2. 难点

（1）安装工程劳动量和机械台班的计算。

（2）安装工程施工工程持续时间的计算。

相关知识链接

知识卡　施工进度计划

施工进度计划可以科学计算工期和掌握施工进度，是所设定的工期目标和施工组织设计中的各项技术经济指标圆满实现的保证。

1. 施工进度计划的作用

施工进度计划的作用主要表现在以下方面：

（1）控制单位工程的施工进度，保证在规定工期内，保质保量地完成工程任务。

（2）确定各个施工过程的施工顺序、施工持续时间及相互搭接、配合的合理关系。

（3）为编制季度、月度生产作业计划提供依据。

（4）为编制各项资源需要计划和施工准备计划提供依据。

2. 施工进度计划的分类

（1）按进度计划表达形式分类。根据进度计划表达的形式，进度计划可分为横道计划、网络计划和时标网络计划。

1）横道计划形象、直观，但无法表明工作时间的主次和逻辑关系。

2）网络计划能反映各工作之间的逻辑关系，利于重点控制，但开始与结束时间不直观，也无法按天进行资源统计。

3）时标网络计划结合了横道计划和网络计划的优点，克服了两者的不足，是应用较普遍的一种进度计划表达形式。

小型工程可采用横道计划；大中型工程宜采用时标网络计划，计算时间参数，找出关键线路，选择最优方案。

（2）按对施工的指导作用分类。根据对施工的指导作用不同，进度计划可分为控制性进度计划和实施性进度计划两种。

1）控制性进度计划主要用于结构较复杂、规模较大、工期较长或各种资源暂时无法落实的工程，是一种粗线条的控制。

2）实施性进度计划明确、详尽，有约束力，对各分部分项工程施工时间及相互搭接、配合的关系计划得非常具体和确定。

3. 施工进度计划编制的依据

施工进度计划编制的依据主要有以下几方面：

（1）施工总工期及开工、竣工日期。

(2) 经过审核的建筑总平面图、施工图、设备及基础图,以及相关的标准图及技术资料。

(3) 施工组织总设计。

(4) 施工条件、劳动力、材料、构配件及机具供应情况、分包情况等。

(5) 主要分部分项工程施工方案。

(6) 劳动定额、机械台班定额。

(7) 工程承包合同及业主合理要求。

(8) 其他有关资料,如当地的水文、地质、气象等资料。

4. 施工进度计划编制的步骤

(1) 划分施工过程。施工过程是进度计划的基本组成单元,划分得粗与细、适当与否,关系到进度计划总的安排。对控制性进度计划,列出分部分项工程即可;对实施性进度计划,应细化至施工过程。施工过程的划分要结合施工条件、施工方法和劳动组织等因素,凡在同一时间段可由同一施工队完成的若干施工过程可合并,否则应单列。次要零星项目可合并为其他工程。因此,要针对项目的整体情况,客观、合理地确定施工过程,并按分部分项工程施工顺序绘出一览表以供使用。

(2) 计算工程量。工程量的计算应严格按施工图和工程量计算规则进行。若已有预算文件且施工项目的划分又与施工进度计划一致,可直接利用其预算工程量;若某些项目不一致,则应结合工程项目栏的内容计算。各分部分项工程的计量单位应与现行施工定额单位一致,以便计算劳动量、材料和机械台班时直接套用,避免换算。

1) 工程量计算应结合所选定的施工方法和技术措施进行,以便计算的工程量与施工实际情况相符。

2) 结合施工总的安排和要求,可分区、分段和分层进行工程量计算。

(3) 计算工程劳动量和机械台班。

$$P_i = Q_i/S_i = Q_i H_i \tag{1.3.1-1}$$

式中 P_i——第 i 个施工过程的劳动量(台班);

Q_i——第 i 个施工过程的工程量;

S_i——产量定额,以工人在单位时间内能够完成的工程数量来表示劳动消耗;

H_i——时间定额,以工人完成单位的工程量需要消耗的时间来表示劳动消耗。

当进度计划中所列项目与施工定额中的项目内容不一致时,例如,同一工种,但材料、做法和构造不同,施工定额可采用加权平均产量定额,其计算方式如下:

$$S' = \sum Q_i / \sum P_i \tag{1.3.1-2}$$

$$\sum P_i = P_1 + P_2 + P_3 + \cdots + P_n = Q_1/S_1 + Q_2/S_2 + Q_3/S_3 + \cdots + Q_n/S_n \tag{1.3.1-3}$$

$$\sum Q_i = Q_1 + Q_2 + Q_3 + \cdots + Q_n \tag{1.3.1-4}$$

式中 S'——某施工项目加权平均产量定额;

$\sum P_i$——该施工项目总劳动量;

$\sum Q_i$——该施工项目总工程量。

对于某些采用新技术、新工艺、新材料的施工项目,若其定额未列入定额手册,可参照类似项目或进行实测来确定。

"其他工程"项目所需的劳动量,可根据其内容和数量,结合施工现场实际情况,以占用总劳动量的百分比计算,一般为10%~15%。

(4) 确定各施工过程的持续时间 T。计算出各施工过程的劳动量和机械台班后,根据现有的人力和机械,确定各施工过程的作业时间,计算公式如下:

$$T = \frac{P}{Rb} \qquad (1.3.1\text{-}5)$$

式中 T——施工过程的作业时间;

R——工作人数;

P——劳动量;

b——工作班数。

露天或空中交叉作业一般宜采用一班工作制,有利于安全和工程质量控制;某些需连续施工的施工过程或工作面狭窄、工期限定等的施工可采用二班制或三班制作业。在安排每班劳动人数时,须考虑最小劳动组合、最小工作面和可供安排的人数。

(5) 编制进度计划的初始方案。根据施工方案和各分部分项工程的施工顺序及各施工过程的持续时间,按照流水施工的原则编制进度计划的初始方案,力求主要工种施工班组连续施工和劳动力配置与资源计划保持均衡。

(6) 审核。无论是采用流水作业还是网络技术,进度计划的初始方案形成后,均应进行审查、核实和调整优化。审核主要针对以下内容:

1) 各施工过程的施工顺序、平行搭接和技术组织是否合理,主导施工过程能否最大限度地组织流水施工。

2) 进度计划的施工工期是否满足合同的要求。

3) 劳动力消耗是否均衡。各个工种每天出勤的工人人数力求不发生过大的波动。劳动力消耗的均衡性可用劳动力消耗动态图表示,在动态图上,不要出现短时期的高峰。

图1.3.1-1 (a) 表明短时期所需工人人数多,需增加相应的临时设施,会造成浪费。

图1.3.1-1 (b) 中出现长时期低凹,说明在长时期内所需工人人数少,要将多余的工人调出,否则就会窝工,而各种临时设施又不能充分利用。

图1.3.1-1 (c) 中出现短时期低凹,这种情况是允许出现的,只要将少数工人安排好即可,不会产生较显著的影响。

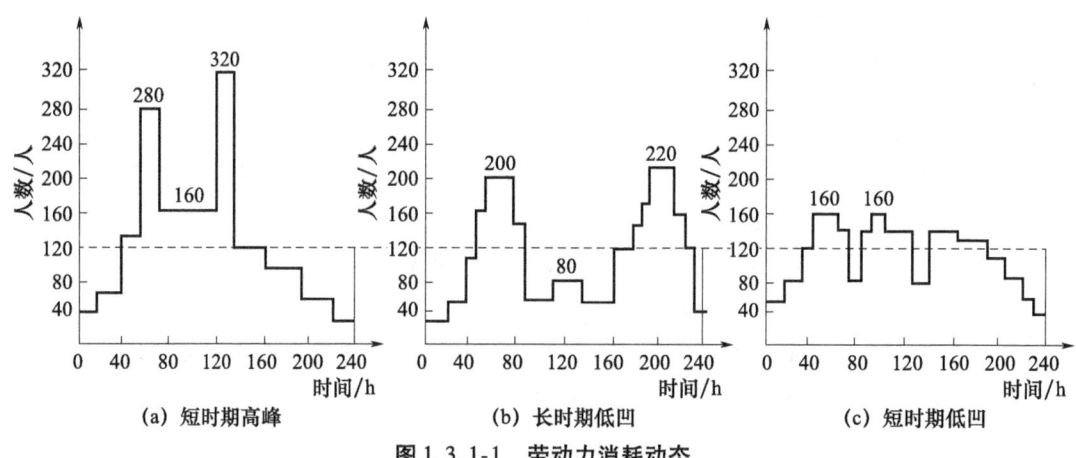

图 1.3.1-1 劳动力消耗动态

劳动力消耗也可用劳动力均衡系数 K 表达，即

$$K = P_a/P_p \tag{1.3.1-6}$$

式中 K——劳动力均衡系数；

P_a——最高峰施工期间工人人数；

P_p——施工期间每天平均工人人数。

较理想的情况是，K 接近 1；$K<2$ 也可以；$K\geqslant 2$ 则不正常。

4）主要施工机具利用率。施工机具利用率高，机械化程度就高，就可加快进度，降低劳动强度。

通过对进度计划的初始方案进行审查、核实、补遗和调整优化，即可编制正式进度计划。

5. 施工进度计划的实施

施工进度计划的实施主要有以下几方面：

（1）首先确定主导分部工程，组织其中的主导分项工程连续施工，将其他分项工程尽可能与主导分项工程穿插配合、搭接或平行作业。

（2）在主导分项工程中，首先安排主导施工过程，再安排其他施工过程。

（3）各分部工程之间按施工顺序或施工组织的要求，将相邻分部工程的分项工程按流水施工要求或配合关系搭接起来，组成单位工程进度计划的初始方案。

（4）检查和调整施工进度计划初始方案，绘制正式进度计划。

（5）进度计划的实施过程，就是单位工程逐步完成的过程。其主要内容包括：

1）编制月（旬）施工进度计划。

2）签发施工任务单、限额领料单。

3）做好施工日志、原始记录和考核资料。

4）做好施工调度工作。

5）抓好逐日施工碰头会。

思想政治素养养成

（1）施工进度计划的编制不仅关系到工期目标能否顺利实现，还关系到工程质量、安全和成本目标能否顺利实现，因此，在编制进度计划程序时，学生要时刻树立工程安全意识，强化"安全工地、平安中国"的职业意识。

（2）编制施工进度计划的依据有很多，在编写时要查找相应的资料，对照工程的实际情况，合理编制，这就要求学生具备严谨、做事有依据、实事求是的职业素养。

（3）在计算各施工过程持续时间时，要先确定施工班组人数，人数的多少直接影响作业时间的长短，这就涉及施工现场临时设施的使用，若能合理安排人数，将能充分利用现场的临时设施，不会造成资源的浪费，因此，要倡导节约能源、资源均衡分配的原则，践行生态文明观。

任务分组

填写表1.3.1-1，完成学生任务分配。

表1.3.1-1 学生任务分配

班级		组号		指导教师	
组长		学号			
组员	姓名	学号	姓名	学号	
任务分工					
备注					

> 自主探学

任务工单1

组号_____ 姓名_____ 学号_____

引导问题:

(1) 按进度计划表达的形式,进度计划可分为哪三类?

_____
_____
_____

(2) 编制进度计划的依据主要有哪些?

_____
_____
_____

(3) 请写出工程劳动量的计算公式。

_____
_____
_____

(4) 请写出施工过程持续时间的计算公式。

_____
_____
_____

合作研学

任务工单2

组号_____　　　　姓名_____　　　　学号_____

引导问题：

（1）小组交流，教师参与。请正确列出新建公寓楼安装工程进度计划步骤，并写出各个步骤的具体内容（见表1.3.1-2）。

表1.3.1-2　新建公寓楼安装工程进度计划步骤

所属专业：

给水排水专业□　　　　电气专业□　　　　暖通专业□　　　　消防专业□

步　骤	名　　称	内　　容
1		
2		
3		
4		
5		
6		
7		
8		
9		
10		

根据列出的步骤，完善思维导图。

◆ 安装工程施工组织与管理（活页式）

（2）小组交流，教师参与。正确计算新建公寓楼安装工程劳动量和施工过程持续时间（见表1.3.1-3）。

表1.3.1-3 新建公寓楼安装工程劳动量和施工过程持续时间计算

施工过程	工程量	产量定额	劳动量	班组人数	持续时间	工 种
挖 土	210 m³	7 m³/工日		30人		普 工
垫 层	30 m³	1.5 m³/工日		10人		混凝土工
安装排水管	800 m	20 m/工日		20人		水 工
回 填	140 m³	7 m³/工日		20人		普 工

请在此处列出计算过程：

序 号	施工过程	计算过程
1	挖 土	
2	垫 层	
3	安装排水管	
4	回 填	

（3）记录存在的不足。

_____
_____
_____

展示赏学

任务工单 3

组号_____ 姓名_____ 学号_____

引导问题：

每个小组推荐一名同学汇报安装工程进度计划程序、步骤、安装工程劳动量和施工过程持续时间。借鉴每组经验，完善本组安装工程进度计划程序和步骤，然后进行总结（见表 1.3.1-4）。

表 1.3.1-4 新建公寓楼安装工程进度计划程序和步骤总结

序 号	任务内容	总 结
1	安装工程进度计划程序	
2	安装工程劳动量和持续时间的计算	

◆ 安装工程施工组织与管理(活页式)

评价反馈

结合任务完成情况,扫描以下二维码,完成个人自评、组内互评、小组组间评价和教师评价。

评价反馈

拓展延学

延伸阅读:(1)《建设工程劳动定额安装工程-管道安装工程》(LD/T 74.1—2008)
(2)《建设工程劳动定额安装工程-电气安装工程》(LD/T 74.2—2008)
(3)《建设工程劳动定额安装工程-刷油、防腐蚀与绝热工程》(LD/T 74.3—2008)
(4)《建设工程劳动定额安装工程-通风空调工程》(LD/T 74.4—2008)

子任务1.3.2　流水施工技术认知

任务描述

新建公寓楼进行室外排水管道安装,施工工序有挖土、垫层、安装排水管和回填,分四段进行施工,请根据室外排水管道安装的施工进度表(见表1.3.2-1),思考选择采用哪种施工组织方式比较合理,并写出各流水施工参数对应的数值和含义。

表1.3.2-1　新建公寓楼室外排水管道安装施工进度

施工过程	班组人数/人	施工进度/天													
		1	2	3	4	5	6	7	8	9	10	11	12	13	14
挖土	30														
垫层	10														
安装排水管	20														
回填	20														

学习目标

1. 知识目标

(1) 能说出依次施工和平行施工的定义和特点。
(2) 能说出流水施工的定义和特点。
(3) 能说出各流水施工参数的含义。

2. 能力目标

(1) 能选择合适的施工组织方式。
(2) 能判读流水施工参数。
(3) 会计算流水节拍。

3. 素质目标

(1) 树立资源均衡性、降低成本的工程意识。
(2) 培养提高工程劳动生产率的创新思维。
(3) 遵循施工工艺规律,培养脚踏实地、质量优先的工匠精神。

流水施工技术

任务分析

1. 重点
（1）流水施工的特点。
（2）时间参数的判读。
（3）流水节拍的计算。

2. 难点
流水步距、搭接时间、间歇时间的判读。

相关知识链接

知识卡一　施工组织方式

在建筑安装工程中，常用的施工组织方式有依次施工（也称顺序施工）、平行施工、流水施工。现以建筑给水排水及采暖中的室外排水管道安装为例，采用上述三种方式组织施工并进行效果分析。

例如，有四栋建筑需安装室外排水管道，每栋建筑的室外排水管施工过程及工程量等如表1.3.2-2所示。

表1.3.2-2　室外排水管道安装情况

施工过程	工程量	产量定额	劳动量	班组人数	班组作业时间	工种
挖　土	280 m³	7 m³/工日	40 工日	40 人	1 天	普工
垫　层	45 m³	1.5 m³/工日	30 工日	30 人	1 天	混凝土工
安装排水管	1000 m	20 m/工日	50 工日	50 人	1 天	水工
回　填	210 m³	7 m³/工日	30 工日	30 人	1 天	普工

1. 依次施工

依次施工是指各施工段或施工过程依次开工、依次完工的一种施工组织方式。

（1）依次施工的组织安排方式。

1）按栋数或施工段依次施工。当一栋建筑室外排水管道的安装完成后，再依次进行第二栋建筑室外排水管道的安装。图1.3.2-1所示为各栋建筑的依次施工（顺序施工）。

2）按施工过程依次施工。在第一个施工过程完成后，再进行第二个施工过程。图1.3.2-2所示为各工序所进行的依次施工（按施工过程）。

（2）依次施工的特征。依次施工是按建筑安装工程的分部分项工程的内在联系和必须遵守的施工顺序依次进行施工，不考虑后续施工过程在时间和空间上的搭接。

模块 1　安装工程施工准备阶段

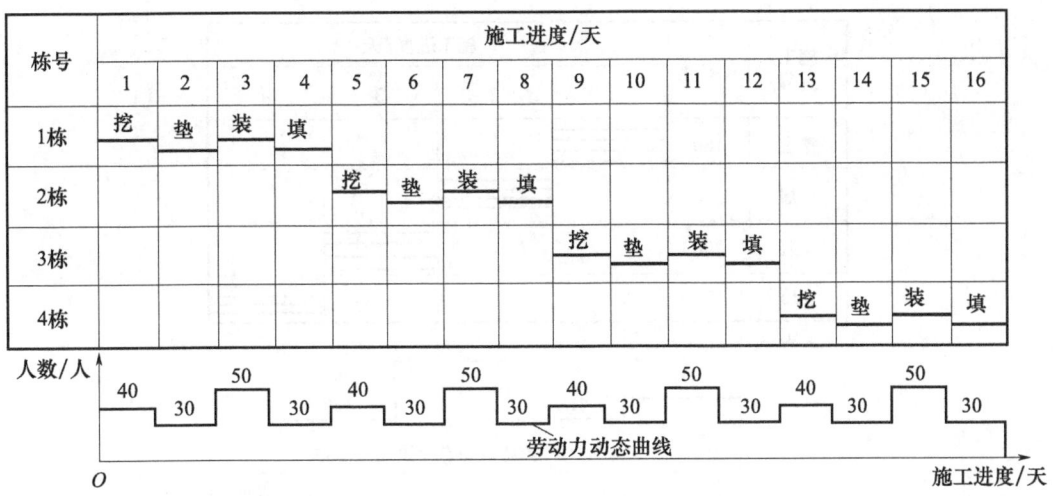

图 1.3.2-1　依次施工（按施工段）

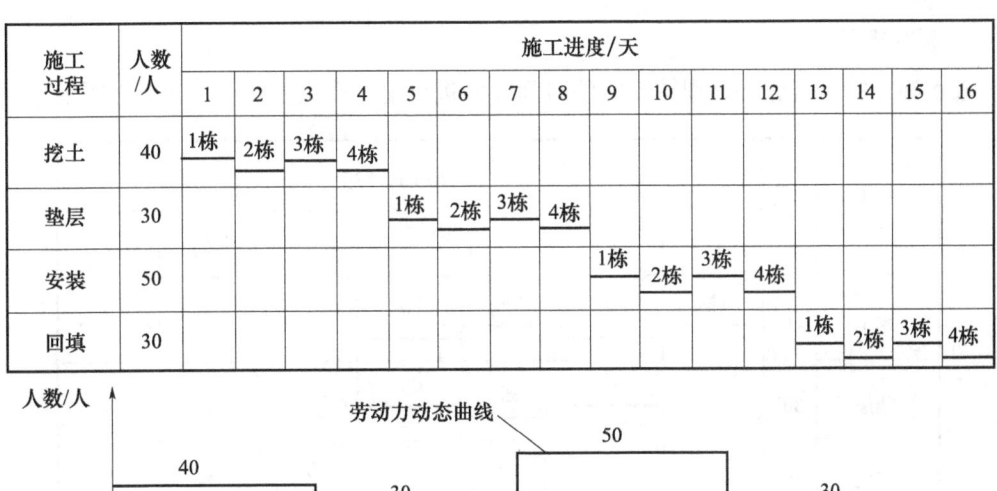

图 1.3.2-2　依次施工（按施工过程）

（3）依次施工的特点。依次施工同时投入的劳动资源较少，组织简单，材料供应单一；但劳动生产率较低，工期较长，难以在短期内提供较多产品，不能适应大型工程施工。

2. 平行施工

平行施工是各施工段同时开工、同时完成的一种施工组织方式，如图1.3.2-3所示。

平行施工的特点是最大限度地利用了工作面，工期最短。由于劳动资源成倍增加，给施工管理带来一定难度。因此，只有在工程规模较大或工期较紧的情况下，采取平行施工才是合理的。

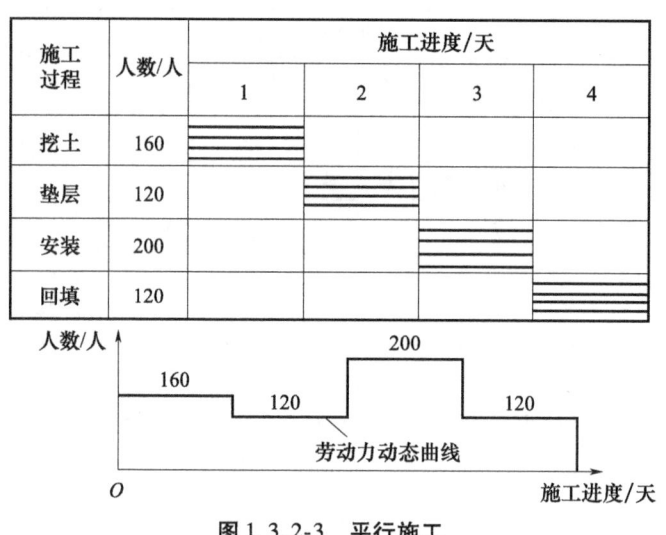

图 1.3.2-3 平行施工

3. 流水施工

流水施工指所有施工过程按一定的时间间隔进行施工作业，如图 1.3.2-4 所示。

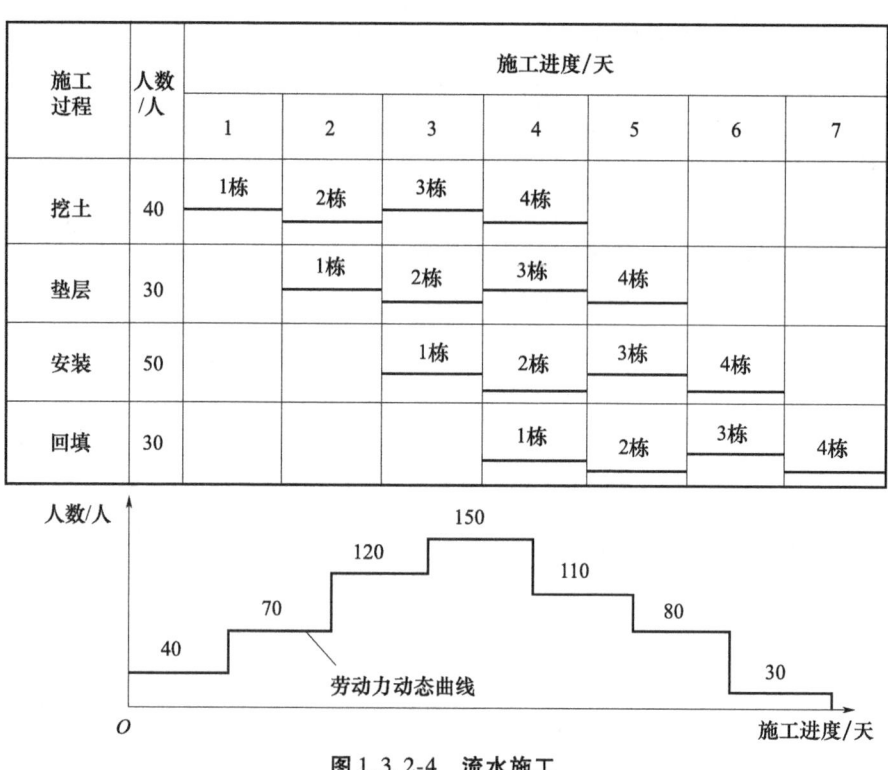

图 1.3.2-4 流水施工

流水施工是把若干个同类型建筑或一栋建筑在平面上划分成若干个施工段，组织若干个在施工工艺上有密切联系的专业班组连续进行施工，依次在各施工段完成相同的工作内容，不同的专业班组利用不同的工作面可进行平行施工。

（1）流水施工的技术经济效果。流水施工综合了依次施工和平行施工的优点，是建筑安装施工较为先进和科学的一种施工组织形式。由于它在施工过程的划分、时间安排和空间布置上进行了合理的统筹安排，因此，其经济效果较为明显。

1）施工工期比较理想。流水施工的连续性减少了间歇时间，充分利用了工作面，缩短了工期。

2）有利于资源的组织和管理。流水施工的均衡性避免了施工期间劳动力和其他资源过分集中的问题。

3）有利于提高劳动生产率。流水施工实现了专业化生产，为工人提高技术水平、改进操作方法及革新工具创造了条件，促进了劳动生产率的提高。

4）有利于提高工程质量。专业化的生产作业为质量管理创造了条件。

5）能有效降低成本。工期缩短，劳动生产率提高，资源供应均衡，施工连续、均衡作业，减少了临时设施，从而节约了人工费、机械使用费、材料费和管理费等相关费用。

（2）流水施工的表达方式。流水施工的表达方式一般有横道图、垂直图表和网络图三种。最直观且最易于接受的是横道图。

横道图是建筑安装施工进度计划和组织流水施工经常使用的一种表达方式。其特点是：能清楚地表达各项工作的开始时间、结束时间和持续时间，计划内容明确有序，形象直观，使用起来非常方便且操作简单。

4. 三种施工组织方式的比较

三种施工组织方式的比较如表 1.3.2-3 所示。

表 1.3.2-3　三种施工组织方式的比较

方式	工期	资源投入	评价	适用范围
依次施工	最长	投入强度大	劳动力投入少，资源投入不集中，有利于组织工作。现场管理工作相对简单，可能会产生窝工现象	适用于规模较小、工作面有限的工程
平行施工	最短	投入强度最大	资源投入集中，施工现场组织管理复杂，不能实现专业化生产	适用于工程工期紧迫、资源有充分的保障及工作面允许的情况，或是赶工的工程
流水施工	较短，介于依次施工和平行施工之间	投入连续、均衡	结合了依次施工和平行施工的优点，作业队伍连续，充分利用工作面，是较理想的施工组织方式	一般项目均适用

知识卡二　流水施工的基本参数

流水施工的参数用于表达各施工过程在时间和空间上相互依存的关系和开展的状态，是影响流水施工组织节奏和效果的重要因素，按性质一般分为工艺参数、空间参数和时间参数。

1. 工艺参数

工艺参数是指流水施工在施工工艺上开展的顺序及其特征的参数。通常，工艺参数包括施工过程数和流水强度。

(1) 施工过程数。施工过程数是指参与流水施工中的施工过程（工序）的数量，以"n"表示。

每一个施工过程都要消耗一定的劳动力、材料和机具，还要消耗一定的时间并占用一定的工作面。因此，施工过程数是流水施工中最主要的参数，是计算其他流水参数的依据。

施工过程的划分涉及较多因素，如项目规模的大小、施工范围、施工习惯和劳动力的多少等，但仍以施工工艺流程是否科学和合理为主要考虑因素。与施工过程划分的相关因素主要包括以下几方面：

1）施工进度计划的性质和作用。当编制控制性施工进度计划时，施工过程划分得粗一些，一般只列出分部工程名称，例如，给水排水及采暖工程、通风空调工程、建筑电气工程、智能建筑工程和电梯工程等。当编制实施性施工进度计划时，施工过程可划分得细一些，将分部工程划分为若干个子分部工程或分项工程。

2）施工方案。例如，通风系统和空调系统风管安装，若同时施工，可合并为一个施工过程；若先后施工，可划分为两个施工过程。施工过程的划分还与施工习惯有关，如管道除锈、刷漆施工，可合也可分，因有些班组是混合班组，有些班组是单一工种班组，凡是同一时期由同一班组进行施工的施工过程可合并在一起，否则应分列。

3）劳动量的大小。劳动量小的施工过程，组织流水施工有困难，可与其他施工过程合并。在室外排水管道安装时，垫层劳动量较小，可与挖土合并为一个施工过程，便于组织流水施工。

(2) 流水强度。流水强度是指每一施工过程在单位时间内所完成的工作量，以"V"表示，计算公式如下：

$$V = \sum_{i=1}^{x} R_i S_i \tag{1.3.2-1}$$

式中　V——某施工过程 i 的人工操作流水强度；
　　　R_i——投入施工过程 i 的专业工作队工人数；
　　　S_i——投入施工过程 i 的专业工作队平均产量定额。

2. 空间参数

空间参数表达流水施工在空间上展开的状态，主要包括工作面、施工段。

（1）工作面。工作面是指安排专业工人生产作业或者布置机械设备进行施工所需的活动空间，以"A"表示工作面的数目。工作面是根据相应工作单位时间的产量定额、建筑安装操作规程和安全规程来确定的。工作面确定得合理与否，直接影响工人劳动生产效率的高低。

（2）施工段。施工段是指在拟建工程的平面上或空间上，划分成若干劳动量大致相等的施工区段，以"m"表示施工段的数目。

划分施工段的目的是为组织流水施工提供必要的空间，从而保证不同的施工过程能同时在不同的工作面上进行生产作业。

划分施工段应遵循以下原则：

1）为了保证流水施工的连续性、均衡性和节奏感，各施工段的劳动量相差不宜超过10%~15%。

2）应满足专业工种对工作面的空间要求，以发挥人工、机械的生产作业效率。最理想的情况是平面上的施工段与施工过程相等。

3）施工段的界限应以确保施工质量为前提或与结构的变形缝一致。

4）当施工对象既分层又分段时，施工段的划分应满足 $m \geq n$ 的要求。

当 $m = n$ 时，每一施工过程或作业班组既能保证连续施工，又能做到划分的施工段不致空闲，是最理想的情况，应尽可能采用。

当 $m > n$ 时，施工段会出现空闲，这种情况是允许的。有时为了满足施工技术间歇的要求，有意让工作面空闲一段时间，反而更趋合理。

当 $m < n$ 时，作业班组不能连续施工，会出现窝工现象，应尽量避免。

3. 时间参数

时间参数是在组织流水施工时用以表达流水施工在时间排列上所处状态的参数，主要包括流水节拍、流水步距、流水工期、间歇时间和搭接时间等。

（1）流水节拍。流水节拍是指一个施工过程（或作业班组），在一个施工段上持续作业的时间，以"t_i"（$i=1,2,\cdots$）表示，其大小受到投入的劳动力和机具的影响，也受到施工段大小的影响。流水节拍的计算方法主要有以下两种：

1）定额计算法。根据资源的实际投入量计算定额，其计算公式如下：

$$t_i = P_i / (R_i b) \tag{1.3.2-2}$$

$$t_i = Q_i / (S_i R_i b) \tag{1.3.2-3}$$

$$t_i = Q_i H_i / (R_i b) \tag{1.3.2-4}$$

式中 t_i——某专业工作队在第 i 施工段的流水节拍；

R_i——某专业工作队在第 i 施工段投入的工作人数或机械台数；

b——某专业工作队的工作班次；

P_i——某专业工作队在第 i 施工段的劳动量（单位：工日）或机械台班量（单位：台班）；

Q_i——第 i 施工段的工程量；

S_i——第 i 施工段的产量定额；

H_i——第 i 施工段的时间定额。

2）工期计算法。当施工工期受到限制时，反求流水节拍，可用式（1.3.2-5）求出所需的时间，同时，检查工作面的可行性。流水节拍按下式计算：

$$t_i = T_i/m_i \qquad (1.3.2-5)$$

式中　T_i——某施工过程的工作持续时间（根据工期倒排进度确定）；

m_i——某施工过程划分的施工段数。

（2）流水步距。流水步距是指相邻两个施工过程（或作业班组）先后投入流水施工的时间间隔，以"$K_{i,i+1}$"（i 表示前一个施工过程，$i+1$ 表示后一个施工过程）表示，一般取 0.5 天的整数倍。

当施工过程数为 n 时，流水步距共有 $n-1$ 个。

流水步距应根据施工工艺、流水形式和施工条件来确定，尽可能满足以下要求：

1）技术间歇的需要，如混凝土养护、油漆干燥等。

2）保持主要专业队施工的连续性。

3）工艺、组织、质量的要求。

4）组织管理间歇的需要，如墙体砌筑前的墙身位置弹线，施工人员、机械转移，以及回填土前地下管道检查验收等。

（3）流水工期。流水工期是指在一个流水施工中，从第一个施工过程（或作业班组）开始进入流水施工，到最后一个施工过程结束所需的全部时间，以"T"表示，计算公式如下：

$$T = \sum K_{i,i+1} + T_n \qquad (1.3.2-6)$$

式中　T——流水施工工期；

$\sum K_{i,i+1}$——流水施工中各流水步距之和；

T_n——流水施工中最后一个施工过程的持续时间。

（4）间歇时间。因工艺或组织的原因导致相邻施工过程中前一施工过程结束后必须间隔一段时间，后一施工过程才能投入施工，该间隔时间即为间歇时间，以"t_j"表示。间歇时间分为技术（工艺）间歇时间和组织管理间歇时间。

（5）搭接时间。在某一施工段上，前一施工过程尚未结束而后一施工过程提前进场施工，该提前时间即为搭接时间，以"t_d"表示。

思想政治素养养成

（1）不同的施工组织方式会有不同的资源分配方案，就会产生不同的施工成本，在组织施工时，要结合工程项目的实际，选择合理的施工组织方式，力求使工期理想、资源组织管理合理、成本有效降低。因此，就要树立资源均衡性、降低成本的工程意识。

（2）施工时，在不影响安全和质量的前提下，合理搭接施工工序可以缩短工期、降低工程成本。因此，在学习时间参数中的搭接时间时，要着力培养提高工程劳动生产率的创新思维。

（3）流水步距要根据施工工艺、流水形式和施工条件来确定，流水步距小，虽然可以缩短工期，但是也不能盲目进行，在某些施工工艺需要间歇时间时就要留有足够的时间，要遵循施工工艺规律，培养脚踏实地、质量优先的工匠精神。

任务分组

填写表1.3.2-4，完成学生任务分配。

表1.3.2-4 学生任务分配

班 级		组 号		指导教师	
组 长		学 号			
组 员	姓 名	学 号	姓 名	学 号	
任务分工					
备 注					

自主探学

任务工单1

组号_____ 姓名_____ 学号_____

引导问题:

(1) 流水施工的定义及特点是什么?

_____
_____
_____
_____

(2) 请分别列出工艺参数、空间参数和时间参数包含的具体参数。

_____
_____
_____
_____

合作研学

任务工单2

组号_____ 姓名_____ 学号_____

引导问题：

(1) 小组交流，教师参与。选择合适的施工组织方式，并写出理由（见表1.3.2-5）。

表1.3.2-5 安装工程常用施工组织方式选择

项 目	内 容
任务描述	新建公寓楼进行室外排水管道安装，施工工序有挖土、垫层、安装排水管和回填，分四段进行施工，请根据室外排水管道安装的施工进度表，思考选择采用哪种施工组织方式比较合理
选择的施工组织方式	
理 由	

(2) 小组交流，教师参与，根据安装工程的施工进度表（见表1.3.2-6），写出各流水施工参数对应的数值和含义（见表1.3.2-7）。

表1.3.2-6 新建公寓楼安装工程施工进度

施工过程	班组人数/人	施工进度/天													
		1	2	3	4	5	6	7	8	9	10	11	12	13	14
挖 土	30	─	─	─	─										
垫 层	10					─	─	─	─						
安装排水管	20					─	─	─	─						
回 填	20											─	─	─	─

表 1.3.2-7 新建公寓楼安装工程流水施工进度参数表达

序号	项目	符号	数值	含义
1	施工过程			
2	施工段			
3	挖土施工过程流水节拍			
4	垫层施工过程流水节拍			
5	安装排水管施工过程流水节拍			
6	回填施工过程流水节拍			
7	流水步距1			
8	流水步距2			
9	流水步距3			
10	流水工期			
11	间歇时间1			
12	间歇时间2			

（3）记录存在的不足。

_____
_____
_____

任务工单3

组号_____　　　姓名_____　　　学号_____

引导问题：

每个小组推荐一名同学汇报安装工程施工组织方式、各流水施工参数的含义。借鉴每组经验，完善本组任务，反思存在的不足与改进方法，填写表1.3.2-8。

表1.3.2-8　安装工程施工组织方式选择和参数表达总结

序号	任务内容	不足与改进
1	安装工程施工组织方式选择	
2	安装工程施工参数表达	

评价反馈

结合任务完成情况,扫描以下二维码,完成个人自评、组内互评、小组组间评价和教师评价。

评价反馈

拓展延学

穿插流水施工管理技术

建设项目穿插流水施工管理技术在日本已经大范围应用于现场施工中,但在国内应用很少。随着国内高层住宅产业化的不断发展,穿插流水施工管理技术在国内也必将得到广泛的应用。在高层建筑施工工期较长、劳动力需求较高、工人工资日益增长、成本不断增加的今天,为了提高施工效率,采用穿插流水施工管理技术势在必行。穿插流水施工是一种工序组织管理技术,它的目的在于明确施工全过程从下往上流水的施工工序流水组织要求,缩短施工总工期,降低对劳动力数量的需求,提高工程管理的精细化水平。

穿插流水施工项目外围结构全部采用剪力墙结构,综合运用爬架、铝合金模板、装配式内墙板等新技术,实现了内外墙免抹灰,减少外墙渗漏、空鼓开裂,达到提高质量的目的。穿插流水施工取消内外墙抹灰、简化施工工序,充分利用各工序工作面,提前交付给精装修单位进场施工,缩短绝对工期20%以上,达到提高效率的目的。

穿插流水施工能减少同时施工作业的人数和时间,降低劳动力成本在施工总成本中的比重,降低对熟练工人的需求。

子任务1.3.3　等节奏（固定节拍）流水施工计算与绘图

任务描述

新建公寓楼进行安装工程，施工工序有风管制作、风管安装、控制线路安装和系统调试，每个施工过程的流水节拍均为2天，控制线路安装完成后有1天的组织管理间歇时间，之后再进行系统调试，分四段施工。请根据安装工程的施工进度（见表1.3.3-1），选择采用哪种施工组织方式比较合理，计算流水施工的时间参数并绘制流水施工进度计划横道图。

表1.3.3-1　安装工程各施工过程流水节拍

工　序	Ⅰ	Ⅱ	Ⅲ	Ⅳ
风管制作	2	2	2	2
风管安装	2	2	2	2
控制线路安装	2	2	2	2
系统调试	2	2	2	2

学习目标

1. **知识目标**

（1）能说出等节奏（固定节拍）流水施工的定义和特征。

（2）能列出等节奏（固定节拍）流水施工工期的计算公式。

2. **能力目标**

（1）会计算等节奏（固定节拍）流水施工工期。

（2）会绘制等节奏（固定节拍）流水施工进度计划横道图。

3. **素质目标**

（1）培养分析问题、解决问题的能力。

（2）培养计算认真、细心、严谨的好习惯。

（3）具备工程进度计划的逻辑思维能力。

任务分析

1. **重点**

（1）等节奏（固定节拍）流水施工的特征。

（2）等节奏（固定节拍）流水施工工期的计算。

（3）等节奏（固定节拍）流水施工进度计划横道图的绘制。

2. 难点

（1）等节奏（固定节拍）流水施工工期的计算。

（2）等节奏（固定节拍）流水施工进度计划横道图的绘制。

固定节拍
流水施工

相关知识链接

知识卡 等节奏（固定节拍）流水施工

有节奏流水施工是指同一施工过程在各施工段上的流水节拍都相等的一种流水施工方式。有节奏流水施工分等节奏流水施工和异节奏流水施工两类。

等节奏（固定节拍）流水施工是指参与流水施工的施工过程的流水节拍彼此相等的一种组织方式，即同一施工过程在不同的施工段上流水节拍相等，不同的施工过程在同一施工段上的流水节拍也相等。同时，各施工过程之间的流水步距彼此相等，且与流水节拍相等，即

$$K_{i,i+1} = t_i$$

等节奏（固定节拍）流水施工工期的计算公式为

$$T = \sum K_{i,i+1} + T_n = (m + n - 1)t_i \tag{1.3.3-1}$$

其中

$$\sum K_{i,i+1} = (n - 1)t_i$$

$$T_n = mt_i$$

式中 T——流水施工工期；

$\sum K_{i,i+1}$——流水施工过程中各流水步距之和；

T_n——最后一个施工过程的持续时间。

等节奏（固定节拍）流水施工是一种最理想的流水施工方式，它可分为等节拍等步距流水施工和等节拍不等步距流水施工。

等节拍等步距流水施工的特点如下：

（1）所有施工过程在各个施工段上的流水节拍均相等。

（2）相邻施工过程的流水步距相等，且等于流水节拍。

（3）专业工作队数等于施工过程数，即每一个施工过程成立一个专业工作队，由该队完成相应施工过程所有施工段上的任务。

（4）各个专业工作队在各施工段上能够连续作业，施工段之间没有空闲时间。

其流水步距计算公式如下：

$$K_{i,i+1} = t_i \tag{1.3.3-2}$$

若施工中有间歇时间或搭接时间，则称为等节拍不等步距流水施工。其流水步距计算公式如下：

$$K_{i,i+1} = t_i + t_j - t_d \tag{1.3.3-3}$$

式中　　$K_{i,i+1}$——流水步距；

t_i——流水节拍；

t_j——施工过程之间的技术间歇时间或组织管理间歇时间；

t_d——施工过程之间的搭接时间。

根据等节奏（固定节拍）流水施工的特征，并考虑施工的技术间歇时间或管理组织间歇时间及搭接情况，工期可用式（1.3.3-4）和式（1.3.3-5）求解：

$$T = \sum K_{i,i+1} + T_n \qquad (1.3.3\text{-}4)$$

$$T = (m + n - 1)t_i + \sum t_j - \sum t_d \qquad (1.3.3\text{-}5)$$

思想政治素养养成

（1）在接到任务时，要先分析任务，然后提出解决问题的方法，培养学生解决实际工程的能力。

（2）计算等节奏（固定节拍）流水施工工期时，需要用到公式，根据公式代入数据，这就需要学生具有认真、细心、严谨的态度，同时也需要培养学生精确计算的好习惯。

（3）绘制横道图的过程就是工程的计划进程。因此，学生要具备工程进度计划的逻辑思维能力。

任务分组

填写表1.3.3-2，完成学生任务分配。

表1.3.3-2　学生任务分配

班　级		组　号		指导教师	
组　长		学　号			
组　员	姓　名	学　号		姓　名	学　号
任务分工					
备　注					

自主探学

任务工单 1

组号_____ 姓名_____ 学号_____

引导问题：

（1）等节奏（固定节拍）流水施工的定义是什么？

_____

_____

（2）等节奏（固定节拍）流水施工有什么特征？

_____

_____

任务工单 2

组号_____ 姓名_____ 学号_____

引导问题：

（1）如果施工过程没有间歇时间也没有搭接时间，请写出等节奏（固定节拍）流水施工工期的计算公式。

_____

_____

（2）如果施工过程有间歇时间或搭接时间，请写出等节奏（固定节拍）流水施工工期的计算公式。

_____

_____

模块1 安装工程施工准备阶段

任务工单3

组号_____ 姓名_____ 学号_____

引导问题：

小组交流，教师参与。计算流水施工工期及绘制施工进度横道图，填写表1.3.3-3。

表1.3.3-3 安装工程流水施工计算步骤（等节奏）

序号	项目	内容				
	任务描述	新建公寓楼进行安装工程，施工工序有风管制作、风管安装、控制线路安装和系统调试，每个施工过程的流水节拍均为2天，控制线路安装完成后有1天的组织管理间歇时间，之后再进行系统调试，分四段施工。请根据通风系统安装的施工进度，选择采用哪种施工组织方式比较合理，计算流水施工的时间参数并绘制流水施工进度计划横道图。				
		安装工程各施工过程流水节拍				
		工 序	Ⅰ	Ⅱ	Ⅲ	Ⅳ
		风管制作	2	2	2	2
		风管安装	2	2	2	2
		控制线路安装	2	2	2	2
		系统调试	2	2	2	2
1	流水施工组织方式					
2	施工过程个数					
3	施工段个数					
4	各个施工过程流水节拍	风管制作：$t_1 =$				
		风管安装：$t_2 =$				
		控制线路安装：$t_3 =$				
		系统调试：$t_4 =$				
5	流水步距	风管制作与风管安装：$K_{1,2} =$				
		风管安装与控制线路安装：$K_{2,3} =$				
		控制线路安装与系统调试：$K_{3,4} =$				
6	选择工期计算公式及计算过程					
7	根据时间参数计算结果，绘制安装工程施工进度计划横道图					

展示赏学

任务工单4

组号_____ 姓名_____ 学号_____

引导问题：

每个小组推荐一名同学汇报安装工程流水施工的组织方式、工期计算、进度计划表绘制。借鉴每组经验，检查和完善本组任务，记录存在的不足并提出改进措施（见表1.3.3-4）。

表1.3.3-4 安装工程流水施工计算、绘图总结（等节奏）

序 号	任务内容	不足与改进
1	安装工程施工时间参数的计算	
2	安装工程横道图绘制	

评价反馈

结合任务完成情况，扫描以下二维码，完成个人自评、组内互评、小组组间评价和教师评价。

评价反馈

拓展延学

【综合案例】图 1.3.3-1 为某地区排水工程系统中的排水管道工程设计图纸，根据该图纸和施工预算中的人工用量分析表，试组织固定节拍流水施工。

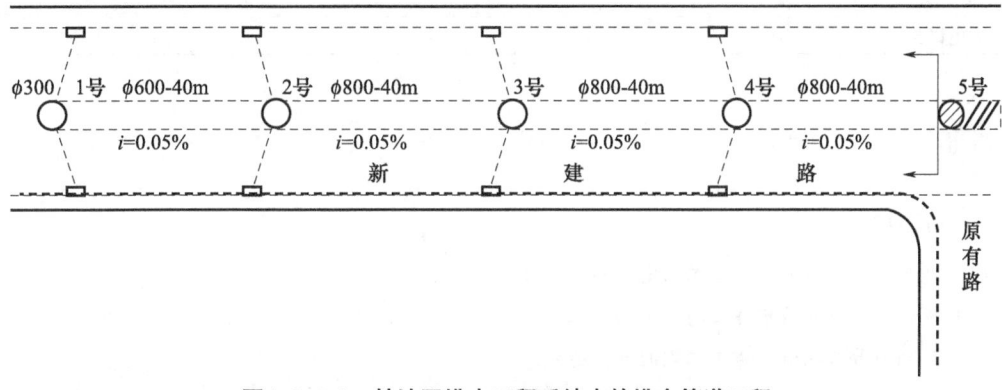

图 1.3.3-1　某地区排水工程系统中的排水管道工程

施工预算中的人工用量分析表，主要由表 1.3.3-5 中所列各施工项目组成。

表 1.3.3-5　某地区排水工程系统中的排水管道工程施工项目组成

施工项目	工日数	施工项目	工日数
1. 抓斗机挖土	174.9	10. ϕ300 混凝土管铺设	4.8
2. 人工挖土方	18.9	11. 砖砌检查井	33.7
3. 横板支撑（安装）	73.0	12. 砖砌进水井	6.3
4. 横板支撑（拆除）	49.8	13. 检查井砂浆抹面	21.2
5. 碎石垫层	22.2	14. 进水井砂浆抹面	4.2
6. 浇捣混凝土基座	31.2	15. 检查井盖座安装	1.3
7. 浇捣混凝土管座	49.2	16. 沟槽回填土（沟管）	124.2
8. 混凝土搅拌	44.4	17. 沟槽回填土（连管）	15.0
9. ϕ800 混凝土管铺设	39.5	以上共计	713.8

子任务1.3.4 异节奏流水施工计算与绘图

任务描述

新建公寓楼即将进行安装工程施工，其工序有接线盒检查清理、接线、安装和通电试验，每个施工过程的流水节拍如表1.3.4-1所示。为了加快施工进度，安装施工过程提前1天进场，分四段施工，请根据电气工程安装的施工进度表格，分析采用哪种流水施工组织方式比较合理，计算流水施工的时间参数、绘制流水施工进度计划横道图，根据施工进度计划绘制劳动力分布图。

表1.3.4-1 安装工程各施工过程流水节拍

工序	R	Ⅰ	Ⅱ	Ⅲ	Ⅳ
接线盒检查清理	20	6	6	6	6
接线	10	5	5	5	5
安装	20	7	7	7	7
通电试验	10	4	4	4	4

学习目标

1. 知识目标

（1）能说出成倍节拍流水施工的定义和特征。
（2）能说出异节拍流水施工的定义和特征。
（3）能列出异节拍流水施工工期的计算公式。

2. 能力目标

（1）会计算异节拍流水施工工期。
（2）会绘制异节拍流水施工进度计划横道图和劳动力分布图。

3. 素质目标

（1）培养团队协作能力，树立团队合作意识。
（2）具备表达沟通能力，培养沟通交流能力。
（3）培养严谨踏实、认真细致、专心致志的工匠精神。

任务分析

1. 重点

（1）成倍节拍流水施工的特征。
（2）异节拍流水施工的特征。
（3）异节拍流水施工工期的计算。

(4)异节拍流水施工进度计划横道图的绘制。

2. 难点

(1)异节拍流水施工工期的计算。
(2)异节拍流水施工进度计划横道图、劳动力分布图的绘制。

> **相关知识链接**

异节奏流水施工是指同一个施工过程在各施工段上的流水节拍相等,不同施工过程在同一施工段上的流水节拍不一定相等的流水施工方式。

异节奏流水施工的特点如下:

(1)同一施工过程在各个施工段上的流水节拍均相等,不同施工过程之间的流水节拍不尽相等。

(2)相邻施工过程之间的流水步距不尽相等。

(3)专业工作队数等于施工过程数。

(4)各个专业工作队在施工段上能够连续作业,施工段之间可能存在空闲时间。

异节奏流水施工可分为成倍节拍流水施工和异节拍流水施工。

知识卡一　成倍节拍流水施工

成倍节拍流水施工是指同一施工过程在各个施工段上的流水节拍彼此相等,不同施工过程在同一施工段上的流水节拍与最小流水节拍存在一个整数倍的关系。

(1)成倍节拍流水施工工期可用下式求解:

$$T = (m + n' - 1)t_{\min} + \sum t_j - \sum t_d \tag{1.3.4-1}$$

式中　n'——参与流水施工班组总数;

$t_{\min}$——最小的流水节拍,$K = t_{\min}$。

(2)成倍节拍流水施工的特点。

节拍特征:节拍之间存在最大公约数 $t_{\min}$。

步距特征:$K_{i,i+1} = t_{\min} + t_j - t_d$。

施工班组特征:$n_i = t_i/t_{\min}$,$n' = \sum n_i$。

工期特征:$T = (m + n' - 1)t_{\min} + \sum t_j - \sum t_d$。

(3)成倍节拍流水施工解题步骤。

第一步:找出 $t_{\min}$,确定 $K_{i,i+1}$。

第二步:计算各施工过程的班组数 n_i,并计算施工班组总数 n'。

第三步:计算工期 T。

第四步:绘制进度计划图表。

知识卡二　异节拍流水施工

异节拍流水施工也称为异步距异节拍流水施工,是指同一施工过程在各施工段上的流水节拍相等,不同的施工过程的流水节拍既不相等又不成倍数的流水施工方式。在建筑安装工程中,异节拍流水施工的应用较广泛。

流水步距可按式(1.3.4-2)和式(1.3.4-3)计算。

当 $t_i \leqslant t_{i+1}$ 时,　　　　　　$K_{i,i+1} = t_i + t_j - t_d$ 　　　　　　　　(1.3.4-2)

当 $t_i > t_{i+1}$ 时,　　　　　　$K_{i,i+1} = mt_i - (m-1)t_{i+1} + t_j - t_d$ 　　　　(1.3.4-3)

式中　$K_{i,i+1}$——流水步距;

　　　t_i——第 i 个施工过程的流水节拍;

　　　t_{i+1}——第 $i+1$ 个施工过程的流水节拍;

　　　t_j——施工过程之间的技术或组织间歇时间;

　　　t_d——施工过程之间的搭接时间;

　　　m——施工段的个数。

流水施工工期可采用式(1.3.4-4)计算:

$$T = \sum K_{i,i+1} + T_n \tag{1.3.4-4}$$

式中　$\sum K_{i,i+1}$——所有施工过程的流水步距之和;

　　　T_n——流水施工中最后一个施工过程的持续时间。

异步距异节拍流水施工的特点:各施工过程在各施工段上,流水节拍彼此不等,也无特定规律,其流水步距彼此也不完全相等,每个施工过程在每个施工段上,均由一个专业班组独立完成作业。为了满足流水施工的连续性,确定流水步距比较关键。

思想政治素养养成

(1)以小组的形式完成工程任务,小组内组员分工明确,相互讨论共同完成任务,培养团队协作能力,树立团队合作意识。

(2)每个小组选派一位代表在课堂上分享任务成果,培养学生的表达、沟通能力。

(3)在计算流水施工工期时,培养学生严谨踏实、认真细致、专心致志的工匠精神。

任务分组

填写表1.3.4-2,完成学生任务分配。

表 1.3.4-2 学生任务分配

班 级		组 号		指导教师	
组 长		学 号			
组 员	姓 名		学 号	姓 名	学 号
任务分工					
备 注					

自主探学

任务工单 1

组号_____   姓名_____   学号_____

引导问题：

（1）成倍节拍流水施工的定义和特征是什么？

_____

_____

（2）异节奏流水施工的定义是什么？

_____

_____

（3）异节奏流水施工有什么特征？

_____

_____

任务工单2

组号＿＿＿＿＿＿　　　姓名＿＿＿＿＿＿　　　学号＿＿＿＿＿＿

引导问题：

（1）请写出异节拍流水施工流水步距的计算公式。

_____
_____
_____
_____
_____

（2）请写出异节拍流水施工工期的计算公式。

_____
_____
_____
_____
_____
_____

（3）劳动力分布图的绘制步骤是什么？

_____
_____
_____
_____
_____

合作研学

任务工单3

组号_____ 姓名_____ 学号_____

引导问题：

（1）小组交流，教师参与。计算流水施工工期，绘制施工进度横道图和劳动力分布图，并填写表1.3.4-3。

表1.3.4-3　安装工程流水施工计算步骤（异节奏）

序号	项目	内容
	任务描述	新建公寓楼即将进行安装工程施工，其工序有接线盒检查清理、接线、安装和通电试验，每个施工过程的流水节拍如下表所示，为了加快施工进度，安装施工过程提前1天进场，分四段施工，请根据电气工程安装的施工进度表格，分析采用哪种流水施工组织方式比较合理，计算流水施工的时间参数、绘制流水施工进度计划横道图，根据施工进度计划绘制劳动力分布图。 安装工程各施工过程流水节拍 | 工　序	R	Ⅰ	Ⅱ	Ⅲ	Ⅳ
---	---	---	---	---	---
接线盒检查清理	20	6	6	6	6
接　线	10	5	5	5	5
安　装	20	7	7	7	7
通电试验	10	4	4	4	4	
1	流水施工组织方式	
2	施工过程个数	
3	施工段个数	
4	各个施工过程流水节拍	接线盒检查清理：$t_1=$ 接线：$t_2=$ 安装：$t_3=$ 通电试验：$t_4=$
5	流水步距的计算过程	接线盒检查清理与接线：$K_{1,2}=$ 接线与安装：$K_{2,3}=$ 安装与通电试验：$K_{3,4}=$
6	工期的计算过程	
7	根据时间参数，绘制安装工程施工进度横道图和劳动力分布图	

（2）记录存在的不足。

_____
_____
_____
_____

> 展示赏学

任务工单4

组号_____　　姓名_____　　学号_____

引导问题：

每个小组推荐一名同学汇报安装工程流水施工的组织方式、工期计算、施工进度表绘制和劳动力分布图。借鉴每组经验，检查和完善本组任务，然后撰写安装工程流水施工进度计划总结（见表1.3.4-4）。

表1.3.4-4　安装工程流水施工计算、绘图总结（异节奏）

序号	任务内容	总结
1	安装工程施工时间参数的计算	
2	安装工程横道图绘制	
3	劳动力分布图绘制	

评价反馈

结合任务完成情况，扫描以下二维码，完成个人自评、组内互评、小组组间评价和教师评价。

评价反馈

拓展延学

【综合案例】某大厦安装工程，采用电缆直埋敷设方式。划分为4个施工过程，分4个施工段，组织流水施工。每个施工过程在各施工段上的人数及持续时间如表1.3.4-5所示。试组织成倍流水节拍施工。

表1.3.4-5 某大厦安装工程施工过程人数及持续时间

施工过程	劳动量/工日	劳动人数/人	施工段数/个	流水节拍
管沟开挖及垫层	320	8	4	10
管道安装	400	10	4	10
水压试验	400	10	4	10
回填土	240	12	4	5

子任务1.3.5 无节奏流水施工计算与绘图

任务描述

新建公寓楼进行安装工程施工,其工序有管件及支架预制,管道安装,管道试压、冲洗,设备安装,以及系统调试,每个施工过程的流水节拍如表1.3.5-1所示。为了方便组织施工材料和人员,系统调试前有1天的间歇时间,分四段施工。请根据表1.3.5-1各施工过程流水节拍情况,分析采用哪种流水施工组织方式比较合理,计算流水施工的时间参数、绘制流水施工进度计划横道图,根据施工进度计划绘制劳动力分布图。

表1.3.5-1 安装工程各施工过程流水节拍

工 序	R	Ⅰ	Ⅱ	Ⅲ	Ⅳ
管件及支架预制	25	3	5	4	2
管道安装	15	4	6	5	4
管道试压、冲洗	25	5	7	6	5
设备安装	10	5	4	4	5
系统调试	5	2	3	3	2

学习目标

1. 知识目标

(1) 能说出无节奏流水施工的定义和特征。
(2) 能说出无节奏流水施工流水步距的计算口诀。
(3) 能列出无节奏流水施工工期的计算公式。

2. 能力目标

(1) 会计算无节奏流水施工时间参数。
(2) 会绘制无节奏流水施工进度计划横道图。
(3) 会绘制无节奏流水施工劳动力分布图。

3. 素质目标

(1) 具备逻辑推导、解决问题的能力。
(2) 培养认真细致的计算能力和精益求精的职业素养。
(3) 培养主要问题优先解决、次要问题稍后处理的工作方式。

模块 1　安装工程施工准备阶段

任务分析

1. 重点

（1）无节奏流水施工的特征。

（2）无节奏流水施工时间参数的计算。

（3）无节奏流水施工进度计划横道图和劳动力分布图的绘制。

2. 难点

（1）无节奏流水施工时间参数的计算。

（2）无节奏流水施工进度计划横道图的绘制。

无节奏流水施工

相关知识链接

知识卡一　无节奏流水施工

无节奏流水施工是指同一施工过程在各施工段上的流水节拍不完全相等的一种流水施工方式，也称为分别流水施工。这种组织施工的方式在进度安排上比较自由、灵活，是实际应用最广泛、最常见的一种方法。

无节奏流水施工的特点如下：

（1）各施工过程在各施工段上的流水节拍彼此不等，也无特定规律。

（2）其流水步距彼此也不完全相等。

（3）每个施工过程在每个施工段上，均由一个专业班组独立完成作业。为了满足流水施工的连续性，确定流水步距比较关键。

确定流水步距通常用"特考夫斯基法"，即"逐段累加数列，错位相减，取最大差法"。工期可按式（1.3.5-1）计算：

$$T = \sum K_{i,i+1} + T_n \qquad (1.3.5\text{-}1)$$

式中　$\sum K_{i,i+1}$——所有施工过程的流水步距之和；

　　　T_n——流水施工中最后一个施工过程的持续时间。

知识卡二　流水施工组织程序

1. 基本程序

流水施工组织的程序主要有以下几步：

（1）确定施工顺序，划分施工过程。

（2）确定施工层，划分施工段。

（3）确定施工过程的流水节拍。

（4）确定流水方式及专业队组数。

(5)确定流水步距。
(6)组织流水施工,计算工期。
(7)绘制流水施工进度计划图表。

2. 注意事项

由于工程项目的复杂性和特殊性,在很多情况下,不可能将所有的施工过程组织进去,在编制施工进度计划时,往往运用流水作业的基本概念,合理选定几个主要参数,保证几个主导施工过程的连续性,其他非主导施工过程只求在施工段上尽可能保持各自连续性,不受施工工艺的约束,不一定步调一致,这样的组织方式有很大的灵活性,有利于计划的实现。

所谓主导施工过程是指那些对工期有直接影响,或为后续施工过程提供工作面的施工过程。

思想政治素养养成

(1)无节奏流水施工工期的计算,首先按照计算口诀计算流水步距,然后再计算工期,具有一定的推导过程,在接受任务、分析任务、完成任务中,学生需要具备逻辑推导、解决问题的能力。

(2)流水步距的每一步计算都需要认真对待,一步错就会导致后面的跟着错,因此计算时要认真细致、精益求精,要培养学生良好的职业素养。

(3)流水施工的组织程序要保证主导施工过程的连续性,非主导施工过程尽可能连续,也就是说在安排施工时,要先考虑主导施工过程再考虑非主导施工过程,从而培养主要问题优先解决、次要问题稍后处理的工作方式。

任务分组

填写表1.3.5-2,完成学生任务分配。

表1.3.5-2 学生任务分配

班 级		组 号		指导教师	
组 长		学 号			
组 员	姓 名		学 号	姓 名	学 号
任务分工					
备 注					

自主探学

任务工单1

组号_____ 姓名_____ 学号_____

引导问题：

无节奏流水施工的定义和特征是什么？

_____
_____
_____
_____

任务工单2

组号_____ 姓名_____ 学号_____

引导问题：

（1）请写出无节奏流水施工流水步距的计算口诀。

_____
_____
_____
_____

（2）请写出无节奏流水施工工期的计算公式。

_____
_____
_____
_____

合作研学

任务工单3

组号_____　　姓名_____　　学号_____

引导问题：

（1）小组交流，教师参与，计算流水施工时间参数，绘制施工进度横道图和劳动力分布图（见表1.3.5-3）。

表1.3.5-3　安装工程流水施工计算步骤（无节奏）

项目	内容					
任务描述	新建公寓楼进行安装工程施工，其工序有管件及支架预制，管道安装，管道试压、冲洗，设备安装，以及系统调试，每个施工过程的流水节拍如下表所示。为了方便组织施工材料和人员，系统调试有1天的间歇时间。分四段施工，请根据安装工程的施工进度表格，分析采用哪种流水施工组织方式比较合理，计算流水施工的时间参数、绘制流水施工进度计划横道图，根据施工进度计划绘制劳动力分布图。 安装工程各施工过程流水节拍 | 工序	R	Ⅰ	Ⅱ	Ⅲ	Ⅳ | |---|---|---|---|---|---| | 管件及支架预制 | 25 | 3 | 5 | 4 | 2 | | 管道安装 | 15 | 4 | 6 | 5 | 4 | | 管道试压、冲洗 | 25 | 5 | 7 | 6 | 5 | | 设备安装 | 10 | 5 | 4 | 4 | 5 | | 系统调试 | 5 | 2 | 3 | 3 | 2 |					
流水施工组织方式						
施工过程个数						
施工段个数						
各个施工过程流水节拍	管件及支架预制： 　$t_{1-Ⅰ}=$　　　$t_{1-Ⅱ}=$　　　$t_{1-Ⅲ}=$　　　$t_{1-Ⅳ}=$ 管道安装： 　$t_{2-Ⅰ}=$　　　$t_{2-Ⅱ}=$　　　$t_{2-Ⅲ}=$　　　$t_{2-Ⅳ}=$ 管道试压、冲洗： 　$t_{3-Ⅰ}=$　　　$t_{3-Ⅱ}=$　　　$t_{3-Ⅲ}=$　　　$t_{3-Ⅳ}=$ 设备安装： 　$t_{4-Ⅰ}=$　　　$t_{4-Ⅱ}=$　　　$t_{4-Ⅲ}=$　　　$t_{4-Ⅳ}=$ 系统调试： 　$t_{5-Ⅰ}=$　　　$t_{5-Ⅱ}=$　　　$t_{5-Ⅲ}=$　　　$t_{5-Ⅳ}=$					

续表

项　目	内　容
流水步距的计算过程	（1）"逐段累加" （2）"错位相减，差值取大" 管件及支架预制与管道安装：$K_{1,2}=$ 管道安装与管道试压、冲洗：$K_{2,3}=$ 管道试压、冲洗与设备安装：$K_{3,4}=$ 设备安装与系统调试：$K_{4,5}=$
工期的计算过程	
绘制横道图	
劳动力分布图	

（2）记录存在的不足。

_____
_____
_____
_____

> 展示赏学

任务工单4

组号_____ 姓名_____ 学号_____

引导问题：

（1）每个小组推荐一名同学汇报安装工程流水施工的组织方式、时间参数计算、施工进度表绘制和劳动力分布图。借鉴每组经验，检查和完善本组任务，然后撰写安装工程流水施工进度计划总结（见表1.3.5-4）。

表1.3.5-4 安装工程流水施工计算、绘图总结（无节奏）

序 号	任务内容	总 结
1	流水步距及工期的计算	
2	横道图绘制	
3	劳动力分布图绘制	

（2）记录存在的不足。

_____
_____
_____
_____

评价反馈

结合完成情况,扫描以下二维码,完成个人自评、组内互评、小组组间评价和教师评价。

评价反馈

拓展延学

【综合案例】某拟建安装工程由甲、乙、丙、丁4个施工过程组成,该工程共划分为4个施工流水段,每个施工过程在各个施工流水段上的流水节拍如表1.3.5-5所示。按相关规范规定,施工过程甲完成后,其相应施工段至少要养护1天,才能进入下道工序。为了尽早完工,经过技术攻关,实现施工过程丙在施工过程乙完成之前2天提前插入施工。计算各施工过程间的流水步距和总工期,试编制该安装工程流水施工计划图和劳动力分布图。

表1.3.5-5 每个施工过程在各个施工流水段上的流水节拍

施工过程及人数	施工段			
	一	二	三	四
甲(5人)	2	3	5	2
乙(10人)	3	4	3	5
丙(8人)	3	2	4	4
丁(4人)	2	2	3	2

子任务1.3.6　网络计划的绘制

任务描述

新建公寓楼安装工程分为管道预制、管道安装和管道验收三个施工过程，分两个施工段进行施工，请选择合适的网络施工技术，并根据安装工程工作间的逻辑关系（见表1.3.6-1），绘制双代号网络计划。

表1.3.6-1　新建公寓楼安装工程施工工作间的逻辑关系

工　作	管道预制1	管道预制2	管道安装1	管道安装2	管道验收1	管道验收2
紧前工作	—	管道预制1	管道预制1	管道安装1 管道预制2	管道安装1	管道验收1 管道安装2
持续时间	2	2	3	3	1	1

学习目标

1. 知识目标

（1）能说出网络计划的三种基本类型。
（2）能说出双代号网络计划的组成。
（3）能描述双代号网络计划绘制的基本规则。

2. 能力目标

（1）能判断双代号网络计划工作间的逻辑关系。
（2）能绘制双代号网络计划。

3. 素质目标

（1）培养科技创新、坚韧不拔的工匠精神。
（2）掌握看问题、办事情既善于抓重点，又统筹兼顾，恰当处理次要矛盾的矛盾分析方法。
（3）养成做事有规矩、做人有原则的作风，树立严谨行事的意识。

任务分析

1. 重点

（1）双代号网络计划的组成。
（2）双代号网络计划绘制的规则。
（3）双代号网络图的绘制。

网络计划的
基本知识

2. 难点

双代号网络图的绘制。

双代号网络计划的绘制方法

相关知识链接

知识卡一　网络计划技术

网络计划技术是20世纪50年代后期，随着计算机的应用而发展起来的一种科学计划管理方法，广泛应用于工业、农业、建筑业、国防和科研等领域。1965年，由华罗庚教授引入我国。网络计划因具有统筹兼顾及合理安排的特点，又称为统筹法。

1. 基本原理

（1）工程网络计划技术主要用于工程项目计划管理。将整个施工项目分解成若干项工作，以规定的网络符号及图形表达多项工作开展的顺序以及相互制约和依赖的关系，从左至右排列起来，形成一个网络状图。

（2）通过网络计划多项时间参数计算，找出关键工作。

（3）利用优化原理分析其内在规律，不断改进网络计划初始方案，并寻求最优方案。

（4）在执行过程中，对网络计划进行有效的监督和控制，合理使用资源，优质、高效、低耗地获取最大经济效益。

2. 基本类型

网络计划可按照性质、目标、特点、层次和表达的方式不同而进行划分，类型繁多。基于适用性和广泛性，下面主要讲解三种网络计划类型。

（1）双代号网络计划。双代号网络计划是由两个节点和一条箭线表示一项工作的网络图，如图1.3.6-1所示。

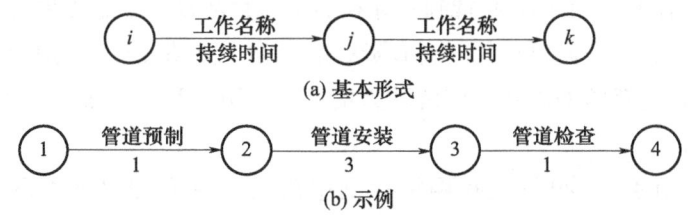

图1.3.6-1　双代号网络计划的表示方法

（2）时标网络计划。时标网络计划是在时间坐标的基础上，引入双代号网络计划中各工作之间逻辑关系的一种表达方式。时标网络计划箭线的长短受时间坐标的制约，如图1.3.6-2所示。

图 1.3.6-2　时标网络计划的表示方法

（3）单代号网络计划。单代号网络计划是以一个节点及编号表示一项工作，用箭线表示工作之间的逻辑关系的网络图，如图1.3.6-3所示。

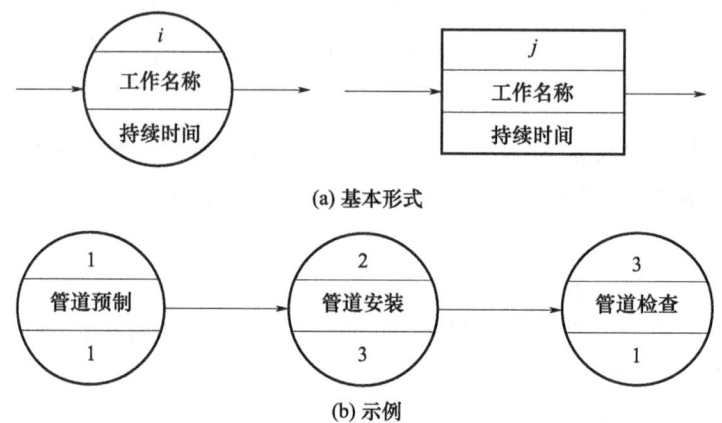

图 1.3.6-3　单代号网络计划的表示方法

知识卡二　双代号网络计划

1. 双代号网络计划的组成

双代号网络计划由工作（箭线）、事件（节点）和线路三个基本要素组成。

（1）工作（箭线）。工作是指能独立存在的实施性活动，如施工项目、施工过程或工序。工作可分为三种，即需要消耗时间和资源的工作、只消耗时间而不消耗资源的工作、不消耗时间也不消耗资源的工作。前两种为实工作，用实箭线来表示；后一种为虚工作，用虚箭线来表示。

（2）事件（节点）。事件是指网络计划中箭线两端有编号的圆圈，也称为节点。事件表示工作开始或结束的时刻。它既不消耗时间也不消耗资源。在双代号网络计划中，第一个事件称为开始事件，最后一个事件称为结束事件，其余事件均称为中间事件。

节点编号方法：沿着水平方向或垂直方向进行，一般采取自然数连续编号，箭尾事件的编号必须小于箭头事件的编号。

(3)线路。线路是指从网络计划开始事件出发,顺着箭线方向到达网络计划结束事件,中间经由一系列事件和箭线所组成的通路。

完成某条线路所需的总持续时间称为该条线路的线路时间。根据每条线路的线路时间长短,可将网络计划的线路分为关键线路和非关键线路两种。

关键线路是指网络计划中线路时间最长的线路。其线路时间代表整个网络计划的计算总工期。关键线路至少有一条,并以粗箭线或双线箭线表示;其余为非关键线路。关键线路上的工作都是关键工作,没有时间储备。

在一定的条件下,关键线路和非关键线路、关键工作和非关键工作可以相互转化。

2. 双代号网络计划的绘制

(1)正确表达工作之间的逻辑关系。

1)紧前工作:紧排在本工作之前的工作称为本工作的紧前工作。

2)紧后工作:紧排在本工作之后的工作称为本工作的紧后工作。本工作和紧后工作之间可能有虚工作。

3)平行工作:可与本工作同时进行的工作称为本工作的平行工作。

双代号网络计划的逻辑关系如图 1.3.6-4 所示。

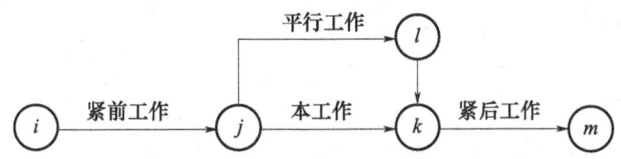

图 1.3.6-4 双代号网络计划的逻辑关系

(2)绘制基本规则。

1)必须正确反映多项工作之间的逻辑关系,如图 1.3.6-5 及表 1.3.6-2 所示。

工 作	给水管安装(A)	排水管安装(B)	卫生器具安装(C)	通球试验(D)
紧前工作	—	—	A、B	B
紧后工作	C	C、D	—	—
时间/天	10	10	3	1

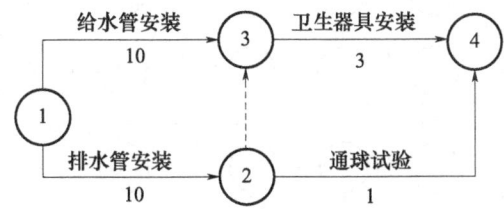

图 1.3.6-5 双代号网络计划的逻辑关系示例

表 1.3.6-2 双代号网络计划与单代号网络计划逻辑关系表达示例

序号	工作间的逻辑关系	网络计划的表示方法		说明
		双代号	单代号	
1	A、B 两项工作，依次进行施工	A→B	A→B	B 工作依赖 A 工作，A 工作约束 B 工作
2	A、B、C 三项工作同时开始施工	A、B、C 三项并行	开始→A、B、C	A、B、C 三项工作为平行施工方式
3	A、B、C 三项工作同时结束施工	A、B、C 汇合	A、B、C→结束	A、B、C 三项工作为平行施工方式
4	A、B、C 三项工作，只有 A 工作完成之后，B、C 工作才能开始	A→分支 B、C	A→B、C	A 工作制约 B、C 工作的开始
5	A、B、C 三项工作，C 工作只能在 A、B 工作完成之后开始	A、B→C	A、B→C	C 工作依赖于 A、B 工作结束；A、B 工作为平行施工方式
6	A、B、C、D 四项工作，A、B 工作完成之后，C、D 工作才能开始	A、B→j→C、D	A、B 交叉→C、D	双代号表示法是通过中间事件 j 把四项工作间的逻辑关系表达出来
7	A、B、C、D 四项工作，A 工作完成之后，C 工作才能开始；A、B 工作完成之后，D 工作才能开始	A→C，B→D（含虚工作）	A→C、D；B→D	A 工作制约 C、D 工作的开始，B 工作只制约 D 工作的开始；A、D 工作之间引入了虚工作
8	A、B、C、D、E 五项工作，A、B 工作完成之后，D 工作才能开始；B、C 工作完成之后，E 工作才能开始	A→D，B 虚，C→E	A、B→D；B、C→E	D 工作依赖 A、B 工作的完成；E 工作依赖 B、C 工作的结束；双代号表示法以虚工作表达 A、C 工作之间的上述逻辑关系

续表

序号	工作间的逻辑关系	网络计划的表示方法		说明
		双代号	单代号	
9	A、B、C、D、E 五项工作，A、B、C 工作完成之后，D 工作才能开始；B、C 工作完成之后，E 工作才能开始			A、B、C 工作制约 D 工作的开始；B、C 工作制约 E 工作的开始；双代号表示法以虚工作表达逻辑关系
10	A、B 两项工作，按三个施工段进行流水施工			按工种建立两个专业工作队，分别在三个施工段上进行流水作业；双代号表示法以虚工作表达工种间的关系

2）严禁出现循环线路，如图 1.3.6-6 所示。

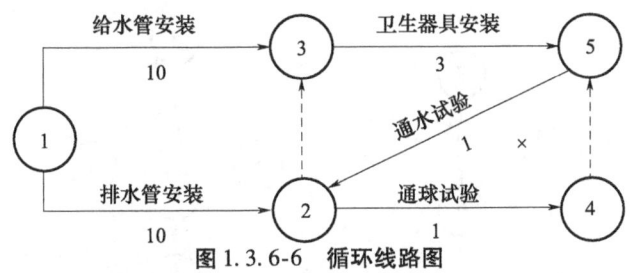

图 1.3.6-6 循环线路图

3）不允许出现代号相同的箭线。

4）在节点之间严禁出现带双箭头或无箭头的连线，如图 1.3.6-7 所示。

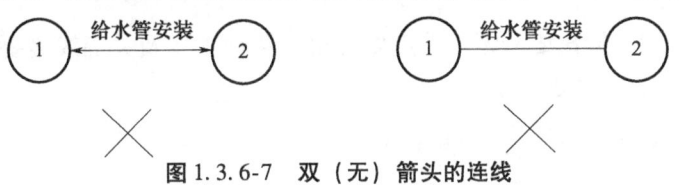

图 1.3.6-7 双（无）箭头的连线

5）只允许有一个起始节点和一个终点节点，如图 1.3.6-8 所示。

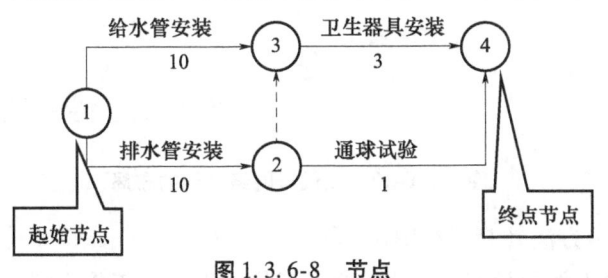

图 1.3.6-8 节点

6）严禁出现无箭头节点或无箭尾节点的箭线，如图1.3.6-9所示。

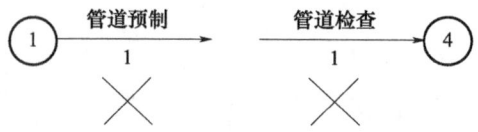

图1.3.6-9　无箭头（尾）节点的箭线

7）一项工作只有唯一的一条箭线和相应的一对节点编号，如图1.3.6-10所示。

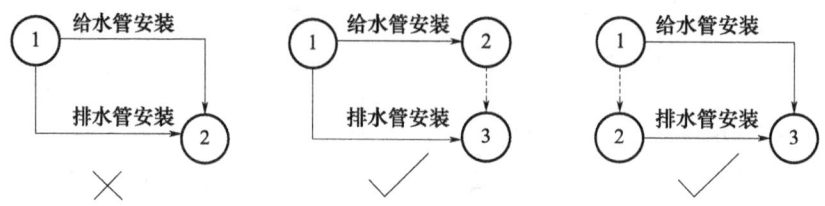

图1.3.6-10　唯一箭线和对应节点

8）尽可能避免箭线交叉，若无法避免，可采用过桥法或指向法表示，如图1.3.6-11所示。

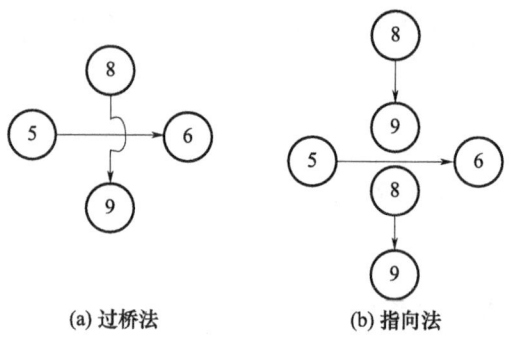

(a) 过桥法　　　　　(b) 指向法

图1.3.6-11　过桥法和指向法

9）布局要合理，层次要清晰，重点要突出，关键工作及关键线路要以粗箭线或双线箭线表示，如图1.3.6-12所示。

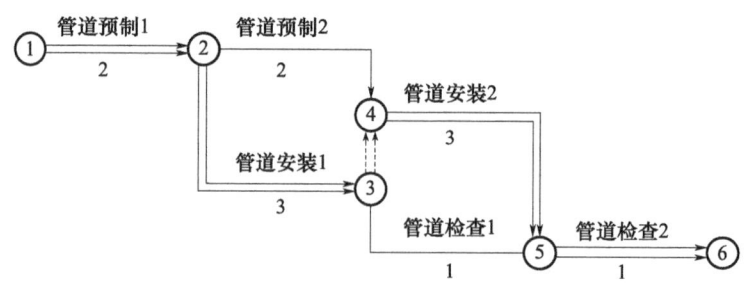

图1.3.6-12　双代号网络计划的布局

（3）绘图的基本方法（直接绘图法）。

1）根据每一项工作的紧前工作找出紧后工作，编制各工作之间的逻辑关系表。

2）按关系表连接各工作之间的箭线，绘制草图。

①绘制与起始节点相连的工作。没有紧前工作的工作，从起始节点引出。

②根据各项工作的紧后工作，从左到右依次绘制其他各项工作，直至终点节点。

③合并没有紧后工作的节点，即为终点节点。

3）检查逻辑关系，整理成正式网络图。去掉多余节点，确认无误后进行节点编号。

思想政治素养养成

（1）网络计划技术是随着我国计算机的应用而发展起来的，使项目管理更加科学化和信息化。因此，要培养学生科技创新、坚韧不拔的工匠精神。

（2）线路是双代号网络计划组成三要素之一。在线路中，要确定关键线路，关键线路决定了工程项目的工期，在关键线路上的工作是关键工作，其没有时间储备，如果想缩短工期，只能压缩关键工作，所以找到关键线路和关键工作非常重要。学生要掌握看问题、办事情既善于抓重点，又统筹兼顾，恰当处理次要矛盾的矛盾分析方法。

（3）绘制双代号网络计划要遵循9项基本规则，一旦违反其中一条，绘制出来的双代号网络计划就是错误的。因此，学生要知道做事是要有规矩的，从而引申出做人要讲原则，没有规矩不成方圆。国有国法，家有家规，规矩是我们为人处世、国家长治久安的根本，是我们在未来发展中必须遵循的，学生要充分做到做人讲原则、做事讲规矩。

任务分组

填写表1.3.6-3，完成学生任务分配。

表1.3.6-3 学生任务分配

班　级		组　号		指导教师	
组　长		学　号			
组　员	姓　名		学　号	姓　名	学　号
任务分工					
备　注					

自主探学

任务工单1

组号_____　　　姓名_____　　　学号_____

引导问题：

(1) 网络计划的三种基本类型是什么？

_____

_____

(2) 双代号网络计划由哪三要素组成？

_____

_____

(3) 如何判断关键线路和关键工作？

_____

_____

_____

任务工单2

组号_____　　　姓名_____　　　学号_____

引导问题：

(1) 双代号网络计划中的实箭线和虚箭线分别表示什么？

_____

_____

(2) 什么是紧前工作、紧后工作和平行工作？

_____

_____

(3) 请列举双代号网络计划绘制的基本规则。

_____

_____

任务工单3

组号_____ 姓名_____ 学号_____

引导问题:

(1) 请写出双代号网络计划的绘制步骤。

___

(2) 小组交流,教师参与。填写表1.3.6-4。

表1.3.6-4 安装工程双代号网络计划的绘制

项 目	内 容						
任务描述	新建公寓楼安装工程分为管道预制、管道安装和管道验收三个施工过程,分两个施工段进行施工,请选择合适的网络施工技术,并根据安装工程工作间的逻辑关系,绘制双代号网络图						
选择的网络施工技术							
该网络计划技术的特点							
列出各工作的紧后工作	工 作	管道预制1	管道预制2	管道安装1	管道安装2	管道验收1	管道验收2
	紧前工作	—	管道预制1	管道预制1	管道安装1 管道预制2	管道安装1	管道验收1 管道安装2
	紧后工作						
	持续时间/天	2	2	3	3	1	1
绘制双代号网络计划							

(3) 记录存在的不足。

___

> 展示赏学

任务工单4

组号_____　　　姓名_____　　　学号_____

引导问题：

每个小组推荐一名同学汇报安装工程施工选择的网络计划技术和双代号网络计划。借鉴每组经验，检查和完善本组任务，撰写安装工程网络计划进度报告（见表1.3.6-5）。

表1.3.6-5　安装工程网络计划进度绘制总结

序号	任务内容	总　结
1	网络施工技术的选择	
2	双代号网络计划的绘制	

模块1 安装工程施工准备阶段

评价反馈

结合任务完成情况，扫描以下二维码，完成个人自评、组内互评、小组组间评价和教师评价。

评价反馈

拓展延学

【综合案例】某商务楼变配电工程，根据表1.3.6-6中已知各工作之间的逻辑关系，绘制其双代号网络计划。

表1.3.6-6 某商务楼变配电工程各工作之间的逻辑关系

代 号	施工过程名称	紧前工作	持续时间/天
A	基础框架安装	—	10
B	接地干线安装	—	10
C	桥架安装	A	8
D	变压器安装	A、B	10
E	开关柜配电柜安装	A、B	13
F	电缆敷设	C、D、E	8
G	母线槽安装	D、E	10
H	二次线路敷设	E	4
I	试验调整	F、G、H	20
J	计量仪表安装	H	2
K	检查验收	I、J	2

子任务1.3.7 双代号网络计划节点时间的计算（二时标注法）

任务描述

为了掌握安装工程工期，了解各个施工工序节点时间等情况，请先完成图1.3.7-1时间参数的识读，然后根据安装工程双代号网络计划（见图1.3.7-2），计算各工作节点的两个时间参数并将其标注在双代号网络计划上。

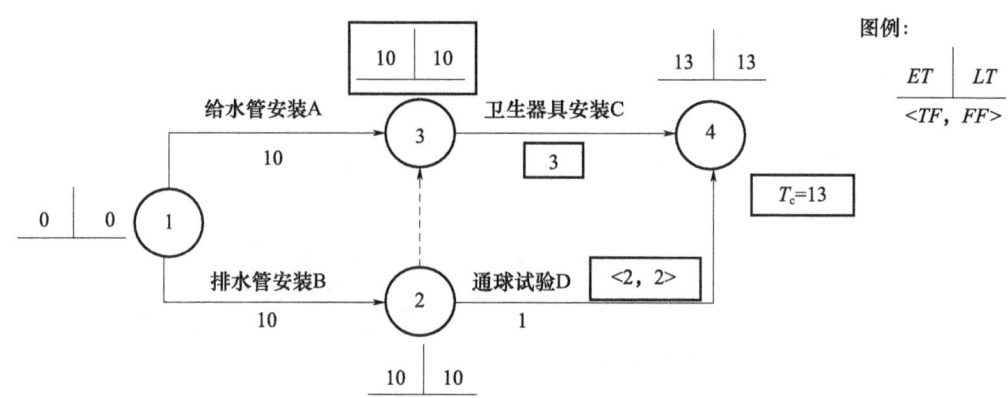

图1.3.7-1 新建公寓楼安装工程施工双代号网络计划（二时标注法）

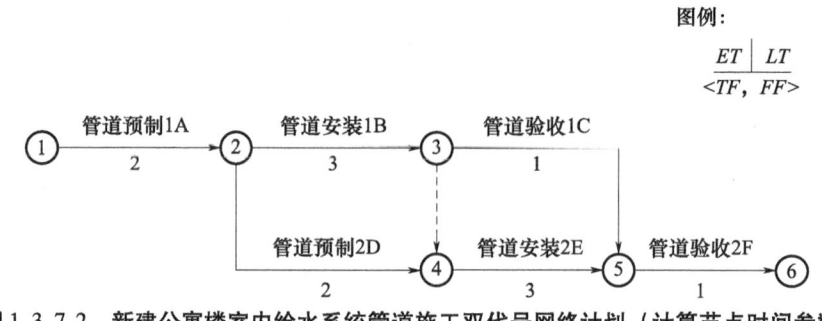

图1.3.7-2 新建公寓楼室内给水系统管道施工双代号网络计划（计算节点时间参数）

学习目标

1. 知识目标

（1）能说出双代号网络计划的节点时间参数符号和含义。
（2）能说出双代号网络计划的节点时间计算公式。
（3）能说出工期的三种类型。

2. 能力目标

（1）能识读双代号网络计划的时间参数。

(2) 会计算节点时间参数。

3. **素质目标**

(1) 培养合理规划时间的计划能力。

(2) 具备优势互补、积极协作的意识以及勇担责任的团队精神。

(3) 具备表达得体、有效沟通的交流能力。

任务分析

1. **重点**

(1) 双代号网络计划的节点时间参数符号和含义。

(2) 双代号网络计划节点时间参数的计算。

2. **难点**

双代号网络计划节点时间参数的计算。

双代号网络计划的节点计算法

相关知识链接

知识卡一 双代号网络计划的节点时间参数

1. **时间参数符号、含义**

(1) 事件（节点）时间参数。

1) ET_i——事件（节点）i最早可能发生的时间，它是从原始事件开始计算的。

2) LT_i——事件（节点）i最迟可能发生的时间，它是从结束事件开始计算的。

(2) 工期。

1) T_p——网络计划的计划工期，即施工方自己确定的工期。

2) T_r——网络计划的要求工期，即甲方合同约定的工期。

3) T_c——网络计划的计算工期，即通过网络计划或者横道图等方法理论计算得出的工期。

三种工期的关系：$T_r \geq T_p \geq T_c$。

2. **时间参数的标注方法**

时间参数二时标注法如图 1.3.7-3 所示。

图 1.3.7-3 时间参数二时标注法

知识卡二　节点时间计算法

1. 节点最早时间

节点最早时间一般从起始节点开始计算,顺着箭线方向按节点编号依次逐项进行,逢箭头相碰取大值。

(1) 起始节点。当起始节点 i 未规定最早时间 ET_i 时,其值应等于零,即

$$ET_i = 0 \quad (i = 1) \tag{1.3.7-1}$$

式中　ET_i——节点 i 的最早时间。

(2) 其他节点。节点 j 的最早时间 ET_j 计算方法如下:

当节点 j 只有一条内向箭线时,
$$ET_j = ET_i + t_{i-j} \tag{1.3.7-2}$$

当节点 j 有多条内向箭线时,
$$ET_j = \max(ET_i + t_{i-j}) \tag{1.3.7-3}$$

式中　ET_j——节点 j 的最早时间;

　　　t_{i-j}——工作 $i-j$ 的持续时间。

(3) 计算工期 T_c。

$$T_c = ET_n \tag{1.3.7-4}$$

式中　ET_n——终点节点 n 的最早时间。

得到计算工期后,可以确定计划工期 T_p,计划工期应满足以下条件:

当已规定要求工期时,$T_p \leqslant T_r$。

当未规定要求工期时,$T_p = T_c$。

2. 节点最迟时间

节点最迟时间从网络计划的终点开始,逆着箭线的方向依次逐项计算,逢箭尾相碰取小值。

当部分工作分期完成时,有关节点的最迟时间必须从分期完成节点开始逆向逐项计算。

(1) 终点节点。终点节点 n 的最迟时间 LT_n,应按网络计划的计划工期 T_p 确定,即

$$LT_n = T_p \tag{1.3.7-5}$$

分期完成节点的最迟时间应等于该节点规定的分期完成的时间。

(2) 其他节点。其他节点 i 的最迟时间 LT_i 为

$$LT_i = \min(LT_j - t_{i-j}) \tag{1.3.7-6}$$

式中　LT_j——工作 $i-j$ 的箭头节点的最迟时间。

3. 工作的总时差

工作的总时差计算公式为

$$TF_{i-j} = LT_j - ET_i - t_{i-j} \tag{1.3.7-7}$$

4. 工作的自由时差

工作的自由时差计算公式为

$$FF_{i-j} = ET_j - ET_i - t_{i-j} \qquad (1.3.7\text{-}8)$$

思想政治素养养成

（1）工期的类型有计算工期、要求工期和计划工期，它们的关系是要求工期大于计划工期大于计算工期。双代号网络计划上的工期是计算工期，计算工期要稍微少一些，要预留一些时间来应对突发事件，从而使我们在处理紧急情况时不会被动。因此，要培养学生合理规划时间的能力。

（2）任务的完成离不开团队的协作，无论是在工作中还是在生活中，都需要团队协作才能更好更快地完成。因此，学生要具备优势互补、积极协作、勇担责任的团队精神。

（3）在日常工作和生活中离不开说话，表达是否合理会直接影响工作效率。因此，要提升学生的表达、沟通、交流能力。

任务分组

填写表1.3.7-1，完成学生任务分配。

表1.3.7-1 学生任务分配

班 级		组 号		指导教师	
组 长		学 号			
组 员	姓 名		学 号	姓 名	学 号
任务分工					
备 注					

◆ 安装工程施工组织与管理（活页式）

自主探学

任务工单 1

组号_____　　　　姓名_____　　　　学号_____

引导问题：

（1）节点时间参数有哪些？其符号和含义是什么？

_____

_____

（2）工作时间参数有哪些？其符号和含义是什么？

_____

_____

（3）三种工期类型的关系是什么？

_____

_____

任务工单 2

组号_____　　　　姓名_____　　　　学号_____

引导问题：

（1）计算节点最早时间参数和最迟时间参数的口诀是什么？

_____

_____

（2）如何判断关键线路和关键工作？

_____

_____

（3）请写出计算双代号网络计划节点时间参数的步骤。

_____

_____

合作研学

任务工单 3

组号_____ 姓名_____ 学号_____

引导问题：

（1）小组交流，教师参与，完成安装工程双代号网络计划的时间参数识读（见表 1.3.7-2）。

表 1.3.7-2　安装工程双代号网络计划的时间参数识读（二时标注法）

项目	内容	
任务描述	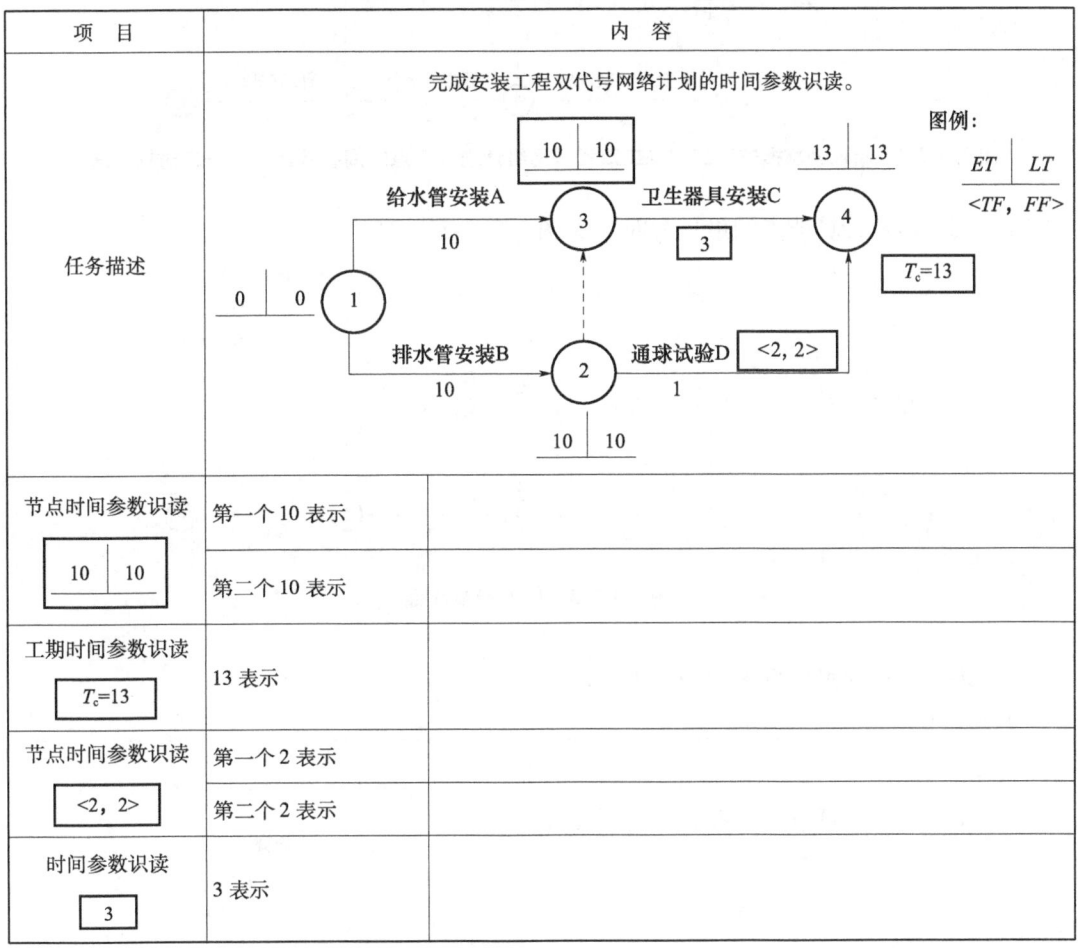	
节点时间参数识读 \[10|10\]	第一个 10 表示	
	第二个 10 表示	
工期时间参数识读 $T_c=13$	13 表示	
节点时间参数识读 <2，2>	第一个 2 表示	
	第二个 2 表示	
时间参数识读 \[3\]	3 表示	

（2）记录存在的不足。

_____

_____

任务工单4

组号_____ 姓名_____ 学号_____

引导问题：

（1）小组交流，教师参与，完成图1.3.7-4室内给水系统管道施工双代号网络计划节点时间参数的计算。

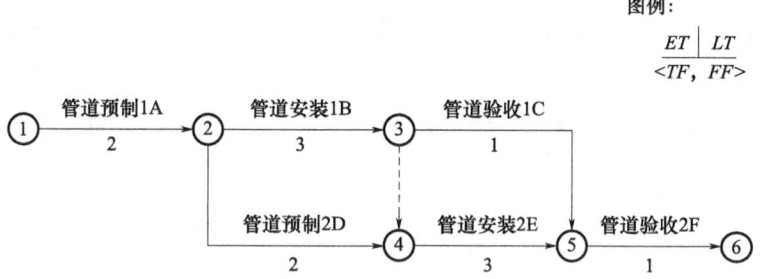

图1.3.7-4 新建公寓楼安装工程施工双代号网络计划（节点时间参数计算——二时标注法）

1）第一步：计算节点的最早时间（见图1.3.7-5）。

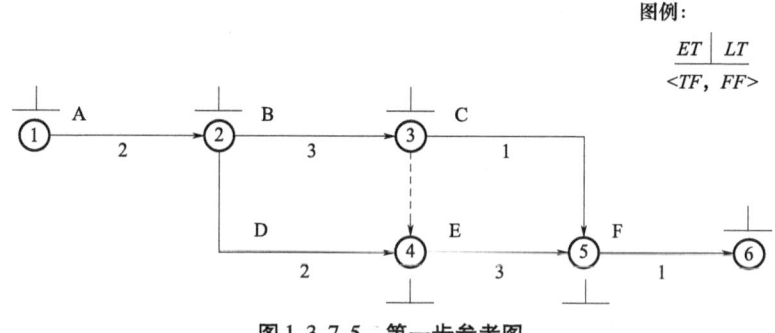

图1.3.7-5 第一步参考图

2）第二步：确定计算工期和要求工期。

$T_c = $ _____ 。

$T_r = $ _____ 。

3）第三步：计算节点的最迟时间（见图1.3.7-6）。

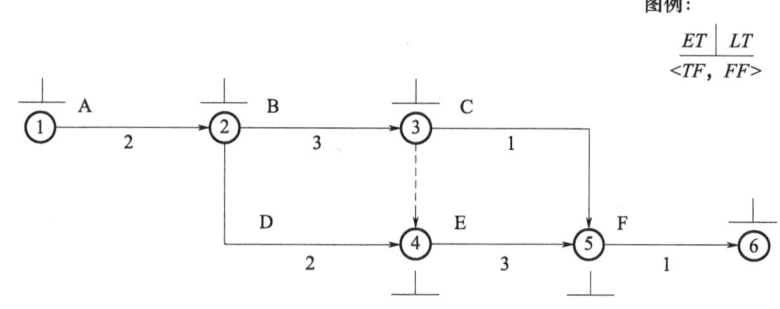

图1.3.7-6 第三步参考图

4）第四步：计算自由时差和总时差（见图1.3.7-7）。

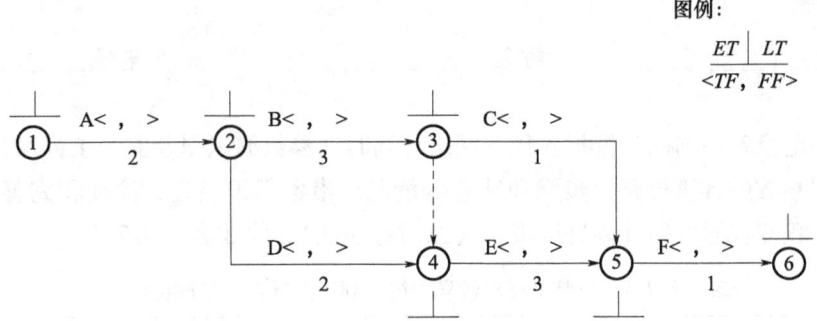

图1.3.7-7　第四步参考图

5）第五步：确定关键线路和关键工作。

关键线路是：_____。

关键工作是：_____。

（2）记录存在的不足。

_____

_____

_____

_____

展示赏学

组号＿＿＿＿＿＿＿　　　姓名＿＿＿＿＿＿＿　　　学号＿＿＿＿＿＿＿

引导问题：

每个小组推荐一名同学汇报双代号网络计划时间参数的识图及安装工程双代号网络计划节点时间参数的计算思路、步骤和结果等情况。借鉴每组经验，检查和完善本组任务，撰写安装工程双代号网络计划进度报告（二时标注法），完成表1.3.7-3。

表1.3.7-3　安装工程双代号网络计划进度报告（二时标注法）

序号	任务内容	报告内容
1	网络施工技术节点时间参数的识读	
2	安装工程双代号网络计划节点时间参数的计算（二时标注法）	

评价反馈

结合任务完成情况，扫描以下二维码，完成个人自评、组内互评、小组组间评价和教师评价。

评价反馈

拓展延学

【综合案例】某工程网络计划如图 1.3.7-8 所示。

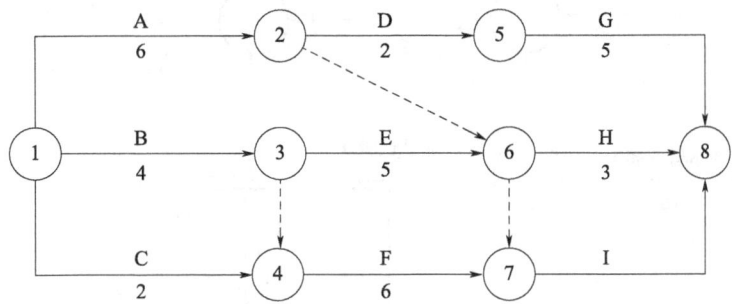

图 1.3.7-8　某工程网络计划（时间单位：月）

问题：

（1）计算该网络计划的二时标时间参数，并确定关键线路。

（2）该工程的计算工期是多少？

子任务 1.3.8 双代号网络计划工作时间的计算（六时标注法）

任务描述

为了掌握安装工程工期，了解各个施工工序开始时间和结束时间，掌握各施工工序机动时间，合理安排时间，请先完成图 1.3.8-1 时间参数的识读，并根据图 1.3.8-2 计算各工作的六个时间参数并将其标注在双代号网络计划上，确定关键线路和关键工作。

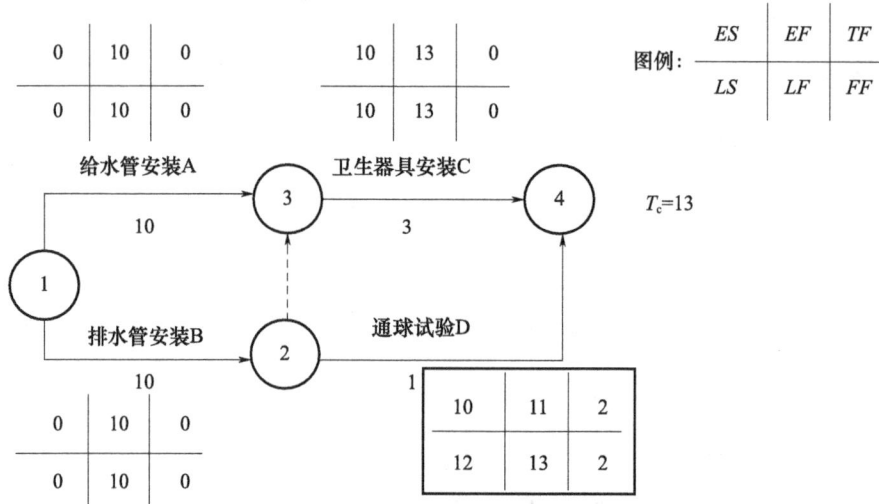

图 1.3.8-1 新建公寓楼安装工程双代号网络计划（六时标注法）

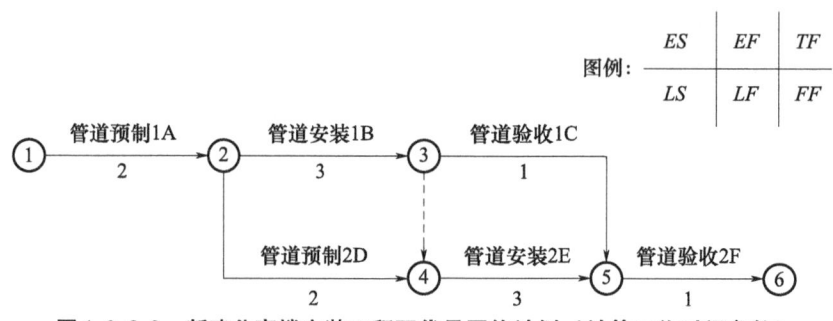

图 1.3.8-2 新建公寓楼安装工程双代号网络计划（计算工作时间参数）

学习目标

1. 知识目标

（1）能说出双代号网络计划的工作时间参数符号和含义。

(2)能说出双代号网络计划工作最早时间的计算方法。

(3)能说出双代号网络计划工作最迟时间的计算方法。

(4)能说出双代号网络计划工作自由时差和总时差的计算方法。

2. 能力目标

(1)会计算双代号网络计划工作时间参数。

(2)会判断双代号网络计划的关键线路和关键工作。

3. 素质目标

(1)具备随机应变、见机行事的处事能力。

(2)树立事物之间相互关联、密不可分的关联意识。

(3)培养严谨细致、一丝不苟、深谋远虑的工匠精神。

任务分析

1. 重点

(1)双代号网络计划工作时间参数的符号和含义。

(2)双代号网络计划工作时间参数的计算。

(3)双代号网络计划关键线路和关键工作的确定。

2. 难点

双代号网络计划工作时间参数的计算。

双代号网络计划的工作计算法

相关知识链接

知识卡一　双代号网络计划的工作时间参数

1. 工作时间参数

(1)ES_{i-j}——工作 $i-j$ 最早开始时间。

(2)EF_{i-j}——工作 $i-j$ 最早结束时间。

(3)LS_{i-j}——工作 $i-j$ 最迟开始时间。

(4)LF_{i-j}——工作 $i-j$ 最迟结束时间。

(5)TF_{i-j}——工作的总时差,指在不影响总工期的情况下,工作 $i-j$ 所具有的最大机动时间。

(6)FF_{i-j}——工作的自由时差,指在不影响其紧后工作最早开始时间的前提下,工作 $i-j$ 所具有的机动时间。

(7)t_{i-j}——完成该工作 $i-j$ 的持续时间。

2. 时间参数的标注方法

时间参数的标注方法如图 1.3.8-3 所示。

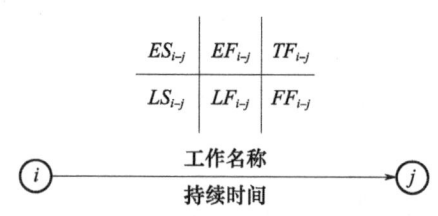

图 1.3.8-3　时间参数六时标注法

知识卡二　工作时间参数的计算

通过网络计划时间参数的计算，可以确定工程项目的工期，明确各分部分项工程起止时间要求，找出关键工作和非关键工作，确定非关键工作的机动时间，为计划的调整和优化提供依据。

第一步，计算工作的最早开始时间 ES_{i-j} 和最早完成时间 EF_{i-j}。

工作最早开始时间和最早完成时间的计算应从网络计划的起始节点开始，顺着箭线方向依次进行，"箭头相碰，取大值"。其计算步骤如下：

（1）以网络计划起始节点为开始节点的工作，当未规定其最早开始时间时，其最早开始时间为零，公式如下：

$$ES_{1,2} = 0 \tag{1.3.8-1}$$

（2）工作的最早完成时间可按以下方式计算：

$$EF_{i-j} = ES_{i-j} + t_{i-j} \tag{1.3.8-2}$$

式中　EF_{i-j}——工作 $i-j$ 的最早完成时间；

　　　ES_{i-j}——工作 $i-j$ 的最早开始时间；

　　　t_{i-j}——工作 $i-j$ 的持续时间。

（3）其他工作的最早开始时间应等于其紧前工作最早完成时间的最大值，即

$$ES_{i-j} = \max\,(ES_{h-i} + t_{h-i}) = \max\,(EF_{h-i}) \tag{1.3.8-3}$$

式中　ES_{i-j}——工作 $i-j$ 的最早开始时间；

　　　ES_{h-i}——工作 $i-j$ 的紧前工作 $h-i$ 的最早开始时间；

　　　t_{h-i}——工作 $i-j$ 的紧前工作 $h-i$ 的持续时间；

　　　EF_{h-i}——工作 $i-j$ 的紧前工作 $h-i$ 的最早完成时间；

　　　$h-i$——工作 $i-j$ 所有的紧前工作。

提示：相同节点出发的若干个平行工作，其 ES 均相同。

（4）网络计划的计算工期应等于以网络计划终点节点为完成节点的工作的最早完成时间的最大值，即

$$T_c = \max\,(EF_{i-n}) = \max\,(ES_{i-n} + t_{i-n}) \tag{1.3.8-4}$$

式中　T_c——计算工期；

　　　EF_{i-n}——终点节点工作 $i-n$ 的最早完成时间；

ES_{i-n}——终点节点工作 $i-n$ 的最早开始时间；

t_{i-n}——终点节点工作 $i-n$ 的持续时间。

第二步，确定网络计划的计划工期。

当规定了要求工期时，计划工期不应超过要求工期，即 $T_p \leq T_r$。

当未规定要求工期时，可令计划工期等于计算工期，即

$$T_p = T_c \tag{1.3.8-5}$$

第三步，计算工作的最迟完成时间 LF_{i-j} 和最迟开始时间 LS_{i-j}。

工作最迟完成时间和最迟开始时间的计算应从网络计划的终点节点开始，逆着箭线方向依次进行。其计算步骤如下：

(1) 以网络计划终点节点为完成节点的工作，其最迟完成时间等于网络计划的计算工期，即

$$LF_{i-n} = LT_n = T_c \tag{1.3.8-6}$$

式中　T_c——计算工期；

LF_{i-n}——终点节点工作 $i-n$ 的最迟完成时间；

LT_n——终点节点 n 的最迟时间。

(2) 工作的最迟开始时间可利用以下方式计算：

$$LS_{i-j} = LF_{i-j} - t_{i-j} \tag{1.3.8-7}$$

式中　LS_{i-j}——工作 $i-j$ 的最迟开始时间；

LF_{i-j}——工作 $i-j$ 的最迟完成时间；

t_{i-j}——工作 $i-j$ 的持续时间。

(3) 其他工作的最迟完成时间应等于其紧后工作最迟开始时间的最小值，即

$$LF_{i-j} = \min(LS_{j-k}) = \min(LF_{j-k} - t_{j-k}) \tag{1.3.8-8}$$

式中　LF_{i-j}——工作 $i-j$ 的最迟完成时间；

LS_{j-k}——工作 $i-j$ 的紧后工作 $j-k$ 的最迟开始时间；

LF_{j-k}——工作 $i-j$ 的紧后工作 $j-k$ 的最迟完成时间；

t_{j-k}——工作 $i-j$ 的紧后工作 $j-k$ 的持续时间；

$j-k$——工作 $i-j$ 所有的紧后工作。

第四步，计算工作的总时差 TF_{i-j}。

工作的总时差等于该工作最迟完成时间与最早完成时间之差，或该工作最迟开始时间与最早开始时间之差，即

$$TF_{i-j} = LF_{i-j} - EF_{i-j} = LS_{i-j} - ES_{i-j} \tag{1.3.8-9}$$

式中　TF_{i-j}——工作 $i-j$ 的总时差；

LF_{i-j}——工作 $i-j$ 的最迟完成时间；

EF_{i-j}——工作 $i-j$ 的最早完成时间；

LS_{i-j}——工作 $i-j$ 的最迟开始时间；

ES_{i-j}——工作 $i-j$ 的最早开始时间。

第五步,计算工作的自由时差 FF_{i-j}。

工作自由时差的计算应按以下两种情况分别考虑:

(1) 对于有紧后工作的工作,其自由时差等于本工作的紧后工作最早开始时间减本工作最早完成时间所得之差的最小值,即

$$FF_{i-j} = \min(ES_{j-k} - EF_{i-j}) = \min(ES_{j-k} - ES_{i-j} - t_{i-j}) \qquad (1.3.8\text{-}10)$$

式中 FF_{i-j}——工作 $i-j$ 的自由时差;

ES_{j-k}——工作 $i-j$ 的紧后工作 $j-k$ 的最早开始时间;

EF_{i-j}——工作 $i-j$ 的最早完成时间;

ES_{i-j}——工作 $i-j$ 的最早开始时间;

t_{i-j}——工作 $i-j$ 的持续时间。

(2) 对于无紧后工作的工作,也就是以网络计划终点节点为完成节点的工作,其自由时差等于计算工期与本工作最早完成时间之差,即

$$FF_{i-n} = T_c - EF_{i-n} = T_c - ES_{i-n} - t_{i-n} \qquad (1.3.8\text{-}11)$$

式中 FF_{i-n}——终点节点工作 $i-n$ 的自由时差;

T_c——计算工期;

EF_{i-n}——终点节点工作 $i-n$ 的最早完成时间;

ES_{i-n}——终点节点工作 $i-n$ 的最早开始时间;

t_{i-n}——终点节点工作 $i-n$ 的持续时间。

第六步,确定关键工作和关键线路。

在网络计划中,总时差最小的工作为关键工作。当网络计划的计划工期等于计算工期时,总时差为零的工作就是关键工作。在找出关键工作之后,将这些关键工作首尾相连,便构成从起始节点到终点节点的通路,这条通路就是关键线路。在关键线路上可能有虚工作存在。关键线路一般用粗箭线或双线箭线标出,也可以用彩色箭线标出。关键线路上各项工作的持续时间总和应等于网络计划的计算工期,这一特点也是判别关键线路是否正确的准则。

当工作数量不多时,可直接在网络图上进行计算。

工作计算法的图上计算过程:首先,沿网络图箭线方向从左至右依次计算各项工作的最早可以开始时间并确定计划工期;其次,逆箭线方向从右至左依次计算各项工作的最迟开始时间;最后,计算工作的总时差和自由时差。

> 思想政治素养养成

(1) 求解工作的总时差和自由时差,就是想了解该工作具有的机动时间,灵活安排工作,也可为其他的工作均衡分配时间、资源等,因此,在工程项目中,学生要具有随机应变、见机行事的处事能力。

（2）双代号网络计划六个时间参数的计算，首先是计算最早时间，确定工期；然后计算最迟时间；最后计算总时差和自由时差。其计算是按照顺序进行的，每个时间参数的正确性都会影响下一个时间参数的正确性，时间参数之间是有关联性的，由此引申出我们在社会上工作、生活，不是独立的而是相互密切关联的，学生应树立事物之间相互关联、密不可分的关联意识。

（3）双代号网络计划六时标注法计算的时间参数较多，计算也比较烦琐，但是这些时间参数为网络计划的执行、调整和优化提供了必要的时间依据。因此，在计算过程中要着力培养严谨细致、一丝不苟、深谋远虑的工匠精神。

填写表 1.3.8-1，完成学生任务分配。

表 1.3.8-1　学生任务分配

班　级		组　号		指导教师	
组　长		学　号			
组　员	姓　名		学　号	姓　名	学　号
任务分工					
备　注					

自主探学

任务工单1

组号_____ 姓名_____ 学号_____

引导问题：

工作时间参数有哪些？其符号和含义是什么？

_____
_____

任务工单2

组号_____ 姓名_____ 学号_____

引导问题：

（1）请写出双代号网络计划工作时间参数计算的步骤。

_____
_____

（2）请写出双代号网络计划工作最早时间的计算公式。

_____
_____

（3）请写出双代号网络计划工作最迟时间的计算公式。

_____
_____

（4）请写出双代号网络计划工作总时差和自由时差的计算公式。

_____
_____

合作研学

任务工单3

组号_____ 姓名_____ 学号_____

引导问题：

（1）小组交流，教师参与，完成安装工程双代号网络图工作时间参数的识读，并填写表1.3.8-2。

表1.3.8-2 安装工程双代号网络图识读（六时标注法）

项 目	内 容		
任务描述	完成给水排水管道工程双代号网络图工作时间参数识读。 新建公寓楼安装工程双代号网络图（六时标注法） 图例： | ES | EF | TF | | LS | LF | FF |		
工期时间参数识读 $T_c=13$	13 表示		
工作时间参数识读 | 10 | 11 | 2 | | 12 | 13 | 2 |	10 表示		
	11 表示		
	12 表示		
	13 表示		
	第一排的2 表示		
	第二排的2 表示		

（2）记录存在的不足。

任务工单4

组号_____　　姓名_____　　学号_____

引导问题：

（1）小组交流，教师参与。完成安装工程双代号网络计划工作时间参数的计算（见图1.3.8-4）。

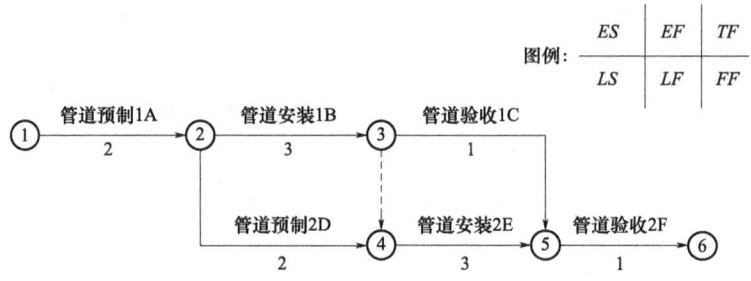

图1.3.8-4　新建公寓楼安装工程双代号网络计划（工作时间参数计算——六时标注法）

1）第一步：计算工作的最早开始时间和最早完成时间（见图1.3.8-5）。

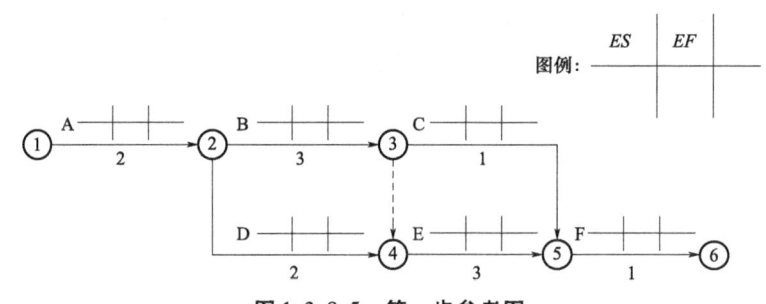

图1.3.8-5　第一步参考图

计算过程：

2）第二步：确定计算工期和要求工期。

T_c = _____ ；

T_r = _____ 。

3）第三步：计算工作的最迟开始时间和最迟完成时间（见图1.3.8-6）。

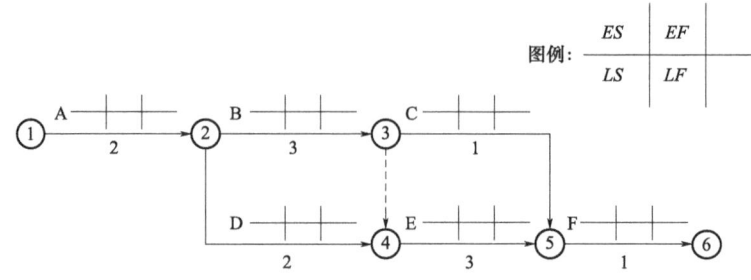

图1.3.8-6　第三步参考图

计算过程：

4）第四步：计算双代号网络计划总时差和自由时差（见图1.3.8-7）。

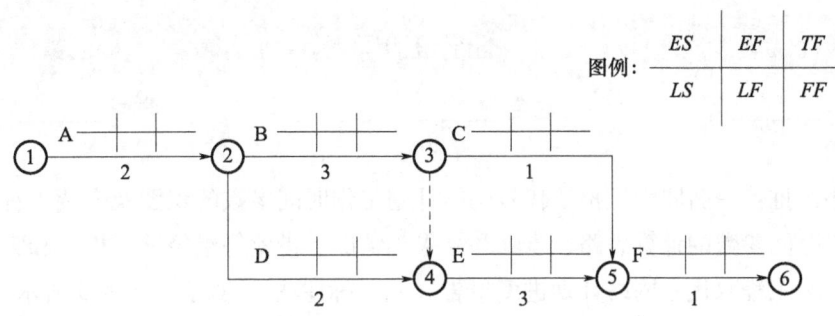

图1.3.8-7 第四步参考图

计算过程：

5）第五步：确定关键线路和关键工作。

关键线路是：_____。

关键工作是：_____。

（2）记录存在的不足。

_____
_____
_____
_____

任务工单5

组号＿＿＿＿＿＿＿　　**姓名**＿＿＿＿＿＿＿　　**学号**＿＿＿＿＿＿＿

引导问题：

每个小组推荐一名同学汇报双代号网络计划工作时间参数的识图及安装工程双代号网络计划工作时间参数的计算思路、步骤和结果等情况。借鉴每组经验，检查和完善本组任务，撰写安装工程双代号网络计划进度报告（六时标注法），如表1.3.8-3所示。

表1.3.8-3　安装工程双代号网络计划进度报告（六时标注法）

序号	任务内容	报告内容
1	网络施工技术工作时间参数的识读（六时标注法）	
2	安装工程双代号网络计划节点时间参数的计算（六时标注法）	

评价反馈

结合任务完成情况,扫描以下二维码,完成个人自评、组内互评、小组组间评价和教师评价。

评价反馈

拓展延学

【综合案例】某工程网络计划如图1.3.8-8所示。

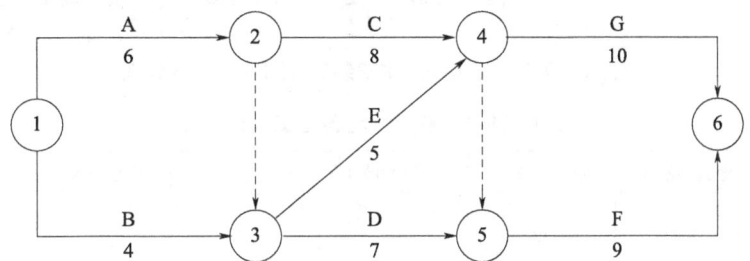

图1.3.8-8 某工程网络计划(时间单位:月)

问题:
(1)计算该网络计划的六时标时间参数,并确定关键线路。
(2)该工程的计算工期是多少?

子任务1.3.9 时标网络计划的绘制与计算

任务描述

为了能在网络计划上更直观地看到各工作间的逻辑关系、机动时间，同时能根据网络计划绘制劳动力分布图，判断工作安排是否合理，请根据安装工程双代号网络计划（见图1.3.9-1）和各施工班组人数（见表1.3.9-1）绘制时标网络计划和劳动力分布图，确定关键线路和关键工作，并判读各工作时间参数。

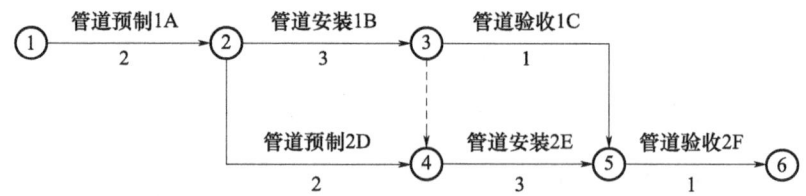

图1.3.9-1 新建公寓楼安装工程双代号网络计划

表1.3.9-1 安装工程各施工班组人数

项目	管道预制1	管道安装1	管道验收1	管道预制2	管道安装2	管道验收2
施工班组人数/人	15	20	10	15	20	10

学习目标

1. 知识目标

（1）能说出时标网络计划的特点。

（2）能描述时标网络计划的绘制规则和方法。

（3）能说出时标网络计划自由时差和关键线路的判断依据。

2. 能力目标

（1）能绘制时标网络计划。

（2）能判断时标网络计划的关键线路和关键工作。

（3）能判读时标网络计划的时间参数。

3. 素质目标

（1）具备勇于创新、开拓进取的创新思维。

（2）培养"找准方向、精准定位、确立目标"的人生观和价值观。

（3）培养克服困难、坚韧不拔的精神品质。

模块1　安装工程施工准备阶段

任务分析

1. **重点**

（1）时标网络计划的绘制。

（2）时标网络计划关键线路和关键工作的确定。

（3）时标网络计划时间参数的判读。

2. **难点**

（1）时标网络计划的绘制。

（2）时标网络计划时间参数的判读。

双代号时标网络
计划的绘制方法

关键线路的确定和
时间参数的判读

相关知识链接

知识卡一　时标网络计划

时标网络计划是在双代号网络计划的基础上引入了横道计划的基本原理，以时间坐标为尺度绘制网络图。它融合了两者的优点，弥补了两者的不足，既表明了各工作之间的逻辑关系，又清晰地将时间参数直观、形象地表达了出来。

时标网络计划在建筑工程施工中应用广泛，尤其在工期一定时，对劳动力的均衡、控制具有良好的效果。时标网络计划的具体特点如下：

（1）时标网络计划兼有网络计划与横道计划两者的优点，直观地表明计划的时间进程。

（2）时标网络计划能在图上直接显示多项工作的开始时间与完成时间，工作自由时差及关键线路。

（3）时标网络计划在绘制中受到时间坐标的制约，不易产生循环回路类的逻辑错误。

（4）时标网络计划可以直接显示资源需要量，便于进行资源优化与调整。

（5）因箭线的长短受时间的约束，故不易绘制，修改也较麻烦，全部要重新绘图。

知识卡二　时标网络计划的绘制

1. **时标网络计划绘制的一般规定**

（1）时标网络计划的横坐标表示工作时间，单位应在编制前规定，可为小时、天、周或月。

（2）时标网络计划以实箭线表示工作，以虚箭线表示虚工作，以波形线表示工作的自由时差。

（3）时标网络计划中所有符号在时间坐标上的水平投影位置都必须与其时间参数值对应，节点中心必须对应相应的时标位置。

2. 时标网络计划绘制的方法

时标网络计划一般是从工作的最早开始时间绘制，绘制的方法有直接绘制法和间接绘制法两种。

（1）直接绘制法。直接绘制法不计算网络时间参数，直接在时间坐标上进行绘制，其步骤和方法的口诀为：箭线长短时标跟，曲直斜平利相连，箭线画完画节点，画完节点补波线。

1）箭线长短时标跟：箭线的长短代表具体的施工持续时间，受到时间坐标的制约。

2）曲直斜平利相连：箭线的表达方式可以是直线、折线或斜线等，布局应合理，应直观清晰，尽量横平竖直。

3）箭线画完画节点：工作的开始节点必须在该工作的全部紧前工作都画完后才能定位。

4）画完节点补波线：某些工作的箭线长度不足，用波形线补足，箭头指向与位置不变。

（2）间接绘制法。间接绘制法先绘制一般网络计划并计算出时间参数，再绘制时标网络。

1）先绘制双代号网络计划，计算节点的最早时间参数，确定关键工作及关键线路。

2）根据确定的时间单位，绘制时标横轴。

3）根据多节点最早时间确定多节点相应位置。

4）根据作业时间依次在多节点绘出箭杆长度；实箭线表示实工作，不足部分用波形线补足；虚箭线表示虚工作，画垂直线；波形线表示工作的自由时差。

5）关键线路和时差分析。

知识卡三　时标网络计划时间参数的确定

1. 关键线路和时间参数的确定

（1）关键线路：自终点节点逆箭线方向朝开始节点观察，自始至终不出现波形线的线路为关键线路。

（2）计算工期：时标网络计划的结束节点至开始节点所在位置的时标值之差是时标网络计划的计算工期。

（3）最早开始时间和最早结束时间：在时标网络计划中，每条箭线的箭尾和箭头对应的时标值是该工作的最早开始时间和最早结束时间。

（4）自由时差：各工作的自由时差为代表该工作箭线的波形线在坐标轴上的水平投影长度。

2. 时标网络计划的时间参数判读

（1）总时差：时标网络计划的总时差应通过计算确定。计算应自右向左进行：终点节

点 ($i-n$) 的总时差 TF_{i-n} 等于计算工期与收尾工作最早完成时间之差：

$$TF_{i-n} = T_c - EF_{i-n} \tag{1.3.9-1}$$

（2）其他节点的总时差等于诸紧后工作总时差的最小值与本工作的自由时差之和：

$$TF_{i-j} = \min(TF_{j-k}) + FF_{i-j} \tag{1.3.9-2}$$

（3）最迟开始时间。

工作的最迟开始时间等于最早开始时间与总时差之和：

$$LS_{i-j} = ES_{i-j} + TF_{i-j} \tag{1.3.9-3}$$

（4）最迟完成时间。

工作的最迟完成时间等于最早完成时间与总时差之和：

$$LF_{i-j} = EF_{i-j} + TF_{i-j} \tag{1.3.9-4}$$

思想政治素养养成

（1）时标网络计划是在双代号网络计划的基础上发展起来的，它具有双代号网络计划和横道计划的优点，便于进行资源化与调整是它的优点之一。时标网络计划的特点证明了要提高工程项目的生产效率，就要具备勇于创新、开拓进取的创新思维。

（2）由将节点定位到时标网络计划表中，引申出我们要先找准方向、精准定位，再确定目标，用实际行动去实现目标，实现自己的理想。

（3）时标网络计划绘制不易，修改也比较麻烦，学生要具有克服困难、坚韧不拔的精神品质。

任务分组

填写表1.3.9-2，完成学生任务分配。

表1.3.9-2 学生任务分配

班 级		组 号		指导教师	
组 长		学 号			
组 员	姓 名	学 号		姓 名	学 号
任务分工					
备 注					

◆ 安装工程施工组织与管理（活页式）

自主探学

任务工单1

组号_____ 姓名_____ 学号_____

引导问题：

(1) 时标网络计划的特点有哪些？

_____

_____

(2) 在时标网络计划中，波浪线表示什么？

_____

_____

(3) 在时标网络计划中，判断关键线路的依据是什么？

_____

_____

任务工单2

组号_____ 姓名_____ 学号_____

引导问题：

(1) 请列出间接法绘制时标网络计划的步骤。

_____

_____

(2) 请写出时标网络计划总时差的计算公式。

_____

_____

合作研学

任务工单3

组号_____　　　　姓名_____　　　　学号_____

引导问题：

（1）小组交流，教师参与。完成安装工程时标网络计划的绘制（见图1.3.9-2）。

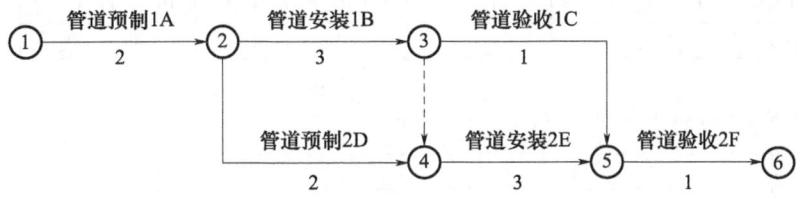

图1.3.9-2　新建公寓楼安装工程双代号网络计划

1）第一步：计算节点时间参数（ET_i），确定关键工作和关键线路（见图1.3.9-3）。

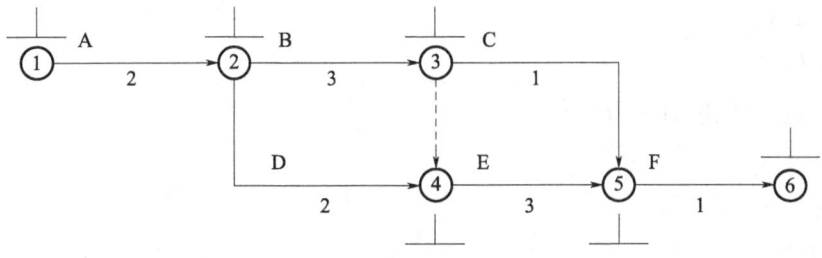

图1.3.9-3　第一步参考图

计算过程：

2）第二步：根据确定的时间单位，绘制时标横轴；将所有节点定位在时标网络计划表中的相应位置；绘制网络箭线（见图1.3.9-4）。

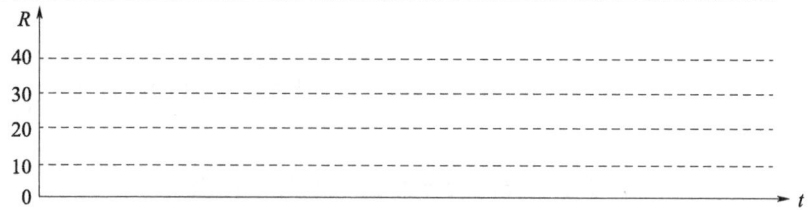

图1.3.9-4 第二步参考图

3）第三步：确定关键线路和关键工作。

关键线路是：_____。

关键工作是：_____。

4）第四步：绘制劳动力分布图。

(2) 小组交流，教师参与，完成安装工程时标网络计划时间参数的判读（见表 1.3.9-3）。

表 1.3.9-3 安装工程时标网络计划时间参数判读

项 目	内 容	
工 期	$T_c =$	
关键线路		
管道预制 1 时间参数	自由时差	$FF_A =$
	总时差	$TF_A =$
	最早开始时间	$ES_A =$
	最早完成时间	$EF_A =$
	最迟开始时间	$LS_A =$
	最迟完成时间	$LF_A =$
管道安装 1 时间参数	自由时差	$FF_B =$
	总时差	$TF_B =$
	最早开始时间	$ES_B =$
	最早完成时间	$EF_B =$
	最迟开始时间	$LS_B =$
	最迟完成时间	$LF_B =$
管道验收 1 时间参数	自由时差	$FF_C =$
	总时差	$TF_C =$
	最早开始时间	$ES_C =$
	最早完成时间	$EF_C =$
	最迟开始时间	$LS_C =$
	最迟完成时间	$LF_C =$
管道预制 2 时间参数	自由时差	$FF_D =$
	总时差	$TF_D =$
	最早开始时间	$ES_D =$
	最早完成时间	$EF_D =$
	最迟开始时间	$LS_D =$
	最迟完成时间	$LF_D =$
管道安装 2 时间参数	自由时差	$FF_E =$
	总时差	$TF_E =$
	最早开始时间	$ES_E =$
	最早完成时间	$EF_E =$
	最迟开始时间	$LS_E =$
	最迟完成时间	$LF_E =$

续表

项 目	内 容	
管道验收2 时间参数	自由时差	$FF_F =$
	总时差	$TF_F =$
	最早开始时间	$ES_F =$
	最早完成时间	$EF_F =$
	最迟开始时间	$LS_F =$
	最迟完成时间	$LF_F =$

（3）记录存在的不足。

_____

_____

_____

_____

展示赏学

任务工单4

组号_____ 姓名_____ 学号_____

引导问题：

每个小组推荐一名同学汇报时标网络计划绘制的思路、步骤和绘制成果、劳动力分布图，介绍时标网络计划关键线路、关键工作、时间参数等情况。借鉴每组经验，检查和完善本组任务，撰写安装工程时标网络计划进度报告（见表1.3.9-4）。

表1.3.9-4 安装工程时标网络计划进度报告

序号	任务内容	报告内容
1	安装工程时标网络计划的绘制	
2	安装工程时标网络计划的时间参数判读	

模块1 安装工程施工准备阶段

评价反馈

结合任务完成情况，扫描以下二维码，完成个人自评、组内互评、小组组间评价和教师评价。

评价反馈

拓展延学

【综合案例】某安装工程时标网络计划如图1.3.9-5所示，请完成各个工作时间参数的判读。

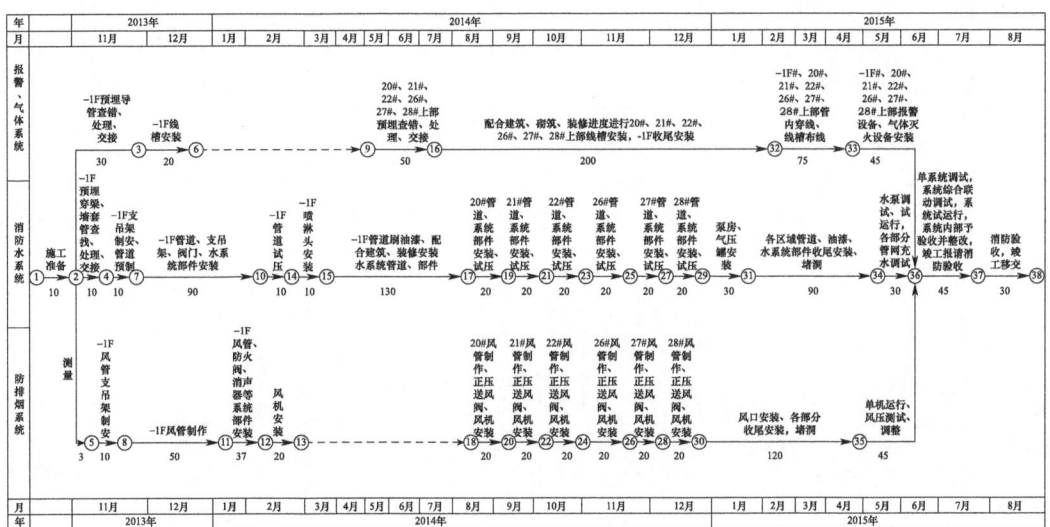

图1.3.9-5 某安装工程时标网络计划

本章学习总结

模块 2　安装工程施工阶段

　　施工阶段是基本建设的重要阶段，一般包括地基基础、主体结构、装饰装修和水、电、暖等相关专业安装工程等。水、电、暖等相关专业安装工程施工阶段在施工中必须按照工程设计和施工组织设计以及施工验收规范的要求施工。组织精明能干、认真负责的施工管理人员及工作班组，密切配合其他施工队的施工进度，完成各种预埋管线，做到各项工作随土建、主体结构的施工紧密跟进，不能影响土建的进度。其间穿插进行其他施工等工作，同时要根据土建工程的进度，做好接地、屏蔽等预埋工作。

　　根据水、电、暖等相关专业安装工程的进度，做好相关设备的安装，以及相关管线、桥架的安装。安装工程施工阶段需做好施工记录（主要为隐蔽工程的施工、验收记录）、检验记录（绝缘电阻、接地电阻）。随着土建主体结构的陆续交出，各系统施工全面铺开，各系统设备、管道的安装进入高潮。在此期间，必须增加人力、物力，全力以赴，抢进度，促工期。统筹协调与土建装修及其他施工队的配合。

　　本模块根据安装施工员的岗位工作要求，设置了质量控制管理、进度控制管理、成本控制管理和安全文明施工管理等任务，采用情境教学、小组合作等教学方法，使同学们掌握质量验收、进度纠偏、工程索赔、安全文明施工等安装施工员岗位工作内容，为今后在施工现场从事施工员的工作做好准备。

任务 2.1 质量控制管理

质量控制是指为达到质量要求所采取的作业技术和活动;是为了通过监视质量形成过程,消除质量环上所有阶段引起不合格或不满意效果的因素,以达到质量要求,进而获取经济效益而进行的控制技术措施和管理措施方面的活动。质量管理是为了满足项目相关利益者的需要而开展的对项目产出物质量和项目工作质量的全面管理工作。建筑工程质量关系到人民群众的生活和财产安全。施工过程中的质量是建筑工程质量的关键,对工程质量进行有效控制,是保证工程质量的重要环节,也是建筑工程项目管理的主要任务之一。只有做好施工质量管理,才能保证工程质量达到预期目标。

子任务 2.1.1 技术交底

任务描述

技术交底是指在某一施工单位工程开工前或分项工程施工前,由工程相关专业技术人员向参与施工的人员进行的技术性说明。其目的是使施工人员对技术质量要求、工程特点、施工方法与措施及安全等方面形成一个比较详细的了解,便于科学地组织施工,可以有效地避免技术质量等事故的发生。新建公寓楼安装工程经过施工前的现场、人员、物资和技术等各方面准备,在正式开始施工之前,为了让施工班组的参与人员清楚工程施工技术、工艺等方面的要求,需要进行技术交底。请结合新建公寓楼安装工程的特点和实际情况,模拟施工现场的作业技术交底工作情境,填写技术交底表格,制作技术交底汇报PPT。

学习目标

1. **知识目标**

(1) 能说出技术交底的作用。
(2) 能说出技术交底的类型和交底方式。
(3) 能说出技术交底的程序。

2. **能力目标**

(1) 清楚安装工程特点,能填写技术交底表格。
(2) 能组织施工班组进行技术交底流程。
(3) 能判别工程质量事故。

3. **素质目标**

(1) 培养严谨踏实、一丝不苟的工匠精神。
(2) 具备有效的表达沟通能力。
(3) 具备组织协调能力和规范意识的职业素养。

任务分析

1. 重点

（1）技术交底表格的填写。

（2）组织班组进行技术交底。

（3）质量事故的判别。

2. 难点

技术交底表格的填写。

质量事故的处理

相关知识链接

知识卡一　技术交底

技术交底是一项技术性很强的工作，对于贯彻设计意图、严格实施技术方案、按图施工、循规操作、保证施工质量至关重要。技术交底一般包括图纸交底、施工设计交底、专项方案交底、分部分项工程交底、质量（安全）技术交底等。

1. **基本概念**

为了保证工程质量和施工进程顺利进行，在每一分项工程开工前，均应对图纸要求、施工方法、质量要求、施工过程中可能出现的情况及应对措施进行作业技术交底。技术交底是施工方案实施进一步的具体化。

技术交底要针对和围绕与施工相关的操作者、机械设备、材料、构配件、工艺、施工环境等进行，切忌泛泛而谈。

技术交底要明确作业标准和要求，即做什么、谁来做、如何做、什么时间完成等。

2. **技术交底的类型**

施工技术交底必须在相应工程内容施工前分级进行，一般分三级。

第一级，项目负责人向项目各专业技术人员进行交底，包括：合同文件中规定使用的有关技术规范、监理办法及总工期；设计文件、施工图纸的说明和施工特点，以及试验工程项目的施工技术标准、采用的工艺；施工技术方案、工程的重难点，施工主要使用的材料标准和要求，主要施工设备的能力要求和配置；主要危险源、质量保证措施、安全技术措施、季节性施工措施；等等。

第二级，项目各专业技术人员向班组长进行交底，包括：施工详图和加工图、施工方案实施的具体措施及施工方法、交叉作业的协作及注意事项、施工质量标准及检验方法、重大危险源的应急救援措施、成品保护方法及措施、施工注意事项等。

第三级，班组长向班组全体作业人员进行技术交底，包括：作业标准、施工规范及验收标准，工程质量要求；施工工艺流程及施工顺序；施工工艺细则、操作要点及质量标准；质量问题预防及注意事项；施工技术措施和安全技术措施；重大危险源、出现紧急情况下的应急救援措施、紧急逃生措施；等等。

施工现场的作业技术交底是技术交底的重要程序。交底完成后，所有参与交底的人员必须进行书面签字。

3. 主要内容

技术交底的内容一般需包括质量要求和目标，施工部位、工艺流程及标准，验收标准，使用的材料、施工机具，环境要求，进度规定及操作要点。主要目的是使参与工程施工的技术人员和工人熟悉和了解所承担工程项目的特点、设计意图、技术要求、施工工艺和应注意的问题。技术交底的主要内容包括以下几方面：

（1）施工图的具体要求，包括建筑、结构、水、暖、电、通风等专业的细节，重要部位尺寸、标高、轴线，预留孔洞和预埋件的位置、规格、数量等，以及各专业间的相互关系。

（2）施工的具体措施及方法、进度、操作要点。

（3）材料的品种、规格、等级及质量要求。

（4）规范规程要求、质量标准、安全要求、施工质量通病的防治方法等。

（5）其他技术、质量、安全、节约的具体要求和措施。

（6）验收时间及标准、程序，工序交接要求。

（7）成品和半成品保护的内容、方法及要求。

（8）在特殊情况下，应知、应会、应注意的问题。

4. 交底方式

施工现场技术交底的方式主要有书面交底、会议交底、口头交底、挂牌交底、样板交底及模型交底等。

（1）书面交底：将交底的内容以书面形式向作业人员进行交底。这种交底方式内容明确，有据可查，效果较好，是常用的方式。

（2）会议交底：召集有关人员，通过会议形式，对多工种交叉的施工项目，同时进行技术交底，与会者在会上可以提出问题和商讨，对交底的内容进行补充、修改和完善。

（3）口头交底：这种方式适用于工作内容简单、操作人员较少、作业时间较短的劳动任务。

（4）挂牌交底：将交底的内容写在标牌上，挂在施工现场。这种方式适用于操作内容和人员固定的分项工程，操作者抬头可见，时刻注意。

（5）样板交底：对于质量和外观要求较高的项目，组织技术水平较高的工人先做样板，供其他人观摩和施工。

（6）模型交底：对于技术较复杂的基础或构件等，为使操作者有感性认识，加快理解，以模型的形式进行交底。

知识卡二 质量问题的处理

1. 建筑质量问题的分类

(1) 工程质量缺陷。工程质量缺陷指在工程施工质量中不符合规定要求的检验项或检验点。

(2) 工程质量通病。工程质量通病指工程施工中经常发生或多次重复发生的各类影响工程结构、使用功能和外形观感的常见性质量损伤。

(3) 工程质量事故。由于建设、勘察、设计、施工、监理等单位违反工程质量有关法律法规和工程建设标准,使工程产生结构安全、重要使用功能等方面的质量缺陷,造成人身伤亡或者重大经济损失的事故。

2. 工程质量事故的分类

住房和城乡建设部《关于做好房屋建筑和市政基础设施施工质量事故报告和调查处理工作的通知》(建质〔2010〕111号)规定,根据工程质量事故造成的人员伤亡或直接经济损失将工程质量事故分为四个等级,如表2.1.1-1所示。

表2.1.1-1 工程质量事故等级分类

等级	死亡	重伤	经济损失
特别重大事故	30人以上	100人以上	1亿元以上
重大事故	10人以上30人以下	50人以上100人以下	5000万元以上1亿元以下
较大事故	3人以上10人以下	10人以上50人以下	1000万元以上5000万元以下
一般事故	3人以下	10人以下	10万元以上1000万元以下

注:本等级划分所称的"以上"包括本数,所称的"以下"不包括本数。

3. 工程质量事故发生的原因

(1) 技术原因。

(2) 管理原因。

(3) 社会、经济原因。

(4) 人为造成和自然灾害原因。

4. 工程质量事故的处理程序

(1) 发生事故。施工项目负责人应立即向企业报告事故的状况。工程建设单位负责人接到报告后,应于1小时内向事故发生地县级以上人民政府住房和城乡建设主管部门及有关部门报告。

(2) 事故调查。施工项目负责人应积极组织事故调查,要及时、客观、全面地进行事故调查,为事故的分析与处理提供正确的依据。

(3) 事故的原因分析。事故的原因分析建立在事故调查的基础上,对调查所得到的数据、资料进行仔细的分析，找出造成事故的主要原因。

（4）制订事故处理方案。在原因分析的基础上，制订安全可靠、技术可行、不留隐患、经济合理、具有可操作性、满足建筑功能和使用要求的方案。

（5）事故处理。根据制订的质量事故处理方案，对事故进行技术处理，以解决施工质量问题，根据事故的性质、损失大小、情节轻重对责任单位和责任人进行相应的处罚。

（6）事故处理鉴定验收。事故处理鉴定验收主要检验质量事故的处理是否达到了预期的目的，是否依然存在隐患。在事故处理完成后，必须尽快提交完整的事故处理报告。

5. 工程质量事故的处理原则——"四不放过"原则

（1）事故原因不清楚不放过。

（2）事故责任者和员工没有受到教育不放过。

（3）事故责任者没有受到处理不放过。

（4）没有制定防范措施不放过。

6. 施工质量问题的处理方式

（1）不作处理。

1）不影响结构安全、生产工艺和使用要求的质量缺陷。

2）后道工序可以弥补的质量缺陷。

3）法定检测单位鉴定合格的质量缺陷。

4）出现的质量缺陷，经检测鉴定达不到设计要求，但经原设计单位核算，仍能满足结构安全和使用功能的。

（2）修补处理。当工程某些部分的质量未达到要求，存在一定的缺陷，但经过修补后可以达到要求的质量标准，又不影响使用功能或外观的要求时，可采取修补处理的方法。

（3）加固处理。加固处理主要是针对危及承载力的质量缺陷的处理。

（4）限制使用。在工程质量缺陷按修补方法处理后无法保证达到规定的使用要求和安全要求，而又无法返工处理的情况下，不得已时，可以作出结构卸荷以及限制使用的决定。

（5）返工处理。当工程质量缺陷经过修补处理后仍不能满足规定的质量标准要求，或不具备补救的可能性，则必须采取返工处理。

（6）报废处理。出现质量事故的工程，通过分析或实践，在采取一系列处理方法后仍不能满足规定的质量要求或标准，则必须予以报废处理。

> 思想政治素养养成

（1）工程项目质量是项目建设的核心，优秀的工程质量也是企业实施品牌战略的法宝，只有筑牢"以质量树信誉"的信念，以"建优质工程、树企业形象"和"质量保证体系"覆盖工程施工的全过程，始终坚持把工程质量放在第一位，企业才能在日趋激烈的市场竞争中立于不败之地。我国建筑业自古就非常重视工程质量。著名的古建筑真武阁是一座完全木质结构的建筑物,全阁用3000根大小不一的格木构件巧妙地串联吻合,特别是二层楼的四根大内柱,虽承受上层楼板、梁架、配柱和阁瓦、脊饰的沉重荷载,柱脚却悬空离地3cm,这是"杠杆原理"所造成的悬柱奇观。四百多年来,真武阁像一架精确的天平,经受多次地震和狂风的袭击依然安然无恙,被誉为"天南杰构"。真武阁的巧妙和牢固,除了神奇的结构设计,还与古代工匠们精湛的施工工艺和严格的质量控制管理密不可分。因此,在教学过程中,要激发学生对自己的专业产生职业认同感及自豪感,热爱自己的职业,热爱自己的民族和文化。习近平总书记指出:"一个国家、一个民族的强盛,总是以文化兴盛为支撑的,中华民族伟大复兴需要以中华文化发展繁荣为条件。"中华传统文化博大精深,源远流长,塑造了中华民族自强不息、厚德载物的精神品格,使中华民族屹立于世界的东方五千多年,仍然充满生机。在当今要实现中华民族伟大复兴的中国梦,必须首先复兴中华优秀传统文化。中国的传统文化需要一代一代地传承,同学们可以体会到深厚的民族文化。

(2)技术交底是施工前一项非常重要的工作,施工管理人员要将施工工艺的要求详细地讲解给班组人员,因此,需要培养学生严谨踏实、一丝不苟的工匠精神,提高有效的表达沟通能力。

(3)在项目施工过程中,会涉及多家参建单位,一项工作的完成需要很多人的共同协调,因此学生要具备组织协调能力和规范意识的职业素养。

任务分组

填写表2.1.1-2,完成学生任务分配。

表2.1.1-2 学生任务分配

班 级		组 号		指导教师	
组 长		学 号			
组 员	姓 名		学 号	姓 名	学 号
任务分工					
备 注					

◆ 安装工程施工组织与管理（活页式）

> 自主探学

任务工单1

组号_____　　　姓名_____　　　学号_____

引导问题：

（1）什么是技术交底？

_____

_____

（2）技术交底的目的是什么？

_____

_____

（3）技术交底的类型有哪三种？

_____

_____

（4）技术交底的方式有哪些？

_____

_____

（5）影响质量的因素有哪些？

_____

_____

（6）建筑质量问题如何分类？

_____

_____

（7）工程质量事故如何分类？

_____

_____

（8）工程质量事故的处理原则有哪些？

_____

_____

（9）施工质量问题的处理方式是什么？

_____

_____

任务工单2

组号_____ 姓名_____ 学号_____

引导问题:

(1) 小组交流,教师参与。选择自己所属的专业,根据新建公寓楼安装工程的特点,讨论安装工程的施工任务、施工图纸、施工工艺、操作规程、工序质量控制要求、质量标准、安全要求等注意事项,填写安装工程技术交底程序单(见表2.1.1-3)。

表2.1.1-3 新建公寓楼安装工程技术交底程序单

所属专业:

给水排水专业□　　　电气专业□　　　暖通专业□　　　消防专业□

序号	项目	内容
1	交底人	
2	交接人	
3	施工任务	
4	施工图纸	
5	施工工艺	
6	操作规程	
7	工序质量控制要求	
8	质量标准	
9	安全要求	

(2) 记录存在的不足。

_____
_____
_____
_____

情境模拟

任务工单3

组号＿＿＿＿＿＿＿＿　　　　姓名＿＿＿＿＿＿＿＿　　　　学号＿＿＿＿＿＿＿＿

引导问题：

（1）小组汇报技术交底涉及的施工任务、施工图纸、施工工艺、操作规程、工序质量控制要求、质量标准、安全要求等内容。完善本组技术交底内容，模拟工程施工技术交底情境，组织施工班组进行技术交底，填写技术交底表单（见表2.1.1-4）。

表2.1.1-4　新建公寓楼安装工程技术交底

所属专业：

给水排水专业□　　　　电气专业□　　　　暖通专业□　　　　消防专业□

工程名称		交底部位	
工程编号		日　　期	
交底内容： 1. 范围 2. 施工准备 3. 操作工艺 4. 质量标准 5. 成品保护 6. 应注意的质量问题 7. 质量记录			
技术负责人：	交底人：	交接人：	

（2）记录存在的不足。

＿＿

＿＿

＿＿

评价反馈

结合任务完成情况,扫描以下二维码,完成个人自评、组内互评、小组组间评价和教师评价。

评价反馈

拓展延学

《建筑施工手册·第5分册》主要内容包括:机电工程施工通则、建筑给水排水及采暖工程、通风与空调工程、建筑电气安装工程、智能建筑工程、电梯安装工程。

子任务2.1.2　施工日志及隐蔽工程验收

任务描述

施工日志是指在单位工程施工中按日填写的有关施工活动的综合原始记录,是施工员的重要工作内容之一。其目的是收集、积累施工中有关施工活动情况。

新建公寓楼安装工程正在有条不紊地进行,某日,安装工程的主要施工活动如下:

(1) 室外排水管道及其他管道埋地敷设。
(2) 室外防雷接地装置开始安装。
(3) 二层卫生间沿地面内暗敷设给水、排水管道。
(4) 二层沿墙敷设电气暗配管。
(5) 四层开始安装洗手盆、蹲式大便器。
(6) 当日安装所需的电线没有到场。
(7) 质检员在进行质量检查时发现,卫生间安装的蹲式大便器冲洗水箱高度不一致,偏差太大。该问题的解决方法是及时与装修及土建专业联系,以书面形式确定各场所的装饰标高基准线。
(8) 安全员在现场巡视中发现有个别工人未佩戴安全帽。
(9) 监理工程师组织召开了加强工程质量、进度和安全会议,了解各专业的施工质量、进度情况,并强调各专业的配合,以及竣工验收资料的准备等。

请将安装工程当日的施工活动填入施工日志,并判断哪些施工活动要进行隐蔽工程验收,然后填写隐蔽工程检查验收记录。

学习目标

1. 知识目标

(1) 能说出施工日志的定义和作用。
(2) 能列出施工日志的主要内容。
(3) 能说出隐蔽工程验收的定义和程序。
(4) 能描述在安装工程各个施工阶段的隐蔽工程内容。

2. 能力目标

(1) 能根据当日施工情况,正确填写施工日志。
(2) 能填写隐蔽工程检查验收记录。

3. 素质目标

(1) 具有社会责任感和良好的职业操守,诚实守信,严谨务实,爱岗敬业,团结协作。
(2) 遵守相关法律、法规、标准和管理规定。
(3) 树立"安全至上、质量第一"的理念,坚持安全生产、文明施工。

任务分析

1. 重点

（1）正确填写施工日志。

（2）正确填写隐蔽工程检查验收记录。

2. 难点

（1）正确填写施工日志。

（2）正确填写隐蔽工程检查验收记录。

施工日志

隐蔽工程验收

相关知识链接

知识卡一　施工日志

施工日志也称为施工日记，是对建筑工程整个施工阶段的施工组织管理、施工技术等有关施工活动和现场情况变化的真实的综合性记录，也是处理施工问题的备忘录和总结施工管理经验的基本素材，是工程交/竣工验收资料的重要组成部分。

1. 施工日志的内容

施工日志的内容可分为五类，即基本内容、工作内容、检验内容、检查内容以及其他内容。

（1）基本内容。

1）日期、星期、气象、平均温度。平均温度可记为××~××℃，气象按上午和下午分别记录。

2）施工部位。施工部位应将分部、分项工程名称和轴线、楼层等写清楚。

3）出勤人数、操作负责人。出勤人数一定要分工种记录，并记录工人的总人数。

（2）工作内容。

1）当日施工内容及实际完成情况。

2）施工现场有关会议的主要内容。

3）有关领导、主管部门或各种检查组对工程施工技术、质量、安全方面的检查意见和决定。

4）建设单位、监理单位对工程施工提出的技术要求、质量要求、意见及采纳实施情况。

（3）检验内容。

1）隐蔽工程验收情况。应写明隐蔽的内容、楼层、轴线、分项工程、验收人员、验收结论等。

2）试块制作情况。应写明试块名称、楼层、轴线、试块组数。

3）材料进场、送检情况。应写明批号、数量、生产厂家以及进场材料的验收情况，以后补上送检后的检验结果。

（4）检查内容。

1）质量检查情况。当日混凝土浇筑及成形、钢筋安装及焊接、砖砌体、模板安拆、抹灰、屋面工程、楼地面工程、装饰工程等的质量检查和处理记录，混凝土养护记录，砂浆、混凝土外加剂掺用量，工程质量事故原因及处理方法，工程质量事故处理后的效果验证。

2）安全检查情况及安全隐患处理（纠正）情况。

3）其他检查情况，如文明施工及场容场貌管理情况等。

（5）其他内容。

1）设计变更、技术核定通知及执行情况。

2）施工任务交底、技术交底、安全技术交底情况。

3）停电、停水、停工情况。

4）施工机械故障及处理情况。

5）冬季、雨季施工准备及措施执行情况。

6）施工中涉及的特殊措施和施工方法以及新技术、新材料的推广使用情况。

2. 填写过程中的注意事项

（1）书写时一定要字迹工整、清晰，最好用仿宋体或楷体书写。

（2）当日的主要施工内容一定要与施工部位相对应。

（3）养护记录要详细，应包括养护部位、养护方法、养护次数、养护人员、养护结果等。

（4）焊接记录也要详细，应包括焊接部位、焊接方式（电弧焊、电渣压力焊、搭接双面焊、搭接单面焊等）、焊接电流、焊条（剂）牌号及规格、焊接人员、焊接数量、检查结果、检查人员等。

（5）其他检查记录一定要具体详细，不能泛泛而谈。

（6）停水、停电一定要记录清楚起止时间，停水、停电时正在进行什么工作，是否造成损失。

知识卡二　隐蔽工程

隐蔽工程是指作为上道工序，被下道工序所掩盖、其自身质量无法再进行检查的工程。

1. 隐蔽工程验收程序

（1）隐蔽工程自检合格后以书面形式通知监理人员和工程分管人员并注明验收时间和内容。

（2）隐蔽工程验收必须由监理人员、施工单位施工员及施工班组等共同进行，有必要时要有下一程序施工班组参加。

(3) 基底、基槽、桩基础工程要有勘察单位、设计单位相关负责人员和相关检测单位负责人参加。

(4) 隐蔽工程验收合格，由监理人员签署隐蔽工程验收记录后，施工单位方可进行下一程序施工。

(5) 隐蔽工程验收不合格的，经整改后必须重新验收，合格后方可签署隐蔽工程验收记录，允许下一程序的施工。

(6) 隐蔽工程验收不合格的，限期必须整改，若未及时整改，将对施工单位按"相关奖罚细则"予以警告或处罚。

隐蔽工程验收流程如图 2.1.2-1 所示。

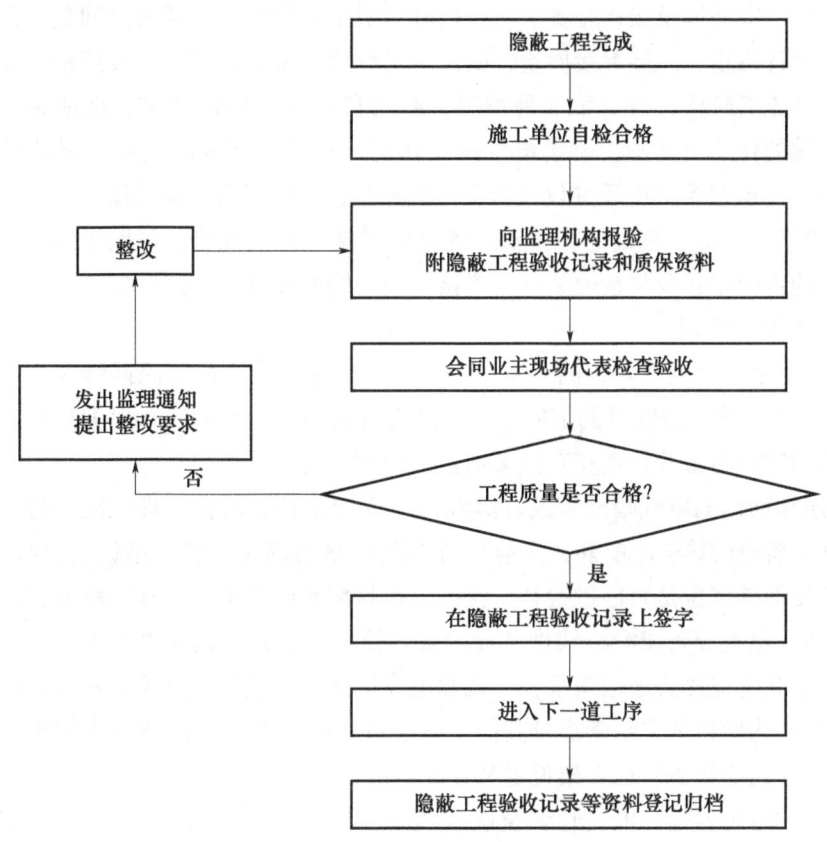

图 2.1.2-1　隐蔽工程验收流程

2. 隐蔽工程验收主要内容

(1) 结构主体施工阶段。

1) 建筑底层埋地敷设的给水、排水管道隐蔽。检查内容：管材和管件的规格、质量，管沟底夯实和管道敷设的位置、标高、坡度，管道的连接接口和防腐质量，给水管道水压试验，排水管道灌水试验情况。

2) 楼层中沿墙暗敷设的给水管道隐蔽。检查内容：管材和管件的规格、质量，管道敷设、固定、连接接口质量，管道的甩口位置，管道的保护层厚度（管槽深度），管道的水压试验情况。

3）管道穿墙防水套管预埋隐蔽。检查内容：形式、规格，防腐、密封。

4）楼层现浇混凝土墙、楼板内电气配管及箱、盒预埋隐蔽。检查内容：管材的规格、质量，配管的回路、走向布置，配管连接及配管与箱、盒连接，配管的接地及防腐，配管的抹层保护及管口封闭保护，箱和盒的标高、位置。

5）楼层砌体内电气暗配管及配电箱壳体、接线盒预埋隐蔽。检查内容除与以上第4）项相同外，剔槽配管还应检查抹灰保护层的深度。

6）主体结构内暗设避雷、接地装置，保护接地、等电位联结隐蔽。第一种情况，沿墙敷设引下线，室外埋设接地装置。检查内容：引下线的组数、两组之间最大间距，引下线的规格、镀锌质量、连接焊接质量，断接卡子设置位置、标高。埋设接地装置的隐蔽工程验收在室外施工阶段进行。第二种情况，利用自然接地体做避雷、接地装置。检查内容：做引下线的柱筋与基础主钢筋电气跨接情况，柱筋引下线的组数，测试点（预留铁件）的位置，高层建筑均压环敷设及与引下线连接，金属门窗、构件设备的避雷连接（预留铁件）。第三种情况，暗设保护接地、等电位联结。检查内容：接地线的规格、镀锌质量，接地线的走向布置及与接地装置的连接，接地线的连接、焊接质量。

(2) 装饰施工阶段。

1）楼层中沿地面内暗敷设的给水、采暖管道隐蔽。检查内容除同结构主体施工阶段的1）外，还应着重检查管道的走向布置，敷设管道的地面结构层、保温层情况，管道穿墙部位墙体的密封防水及管道相互交叉部位的处理。

2）楼层地面内的电气暗配管及灯具和吊扇固定吊杆、吊钩预埋隐蔽。检查内容除同结构主体施工阶段的第4）项外，还应检查灯具和吊扇固定吊杆、吊钩及接线盒的设置，检查配管跨变形缝部位是否已进行补偿保护，塑料配管应着重检查有无扁折、破损。

3）导线和电缆穿管或沿汇线槽敷设隐蔽。检查内容：导线和电缆的型号、规格及外观质量，导线和电缆接头连接质量，导线和电缆绝缘有无损伤，有关的测试、试验情况。

4）管道沟内敷设的采暖管道及其他管道隐蔽。检查内容除同结构主体施工阶段的第1）项所述外，还应检查管道支架设置和保温质量。

5）吊顶内各种管道、电气管线及嵌入式灯具隐蔽。检查内容：管道和线路的规格、材质，管道和线路的走向、布置、间距，管道的连接、接口、支吊架设置、保温质量，电气管线的敷设、接地，嵌入式灯具的安装固定，有关测试、试验情况。

(3) 室外施工阶段。

1）室外埋地敷设排水管道及其他管道的隐蔽。检查内容除同结构主体施工阶段的第1）项所述外，还应检查化粪池管道进出口的高差及防漂浮物管件的设置。

2）室外接地装置安装。检查内容：接地装置的组数和设置位置、埋设深度，接地极、接地母线的规格、镀锌质量、连接焊接质量。

模块 2　安装工程施工阶段

思想政治素养养成

(1) 施工日志是记录施工现场当天所发生情况及所采取的解决措施，为今后改善施工工艺和方法提供有利的依据，要如实地记录。因此，要培养学生的社会责任感和良好的职业操守，诚实守信，严谨务实，爱岗敬业，团结协作。

(2) 施工日志和隐蔽工程的填写都有其专业性和规范性，也要遵守相关的工程法规。因此，要培养学生遵守相关法律、法规、标准和管理规定。

(3) 隐蔽工程验收是一项非常重要的验收工作，因为一旦隐蔽后其施工质量就很难再查验。因此，学生要秉承专业的责任感，树立"安全至上、质量第一"的理念，坚持安全生产、文明施工。

任务分组

填写表 2.1.2-1，完成学生任务分配。

表 2.1.2-1　学生任务分配

班　级		组　号		指导教师	
组　长		学　号			
组　员	姓　名		学　号	姓　名	学　号
任务分工					
备　注					

自主探学

任务工单1

组号_____　　　姓名_____　　　学号_____

引导问题：

（1）什么是施工日志？其主要作用是什么？

_____
_____
_____
_____

（2）什么是隐蔽工程？

_____
_____
_____
_____

（3）写出隐蔽工程验收程序。

_____
_____
_____
_____
_____
_____

任务工单2

组号_____　　　姓名_____　　　学号_____

引导问题：

（1）施工日志的工作内容、检验内容和检查内容分别包括哪些？

_____
_____
_____
_____

（2）根据自己的专业，说出各专业在各个施工阶段都有哪些隐蔽工程需要验收。

_____
_____
_____
_____

合作研学

任务工单3

组号_____ 姓名_____ 学号_____

引导问题：

（1）小组交流，教师参与。根据自己的专业，讨论这天的主要施工活动，填写施工日志的注意事项以及哪些工程属于隐蔽工程，填写隐蔽工程验收记录的注意事项（见表2.1.2-2）。

表2.1.2-2 安装工程施工日志、隐蔽工程填写准备

所属专业：
给水排水专业□   电气专业□   暖通专业□   消防专业□

工程名称：   编号：

组 别		成 员	
项 目	内容及注意事项		
安装工程施工日志			
隐蔽工程	一、隐蔽工程所属检验批有哪些？ 二、覆盖物检验批有哪些？ 三、隐蔽内容有哪些？		
备 注			

（2）记录存在的不足。

_____
_____
_____

情境模拟

任务工单4

组号_____　　姓名_____　　学号_____

引导问题：

（1）根据安装工程当天的主要施工活动、填写施工日志的注意事项，填写施工日志（见表2.1.2-3）。

表2.1.2-3　安装工程施工日志

所属专业：
给水排水专业□　　　　电气专业□　　　　　　暖通专业□　　　　　　消防专业□

工程名称：　　　　　　　　　　　　　　　　　　　　　　　　　　　　　编号：

日　期	年　月　日	星期___	天　气		温　度	
施工部位			出勤人数			
当日施工内容：						
设计变更或技术核定						
技术交底						
隐蔽工程验收						

续表

日 期	年 月 日	星期___	天 气		温 度	
施工部位			出勤人数			
试块制作						
材料进场、送检情况						
质量情况						
安全情况						
其 他						

专业工长：

◆ 安装工程施工组织与管理（活页式）

（2）根据安装工程当天的主要施工活动，判断哪些工程属于隐蔽工程，根据填写隐蔽工程验收记录的注意事项，填写隐蔽工程检查验收记录（见表 2.1.2-4～表 2.1.2-6）。

表 2.1.2-4 隐蔽工程检查验收记录

所属专业：
给水排水专业□　　　　　电气专业□　　　　暖通专业□　　　　消防专业□
工程名称：　　　　　　　　　　　　　　　　　　　　　　　　　　　编号：

施工单位		被隐蔽工程所属检验批名称	
		覆盖物所属检验批名称	
隐蔽部位		施工时间	自　年　月　日 至　年　月　日
隐蔽内容及要求	（隐蔽什么，是否符合设计及规范要求）		
隐蔽原因	（隐蔽内容被什么所覆盖）		
签字栏	建设（监理）单位	施工单位		
		专业技术负责人	专业质量员	专业工长

表 2.1.2-5 给水管道隐蔽工程检查验收记录

编号：

工程名称		分部工程			子分部工程					
施工单位		分包单位			验收日期			年 月 日		
隐蔽工程检查内容										
序 号	检查部位	管道材质	规格/mm	外 观	基座支架	高度坐标	坡度方向	预留基础下沉量	防腐保温	试验结果	检查结果
验收结论										
签字栏	监理（建设）单位		施工单位							
		专业技术负责人		专业质量员			专业工长			

◆ 安装工程施工组织与管理（活页式）

表 2.1.2-6 桥架、线槽隐蔽工程验收记录

工程名称：　　　　　　　　　　　　　　　　　　　　　　　　　　　编号：

施工单位				分包单位			
名称、型号、规格							
安装部位							
长度/m	全长：		最大直线长度：	全长：		最大直线长度：	
固定安装方式	方式	支、吊架		方式	支、吊架		
		型号、规格	固定方法		型号、规格	固定方法	
固定间距/m	直线：	转角：	端头：	直线：	转角：	端头：	
伸缩缝间隙、做法及数量							
连接做法							
跨接地做法							
验收结果							年　月　日
签字栏	监理（建设）单位		施工单位				
			专业技术负责人		专业质量员		专业工长

（3）记录存在的不足。

_____

_____

_____

模块 2　安装工程施工阶段

评价反馈

结合任务完成情况，扫描以下二维码，完成个人自评、组内互评、小组组间评价和教师评价。

评价反馈

子任务 2.1.3　安装工程检验批、分项工程质量验收

任务描述

检验批是施工质量验收的最小单位，是分项工程乃至整个建筑工程质量验收的基础。分项工程的验收在检验批的基础上进行。

随着工程施工进度的推进，新建公寓楼已经完成了部分水、暖、电工程的安装，为了保证工程质量及下一道施工工序的顺利进行，需要对已完成的安装情况进行质量验收。请组织和协调开展安装工程检验批、分项工程质量验收活动，并在验收时规范填写检验批、分项工程质量验收记录表，同时将各个质量验收记录表整理归档。

学习目标

1. 知识目标

（1）能说出施工质量控制的依据。
（2）能说出施工质量检验的方法和检查方式。
（3）能说出施工质量验收的相关术语。
（4）能描述检验批、分项工程质量验收记录填写的要求。

2. 能力目标

（1）能根据安装专业知识进行检验批质量验收。
（2）能识读检验批、分项工程质量验收记录表。
（3）能正确填写检验批、分项工程质量验收记录表。

3. 素质目标

（1）具备控制质量的手段和处理问题的能力。
（2）培养终身学习理念，不断学习新知识、新技能。
（3）具备坚持原则、勤恳工作的态度。

质量控制的系统过程

质量控制的方法

任务分析

1. 重点

（1）施工质量检验方法和检查方式。
（2）检验批、分项工程质量验收记录的填写要求。
（3）检验批、分项工程质量验收记录的填写。

2. 难点

（1）施工质量检验的主要方法和方式。
（2）检验批、分项工程质量验收记录的填写。

相关知识链接

知识卡一　施工过程控制

施工过程控制是指在施工过程中对实际投入的生产要素质量及作业技术活动的实施状态和结果所进行的控制，是质量控制的关键阶段。

1. 作业技术准备状态的控制

所谓作业技术准备状态，是指各项施工准备工作在正式开展作业技术活动前，是否按预先计划的安排落实到位的状况。作业技术准备状态的控制应着重抓好以下环节的工作。

（1）质量控制点的基本概念。质量控制点是指为了保证作业过程质量而确定的重点控制对象、关键部位或薄弱环节。正确地确定质量控制点，是搞好生产现场质量管理的重要前提。

质量控制点的设置是实施质量预控的有效措施和手段。项目经理部在施工前，应根据施工组织设计的施工方案和施工方法及施工质量控制要求，列出详细的质量控制点明细表，标明有关名称、内容、施工方法、措施及验收标准等，并提交监理工程师审查、批准。

（2）质量控制点设置的一般原则。选择质量保证难度较大或危害较大的对象作为质量控制点。

1）关键工序及隐蔽工程。
2）薄弱环节、工序和部位。
3）使用新技术、新工艺、新材料和新设备的部位或环节。
4）施工难度较大的工序或环节。

2. 工序质量控制

（1）将影响工序质量的因素纳入管理控制的范围，认真检查和审核质量统计分析资料和控制图表，抓住影响质量的关键，及时进行处理和解决。

（2）严格做好工序间的自检、互检和交接检查，对不符合质量要求的工序，绝不能交给下一工序。填写各项检验批验收、分部分项工程项目的验收记录。

3. 成品保护

成品保护一般是指分项工程已经完成，而其他部位还在施工，项目经理部必须对已完成部位针对被保护对象的特点采取各种有效的防护措施，如加固、包裹、覆盖、封闭等，以免造成损坏或污染，影响工程整体质量。

知识卡二　质量控制主要方式和方法

工程施工质量是在施工过程中形成的，施工过程是由一系列相互联系与制约的作业活动所构成的。因此，保证作业活动的效果与质量是施工过程质量控制的基础。

工程质量的特性主要表现在以下六方面：

（1）适用性（即功能）是指工程满足使用目的的各种性能，包括理化性能、结构性能、使用性能、外观性能等。

（2）耐久性（即寿命）是指工程在规定的条件下，满足规定功能要求使用的年限，也就是工程竣工后的合理使用寿命周期。

（3）安全性是指工程建成后在使用过程中保证结构安全、保证人身和环境免受危害的程度。

（4）可靠性是指工程在规定的时间和规定的条件下完成规定功能的能力。

（5）经济性是指工程从规划、勘察、设计、施工到整个产品使用寿命周期内的成本和消耗的费用。

（6）与环境的协调性是指工程与其周围生态环境协调，与所在地区经济环境协调以及与周围已建工程协调，以适应可持续发展的要求。

1. 施工质量控制的依据

施工阶段质量控制的依据，大体上有以下三类。

（1）工程合同文件，包括工程承包合同文件、设计文件等。"按图施工"是施工阶段质量控制的一项重要原则。因此，经过批准的设计图纸和技术说明书等设计文件，无疑是质量控制的重要依据。

（2）国家及政府有关部门颁布的有关质量管理方面的法律、法规性文件（这类文件一般是针对行业、不同的质量控制对象而制定的技术法规性的文件，包括各种有关的标准、规范、规程或规定）。

（3）有关质量检验与控制的专门技术法规性文件。概括来说，属于这类专门的技术法规性的依据主要有以下四类：

1）工程项目施工质量验收标准。例如，《建筑工程施工质量验收统一标准》（GB 50300—2013）以及其他行业工程项目的质量验收标准。

2）有关工程材料、半成品和构配件质量控制方面的专门技术法规性依据。

①有关工程材料及其制品质量的技术标准。

②有关材料或半成品等的取样、试验等方面的技术标准或规程等。

③有关材料验收、包装、标识及质量证明书的一般规定等。

3）控制施工作业活动质量的技术规程。

4）凡采用新工艺、新技术、新材料的工程，事先应进行试验，并应有权威技术部门的技术鉴定书及有关的质量数据、指标，在此基础上制定有关的质量标准和施工工艺规程，并以此作为判断与控制质量的依据。

2. 施工质量影响因素分析

影响工程质量的因素很多，归纳起来主要有五个方面，即人（Man）、材料（Material）、机械（Machine）、方法（Method）和环境（Environment），简称"4M1E"因素。

（1）人的因素。直接参与工程建设的决策者、组织者、指挥者和操作者，既是控制对象又是控制动力。人是项目质量控制的首要因素。

人是工程项目建设的实施者，工程实体质量是施工中各类组织者、指挥者、操作者和监理工程师共同努力建立起来的，人的因素是"4M1E"的首要因素，它决定了其他几个因素，人的素质、管理水平、技术、操作水平将最终影响工程实体质量。因此，监理工程师在质量事前控制中，必须审查中标施工单位人的管理水平、技术、操作水平，审查特殊作业人员的技术资质，防止无证上岗的情况发生，做到对现场施工人员的素质心中有数，针对不同情况分别采取不同控制手段。

（2）材料因素。材料是项目实施的物质条件。材料质量是项目质量的基础。

材料是工程实体组成的基本单元，基本单元质量构成工程实体质量，每一单元材料的质量均应满足设计、规范的要求，工程实体质量就能够得到充分保证。因此，材料事前控制就显得十分重要，监理工程师应督促施工单位建立完善材料控制制度，建立监理项目机构材料监理控制细则。

（3）机械因素。机械设备是项目实施的物质基础，对项目质量有直接影响。机械设备可分为两类：一类是组成工程实体及配套的工艺设备和各类机具；另一类是施工过程中使用的各类机具设备，简称施工机具设备，它们是施工生产的手段。

设备的选择是设备质量控制的第一环节。设备的合理操作是设备质量控制的第二环节。实行定机、定人、定岗位责任的"三定"制度。设备的验收是设备质量控制的第三环节。

（4）方法因素。方法是指在工程实体建设中所采用的施工手段，它是通过施工单位质量管理体系、施工组织设计、施工方案来体现的。大力推进采用新技术、新工艺、新方法，不断提高工艺技术水平，是保证工程质量稳定提高的重要因素。

项目的开发建设方案和施工技术方案正确与否，对项目的质量控制能否顺利进行有着直接影响。

（5）环境因素。环境因素是指对工程质量特性起重要作用的环境条件，包括工程技术环境、工程作业环境、工程管理环境、周边环境等。

3. 施工质量检验

（1）施工单位的自检系统。

1）作业活动的作业者在作业结束后必须自检。

2）不同工序交接、转换必须由相关人员交接检查。

3）承包单位专职质检员的专检。

（2）施工质量检验的方法。施工质量检验的方法一般可分为三类，即目测法、检测工具量测法和试验法。

1）目测法，即凭借感官进行检查，也可以称为观感检验。这类方法主要是根据质量要求，采用看、摸、敲、照等手法对检查对象进行检查。

所谓"看"，就是根据质量标准要求进行外观检查，如清水墙表面是否洁净，喷涂的密实度和颜色是否良好、均匀，工人的施工操作是否正常，混凝土振捣是否符合要求等。所谓"摸"，就是通过触摸手感进行检查、鉴别，如油漆的光滑度，浆活是否牢固、不掉粉等。所谓"敲"，就是运用敲击方法进行盲感检查，如对木地板拼镶、墙面瓷砖铺贴、大理石镶贴、地砖铺砌等的质量，均可通过敲击检查，根据声音虚实、脆闷判断有无空鼓等质量问题。所谓"照"，就是通过人工光源或反射光照射，仔细检查难以看清的部位。

2）检测工具量测法，就是利用量测工具或计量仪表，通过实际量测结果与规定的质量标准或规范的要求相对照，从而判断质量是否符合要求。量测的手法可归纳为靠、吊、量、套。

所谓"靠"，是用直尺检查诸如地面、墙面的平整度等。所谓"吊"，是指用托线板线锤检查垂直度。所谓"量"，是指用量测工具或计量仪表等检查断面尺寸、轴线、标高、温度、湿度等数值并确定其偏差，如大理石板拼缝尺寸与超差数量、摊铺沥青拌合料的温度等。所谓"套"，是指以方尺套方辅以塞尺，检查诸如踏脚线的垂直度、预制构件的方正、门窗口及构件的对角线等。

3）试验法，指通过进行现场试验或实验室试验等理化试验手段，取得数据，分析判断质量情况。试验法包括理化试验、无损测试或检验。

（3）施工质量检验按程度的分类

1）全数检验。全数检验也称为普遍检验。它主要应用于关键工序部位或隐蔽工程，以及在技术规程、质量检验验收标准或设计文件中有明确规定应进行全数检验的对象。

2）抽样检验。抽样检验即从一批材料或产品中，随机抽取少量样品进行检验，并根据对其数据经统计分析的结果，判断该批产品的质量状况。对于主要的建筑材料、半成品或工程产品等，由于数量大，大多采取抽样检验。

3）免检。免检就是在某种情况下，可以免去质量检验过程。对于已有足够证据证明有质量保证的一般材料或产品，或实践证明其产品质量长期稳定、质量保证资料齐全者，或是某些施工质量只有通过对施工过程的严格质量监控，而质量检验人员很难对内在质量再做检验的，均可考虑采取免检。

4. 施工质量检查的方式

施工质量检查主要有日常检查、跟踪检查、专项检查、综合检查、监督检查等方式。

（1）日常检查：指施工管理人员所进行的施工质量经常性检查。

（2）跟踪检查：指设置施工质量控制点，指定专人所进行的相关施工质量跟踪检查。

（3）专项检查：指对某种特定施工方法、特定材料、特定环境等的施工质量或某类质量通病所进行的专项质量检查。

（4）综合检查：指根据施工质量管理的需要或企业职能部门的要求所进行的不定期的或阶段性的全面质量检查。

（5）监督检查：指来自业主、监理机构、政府质量监督部门的各类例行检查。

知识卡三　施工质量验收

工程施工质量验收是工程建设质量控制的一个重要环节,包括工程施工质量验收(过程验收)和工程的竣工验收两个方面。

《建筑工程施工质量验收统一标准》(GB 50300—2013)共给出 17 个术语,这些术语对规范有关建筑工程施工质量验收活动中的用语,加深对标准条文的理解,特别是更好地贯彻执行标准是十分必要的。下面列出几个比较重要的施工质量验收相关术语。

(1)验收:建筑工程质量在施工单位自行检查合格的基础上,由工程质量验收责任方组织,工程建设相关单位参加,对检验批、分项、分部、单位工程及其隐蔽工程的质量进行抽样检验,对技术文件进行审核,并根据设计文件和相关标准以书面形式对工程质量是否达到合格作出确认。

(2)检验批:按相同的生产条件或按规定的方式汇总起来供抽样检验用的,由一定数量样本组成的检验体。

提示:检验批是施工质量验收的最小单位,是分项工程乃至整个建筑工程质量验收的基础。

(3)主控项目:建筑工程中对安全、节能、环境保护和主要使用功能起决定性作用的检验项目。

(4)一般项目:除主控项目以外的检验项目。

(5)观感质量:通过观察和必要的测试所反映的工程外在质量和功能状态。

(6)返修:对施工质量不符合标准规定的部位采取的整修等措施。

(7)返工:对施工质量不符合标准规定的部位采取的更换、重新制作、重新施工等措施。

知识卡四　检验批质量验收

1. 检验批质量验收标准

(1)检验批质量合格规定。

1)主控项目和一般项目的质量经抽样检验合格。

2)具有完整的施工操作依据、质量检验记录。

(2)检验批按规定验收。

1)资料检查。所要检查的资料主要包括以下几方面:

①图纸会审、设计变更、洽商记录。

②建筑材料、成品、半成品、建筑构配件、器具和设备的质量证明书及进场检(试)验报告。

③工程测量、放线记录。

④符合专业质量验收规范规定的抽样检验报告。

⑤隐蔽工程检查记录。

⑥施工过程记录和施工过程检查记录。

⑦新材料、新工艺的施工记录。

⑧质量管理资料和施工单位操作依据等。

2)主控项目和一般项目的检验。检验批的质量是否合格主要取决于对主控项目和一般项目的检验结果。主控项目是对检验批的基本质量起决定性影响的检验项目,因此,必须全部符合有关专业工程验收规范的规定。这意味着主控项目不允许有不符合要求的检验结果,即这种项目的检验结果具有一票否决的作用。鉴于主控项目对基本质量的决定性影响,从严要求是必须的。

3)检验批的抽样方案。合理的抽样方案的制订对检验批的质量验收有十分重要的影响。在制订检验批的抽样方案时,应考虑合理分配生产方风险(或错判概率 α)和使用方风险(或漏判概率 β)。主控项目对应于合格质量水平的 α 和 β 均不宜超过 5%,一般项目对应于合格质量水平的 α 不宜超过 5%,β 不宜超过 10%。

4)检验批的质量验收记录。检验批的质量验收记录由施工项目专业质量检查员填写。

5)检验批的验收程序。检验批由专业监理工程师(建设单位技术负责人)组织项目专业质量检查员等进行验收。

(3)检验批的质量验收流程。检验批的质量验收流程如图 2.1.3-1 所示。

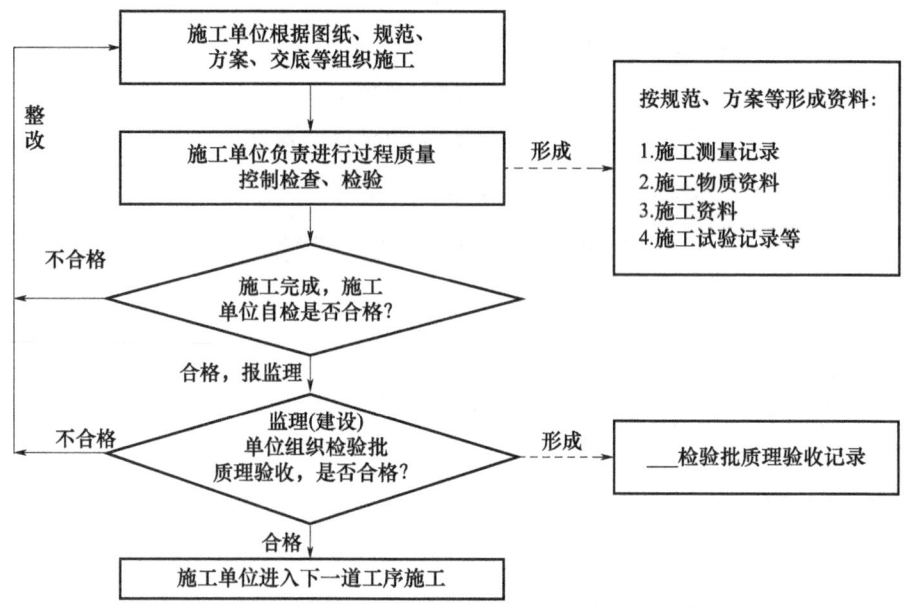

图 2.1.3-1 检验批的质量验收流程

2. 建筑工程检验批质量验收记录填写内容与要求

检验批由监理工程师或建设单位项目技术负责人组织项目专业质量检查员等进行验收,表格的名称应在制定专用表格时就印好,在其前边印上分项工程名称。表格的名称下边注上质量验收规范的编号。

（1）表的名称及编号。检验批质量验收记录表按全部施工质量验收规范系列的分部分项、子分部工程统一为9位数的数码编号，写在表的右上角，前六位数字均印在表上，后留3个方框，检查验收时填写检验批的顺序号，其编号规则如下：

第1、第2位数字是分部工程代码。

第3、第4位数字是子分部工程的代码。

第5、第6位数字是分项工程代码。

第7、第8、第9位数字是各分项工程检验批验收的顺序号。

（2）表头部分的填写。

1）检验批质量验收记录表编号的填写，在3个方框内填写检验批顺序号。

2）单位（子单位）名称，按合同文件上的单位工程名称填写，子单位工程标出该部分的位置。

3）填写施工执行标准名称及编号。

（3）质量验收规范的规定栏。质量验收规范规定填写的具体质量要求，在制表时就已填写好验收规范中主控项目、一般项目的全部内容。

（4）主控项目、一般项目施工单位检查评定记录。

1）对定量项目直接填写检查的数据。

2）对定性项目，当符合规范规定时，打"√"；当不符合规范规定时，打"×"。

3）有混凝土、砂浆强度等级的检验批，按规定制取试件后，可填写试件编号，待试件试验报告出来后，对检验批进行判定，并在分项工程验收时进一步进行强度评定及验收。

4）对既有定性又有定量的项目，当各个子项目质量均符合规范规定时，打"√"；否则，打"×"。无此项内容的打"/"。

5）对一般项目合格点有要求的项目，应使其中带有数据的定量项目、定性项目必须基本达到。定量项目中每个项目必须有80%以上（混凝土保护层为90%）检测点的实测数值达到规范规定。

6）施工单位"检查记录"栏的填写，对于有数据的项目，将实测数据填入表格；超过企业标准的数字，而没有超过国家验收规范的，用"○"将其圈住；超过国家验收规范的，用"△"将其圈住。

（5）监理（建设）单位验收记录。通常监理人员应采用平行、旁站或巡回的方法进行监理，在施工过程中，对施工质量进行查看和测量，并参加施工单位的重要项目的检测。

（6）施工单位检查结果。施工单位自行检查评定合格后，应在"施工单位检查结果"栏注明"主控项目全部符合要求，一般项目满足规范要求，本检验批符合要求"。

"专业工长"和"项目专业质量检查员"栏由本人签字，以示承担责任。

（7）监理（建设）单位验收结论。主控项目、一般项目验收合格，混凝土、砂浆试件强度待试验报告出来后判定，其余项目若全部验收合格，注明"同意验收"，由专业监理工程师、建设单位的专业技术负责人签字。

知识卡五　分项工程质量验收

1. 分项工程质量验收标准

分项工程的验收在检验批的基础上进行。分项工程质量合格的条件比较简单，只要构成分项工程的各检验批的验收资料文件完整，并且均已验收合格，则分项工程验收合格。

（1）分项工程质量验收合格应符合以下规定：

1）分项工程所含的检验批均应符合质量合格规定。

2）分项工程所含的检验批的质量验收记录应完整。

（2）分项工程质量验收记录。

分项工程质量应由监理工程师（建设单位项目专业技术负责人）组织项目专业技术负责人等进行验收。

（3）分项工程质量验收流程，如图2.1.3-2所示。

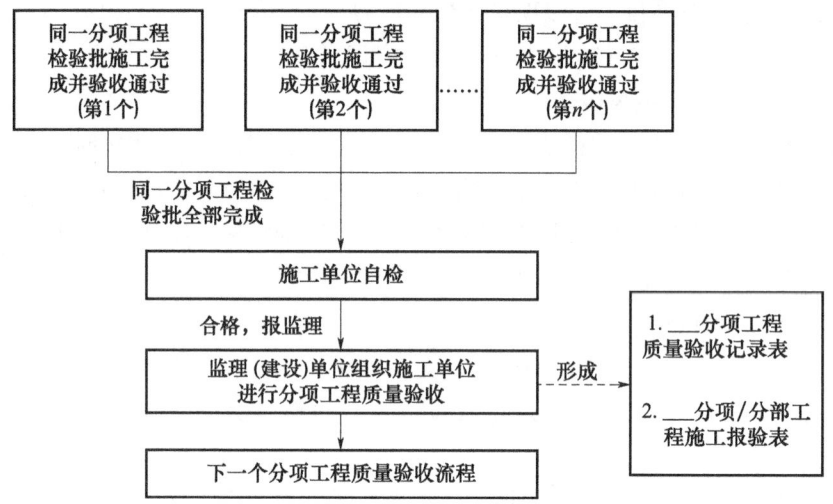

图2.1.3-2　分项工程质量验收流程

2. 分项工程质量验收记录填写内容与要求

（1）填写基本要求。

1）分项工程所包含的检验批均已完工，施工单位自检合格后，应填报"分项工程质量验收记录"。分项工程应由专业监理工程师组织施工单位项目专业技术负责人等进行验收并签认。

2）核对检验批的部位、区段是否全部覆盖分项工程的范围，确保没有遗漏的部位。

3）检查各检验批的验收资料是否完整，做好整理、登记及保管，为下一步验收打下基础。

（2）分项工程质量验收记录编号。根据《建筑工程施工质量验收统一标准》（GB 50300—2013）的附录 B 规定的分部（子分部）工程、分项工程的代码编写，写在表的右上角，每个分项工程只有一个分项工程质量验收记录，所以不编写顺序号。其编号规则如下：

1）第 1、第 2 位数字是分部工程的代码。
2）第 3、第 4 位数字是子分部工程的代码。
3）第 5、第 6 位数字是分项工程的代码。

（3）表头填写说明。

1）参见"检验批质量验收记录"的表头部分填写。
2）"分项工程数量"栏：指本分项工程的实际工程量，计量项目和单位按专业验收规范中对分项工程工程量的规定。

（4）序号填写说明。按检验批的排列顺序依次填写，当检验批项目多于一页时，增加表格，顺序排号。

（5）各检验批"施工单位检查结果"填写说明。由填表人依据检验批验收记录填写，填写"符合要求"。

（6）各检验批"监理单位验收结论"填写说明。由填表人依据检验批验收记录填写，填写"合格"。

（7）"说明"栏的填写说明。应说明所含检验批的质量验收记录是否完整。

（8）"施工单位检查结果"填写说明。

1）由施工单位项目技术负责人填写，填写"符合要求"或"验收合格"，并填写日期及签字。

2）当有分包单位施工的分项工程验收时，分包单位不签字，但应将分包单位名称、分包单位项目负责人和分包内容填到对应单元格内。

（9）"监理（建设）单位验收结论"填写说明。此栏由专业监理工程师填写，在确认各项验收合格后，填入"验收合格"，并填写日期及签字。

思想政治素养养成

（1）在施工工序完成后需要验收，在质量验收过程中可能遇到施工质量不合格的情况，因此，要具备控制质量的手段和处理问题的能力。

（2）随着现代新技术、新工艺的不断发展，建筑施工项目也与时俱进，因此，要培养学生的终身学习理念，不断学习新知识、新技能。

（3）在进行质量验收时，要严守质量观、质量第一的原则，因此，要具备坚持原则、勤恳工作的态度。

任务分组

填写表2.1.3-1,完成学生任务分配。

表2.1.3-1 学生任务分配

班 级		组 号		指导教师	
组 长		学 号			
组 员	姓 名		学 号	姓 名	学 号
任务分工					
备 注					

自主探学

任务工单1

组号＿＿＿＿＿＿＿　　姓名＿＿＿＿＿＿＿　　学号＿＿＿＿＿＿＿

引导问题：

（1）什么是质量管理体系？

＿＿＿＿＿＿＿＿＿＿＿＿＿＿＿＿＿＿＿＿＿＿＿＿＿＿＿＿＿＿＿＿＿＿

＿＿＿＿＿＿＿＿＿＿＿＿＿＿＿＿＿＿＿＿＿＿＿＿＿＿＿＿＿＿＿＿＿＿

（2）施工质量控制的依据有哪些？

＿＿＿＿＿＿＿＿＿＿＿＿＿＿＿＿＿＿＿＿＿＿＿＿＿＿＿＿＿＿＿＿＿＿

＿＿＿＿＿＿＿＿＿＿＿＿＿＿＿＿＿＿＿＿＿＿＿＿＿＿＿＿＿＿＿＿＿＿

（3）主控项目和一般项目的定义是什么？

＿＿＿＿＿＿＿＿＿＿＿＿＿＿＿＿＿＿＿＿＿＿＿＿＿＿＿＿＿＿＿＿＿＿

＿＿＿＿＿＿＿＿＿＿＿＿＿＿＿＿＿＿＿＿＿＿＿＿＿＿＿＿＿＿＿＿＿＿

任务工单 2

组号_____ 姓名_____ 学号_____

引导问题：

（1）质量检验的主要方法有哪些？
_____
_____
_____
_____

（2）施工质量检验按程度的分类有哪些？
_____
_____
_____
_____

（3）施工质量检查的方式有哪些？
_____
_____
_____
_____

合作研学

任务工单3

组号_____ 姓名_____ 学号_____

引导问题：

（1）小组交流，教师参与。选择自己所属专业，针对新建公寓楼安装工程检验批质量验收，讨论在进行验收之前要做的准备，并填写表2.1.3-2。

表2.1.3-2 安装工程检验批质量验收工作准备

所属专业：

给水排水专业□   电气专业□   暖通专业□   消防专业□

序号	项目	内容
1	安装工程检验批质量验收的依据	
2	施工单位的自检系统顺序	
3	检验批质量验收采用的方法和工具	
4	质量检验程度	
5	检验批质量检查采用的方式	
6	检验批质量检验合格的规定	
7	检验批质量验收要核查的资料	

（2）记录存在的不足。

_____
_____
_____
_____

模块 2　安装工程施工阶段

> 情境模拟

任务工单 4

组号＿＿＿＿＿＿　　　　姓名＿＿＿＿＿＿　　　　学号＿＿＿＿＿＿

引导问题：

（1）每个小组推荐一名同学分享汇报安装工程质量验收的依据、主要方法、检查方式，检验批和分项工程质量检验合格规定、所需检查的资料，以及检验批、分项工程质量验收记录表填写规则。检查和完善本组的验收准备，然后根据情境模拟填写检验批质量验收记录（见表 2.1.3-3）。

表 2.1.3-3　　　　　　　　　检验批质量验收记录（通用表格）

所属专业：

给水排水专业□　　　　电气专业□　　　　暖通专业□　　　　消防专业□

验收规范编号：　　　　　　　　　　　　　　　　　　　　　　编号：

单位（子单位）工程名称		分部（子分部）工程名称		分项工程名称	
施工单位		项目负责人		检验批容量	
分包单位		分包单位项目负责人		检验批部位	
施工依据			验收依据		

		验收项目	设计要求及规范规定	最小/实际抽样数量	检查记录	检查结果
主控项目	1			/		
	2			/		
	3			/		
	4			/		
	5			/		
	6			/		
	7			/		
	8			/		
一般项目	1			/		
	2			/		
	3			/		
	4			/		
	5			/		

施工单位检查结果	专业工长： 项目专业质量检查员： 　　　　　　　　　年　月　日
监理（建设）单位验收结论	专业监理工程师： （建设单位项目专业技术负责人）： 　　　　　　　　　年　月　日

195

（2）根据自己所属的专业，小组合作，情境模拟各专业典型检验批质量验收，认真填写检验批质量验收记录（见表2.1.3-4~表2.1.3-8）。

表2.1.3-4 卫生器具安装检验批质量验收记录

GB 50242—2002　　　　　　　　　　　　　　　　　　　　　　　　　桂建质 050401

单位（子单位）工程名称				分部（子分部）工程名称		建筑给水排水及供暖/卫生器具	分项工程名称	卫生器具安装
施工单位				项目负责人			检验批容量	
分包单位				分包单位项目负责人			检验批部位	
施工依据				建筑给水排水及供暖施工方案		验收依据	《建筑给水排水及采暖工程施工质量验收规范》（GB 50242—2002）	
验收项目				设计要求及规范规定		最小/实际抽样数量	检查记录	检查结果
主控项目	1	排水栓和地漏安装		平整、牢固，低于排水表面，周边无渗漏	试水观察检查	/		
				地漏水封高度≥50 mm		/		
	2	满水和通水试验		交工前做满水和通水试验	满水后各连接件不渗不漏；通水试验给、排水畅通	/		
一般项目	1	卫生器具允许偏差	坐标	单独器具	10 mm	拉线、吊线和尺量检查	/	
				成排器具	5 mm		/	
			标高	单独器具	±15 mm		/	
				成排器具	±10 mm		/	
		器具水平度		2 mm	水平尺和尺量检查	/		
		器具垂直度		3 mm	吊线和尺量检查	/		
	2	饰面浴盆		留有通向浴盆排水口的检修门				
	3	小便槽	冲洗管	采用镀锌钢管或硬质塑料管	观察检查	/		
			冲洗孔	向下安装，冲洗水流同墙面成45°角。镀锌钢管钻孔后应进行二次镀锌		/		
	4	卫生器具支、托架		防腐良好，安装平整、牢固，与器具接触紧密、平稳	观察和手扳检查	/		

续表

施工单位检查结果	专业工长： 项目专业质量检查员：		年　月　日
监理（建设）单位验收结论	专业监理工程师： （建设单位项目专业技术负责人）：		年　月　日

注：卫生器具的安装应采用预埋螺栓或膨胀螺栓。

表 2.1.3-5　开关、插座、风扇安装检验批质量验收记录

GB 50303—2015　　　　　　　　　　　　　　　　　　　　桂建质 070512　　　　（一）

单位（子单位）工程名称		分部（子分部）工程名称		建筑电气/电气照明安装	分项工程名称	开关、插座、风扇安装
施工单位		项目负责人			检验批容量	
分包单位		分包单位项目负责人			检验批部位	
施工依据		建筑电气施工方案		验收依据	《建筑电气工程施工质量验收规范》（GB 50303—2015）	

	验收项目		设计要求及规范规定		最小/实际抽样数量	检查记录	检查结果
主控项目	1	同一场所安装有不同类型插座	交流、直流或不同电压等级的插座安装在同一场所时，应有明显区别，插座不得互换；配套的插头应按交流、直流或不同电压等级区别使用	观察检查并用插头进行试插检查	按每检查批的插座数量抽查20%，且不得少于1个	/	
	2	插座设置标识	不间断电源插座及应急电源插座应设置标识	观察检查	按插座总数抽查10%，且不得少于1套	/	
	3	插座接线	符合注1规定	观察检查并用专用测试工具检查	按每检查批的插座型号各抽查5%，且均不得少于1套	/	
	4	照明开关安装	同一建（构）筑物的开关宜采用同一系列的产品，单控开关的通断位置一致，且操作灵活、接触可靠	观察检查、用电笔测试检查和手动开启开关检查	按每检验批的开关数量抽查5%，且按规格型号各不得少于1套	/	
			相线应经开关控制			/	
			紫外线杀菌灯的开关应有明显标识，并应与普通照明开关的位置分开		全数检查		
	5	温控器安装	温控器接线应正确，显示屏指示正常，安装标高符合设计要求	观察检查	按每检验批的数量抽查10%，且不得少于1套	/	

续表(二)

GB 50303—2015　　　　　　　　　　　　　　　　　　　桂建质070512

	验收项目	设计要求及规范规定		最小/实际抽样数量	检查记录	检查结果
主控项目	6 吊扇安装	符合注2规定	听觉检查、观察检查、尺量检查和卡尺检查	按吊扇数量抽查5%，且不得少于1套	/	
	7 壁扇安装	符合注3规定	听觉检查、观察检查和手感检查	按壁扇数量抽查5%，且不得少于1套	/	/
一般项目	1 暗装的插座盒或开关盒	暗装的插座盒或开关盒应与饰面平齐，盒内干净整洁，无锈蚀，绝缘导线不得裸露在装饰层内；面板应紧贴饰面、四周无缝隙、暗贴牢固，表面光滑，无碎裂、划伤，装饰帽（板）齐全	观察检查和手感检查	按每检验批的盒子数量抽查10%，且不得少于1个	/	
	2 插座安装	插座安装高度应符合设计要求，同一室内相同规格并列安装的插座高度宜一致	观察检查并用尺量和手感检查	按每个检验批的插座总数抽查10%，且按型号各不得少于1个	/	
		地面插座应紧贴饰面，盖板应固定牢固、密封良好			/	
	3 照明开关安装	照明开关安装高度应符合设计要求	观察检查并用尺量检查	按每检验批的开关数量抽查10%，且不得少于1个	/	
		开关安装位置便于操作，开关边缘距门框边缘的距离宜为0.15~0.2 m			/	
		相同型号并列安装高度宜一致，并列安装的拉线开关的相邻间距不宜小于20 mm			/	
	4 温控器安装	温控器安装高度应符合设计要求；同一室内并列安装的温控器高度宜一致，且控制有序不错位		按每检验批数量抽查10%，且不得少于1个	/	
	5 吊扇安装	吊扇涂层完整，表面无划痕、无污染，吊杆上、下扣碗安装应牢固到位	观察检查，用尺量和手感检查	按吊扇数量抽查10%，且不得少于1套	/	
		同一室内并列安装的吊扇开关高度一致，并应控制有序、不错位			/	

续表

GB 50303—2015　　　　　　　　　　　　　　　　　　　　桂建质070512　　（三）

验收项目		设计要求及规范规定		最小/实际抽样数量	检查记录	检查结果
一般项目	6 壁扇安装	壁扇安装高度应符合设计要求	观察检查并用尺量检查	按壁扇数量抽查10%，且不得少于1套	/	
		涂层应完整，表面无划痕、无污染，防护罩应无变形			/	
	7 换气扇安装	换气扇安装应紧贴饰面、固定可靠。无专人管理场所的换气扇宜设置定时开关	观察检查和手感检查	按换气扇数量抽查10%，且不得少于1套	/	

施工单位检查结果	专业工长： 项目专业质量检查员： 　　　　　　　　　　　　　　　　　　　　　　　　　年　月　日
监理（建设）单位验收结论	专业监理工程师： (建设单位项目专业技术负责人)： 　　　　　　　　　　　　　　　　　　　　　　　　　年　月　日

注　1. 插座接线应符合下列规定：
　　（1）对于单相两孔插座，面对插座的右孔或上孔应与相线连接，左孔或下孔应与中性导体（N）连接；对于单相三孔插座，面对插座的右孔应与相线连接，左孔应与中性导体（N）连接。
　　（2）单相三孔、三相四孔及三相五孔插座的保护接地导体（PE）应接在上孔；插座的保护接地导体端子不得与中性导体端子连接；同一场所的三相插座，其接线的相序应一致。
　　（3）保护接地导体（PE）在插座之间不得串联连接。
　　（4）相线与中性导体（N）不应利用插座本体的接线端子转接供电。
　2. 吊扇安装应符合下列规定：
　　（1）吊扇挂钩安装牢固，吊扇挂钩的直径不应小于吊扇挂销直径，且不应小于8 mm；挂钩销钉应有防振橡胶垫；挂销的防松零件应齐全、可靠。
　　（2）吊扇扇叶距地高度不应小于2.5 m。
　　（3）吊扇组装不应改变扇叶角度，扇叶的固定螺栓防松零件应齐全。
　　（4）吊杆间、吊杆与电机间螺纹连接，其啮合长度不应小于20 mm，且防松零件应齐全紧固。
　　（5）吊扇应接线正确，运转时扇叶应无明显颤动和异常声响。
　　（6）吊扇开关安装标高应符合设计要求。
　3. 壁扇安装应符合下列规定：
　　（1）壁扇底座应采用膨胀螺栓或焊接固定；固定应牢固可靠；膨胀螺栓的数量不应少于3个，且直径不应小于8 mm。
　　（2）防护罩应扣紧、固定可靠，当运转时扇叶和防护罩应无明显颤动和异常声响。

表 2.1.3-6 风管系统安装检验批质量验收记录（送风系统）

GB 50243—2016　　　　　　　　　　　　　　　　　　　　　桂建质 060103　　　　　（一）

单位（子单位）工程名称		分部（子分部）工程名称		通风与空调/送风系统	分项工程名称		风管系统安装	
施工单位		项目负责人			检验批容量			
分包单位		分包单位项目负责人			检验批部位			
施工依据	《通风与空调工程施工规范》（GB 50738—2011）			验收依据	《通风与空调工程施工质量验收规范》（GB 50243—2016）			

验收项目		设计要求及规范规定	最小/实际抽样数量				检查记录	检查结果	
			单项检验批产品数量 N	单项抽样样本数 n	检验批汇总数量 ΣN	抽样样本汇总数量 Σn		单项或汇总抽样检验不合格数量	评判结果
主控项目	1　风管支、吊架安装	预埋件位置应正确、牢固可靠，埋入部分应去除油污，且不得涂漆					查看设计图、尺量、观察检查		
		风管系统支、吊架的形式和规格应按工程实际情况选用						按 I 方案	
		风管直径大于2000 mm 或边长大于2500 mm 风管的支、吊架的安装要求，应按设计要求执行							
	2　风管穿越防火、防爆墙体或楼板	当风管穿过需要封闭的防火、防爆的墙体或楼板时，必须设置厚度不小于1.6 mm 的钢制防护套管；风管与防护套管之间应采用不燃柔性材料封堵严密					尺量、观察检查	全数检查	
	3　风管安装	风管内严禁其他管线穿越					尺量、观察检查	全数检查	
		输送含有易燃、易爆气体或安装在易燃、易爆环境的风管系统，必须设置可靠的防静电接地装置							

续表（二）

GB 50243—2016　　　　　　　　　　　　　　　　　　桂建质060103

	验收项目	设计要求及规范规定		最小/实际抽样数量				检查记录	检查结果	
				单项检验批产品数量 N	单项抽样样本数 n	检验批汇总数量 ΣN	抽样样本汇总数量 Σn		单项或汇总抽样检验不合格数量	评判结果
主控项目	3　风管安装	输送含有易燃、易爆气体的风管系统通过生活区或其他辅助生产房间时，不得设置接口	尺量、观察检查	全数检查						
		室外风管系统的拉索等金属固定件严禁与避雷针或避雷网连接								
	4　风管防烫伤措施	外表温度高于60 ℃，且位于人员易接触部位的风管，应采取防烫伤的措施	观察检查	按Ⅰ方案						
	5　风管部件安装	风管部件及操作机构的安装应便于操作	吊垂、手板、尺量、观察检查	按Ⅰ方案						
		止回阀、定风量阀的安装方向应正确								
		防爆波活门、防爆超压排气活门安装时，穿墙管的法兰和在轴线视线上的杠杆应铅垂，活门开启应朝向排气方向，在设计的超压下能自动启闭。关闭后，阀盘与密封圈应贴合严密								
		防火阀、排烟阀（口）的安装位置、方向应正确。位于防火分区隔墙两侧的防火阀，距墙表面不应大于200 mm								

续表（三）

GB 50243—2016　　　　　　　　　　　　　　　　　　　　　　　　　　桂建质060103

验收项目		设计要求及规范规定	最小/实际抽样数量				检查记录	检查结果		评判结果
			单项检验批产品数量 N	单项抽样样本数 n	检验批汇总数量 ΣN	抽样样本汇总数量 Σn		单项或汇总抽样检验不合格数量		
主控项目	6 风口的安装	风口的安装位置应符合设计要求，风口或结构风口与风管的连接应严密牢固，不应存在可察觉的漏风点或部位，风口与装饰面贴合应紧密。X射线发射房间的送、排风口应采取防止射线外泄的措施	观察检查	按Ⅰ方案						
	7 风管严密性检验	当风管系统严密性检验出现不合格时，除应修复不合格的系统外，受检方应申请复验或复检	除微压系统外，严密性测试按本规范附录C中的规定执行	微压系统，按工艺质量要求实行全数观察检验；低压系统，按Ⅱ方案实行抽样检验；中压系统，按Ⅰ方案实行抽样检验；高压系统，全数检验						
		净化空调系统进行风管严密性检验时，N1级至N5级的系统按高压系统风管的规定执行；N6级至N9级，且工作压力小于或等于1500 Pa，均按中压系统风管的规定执行								
	8 病毒实验室风管安装	病毒实验室通风与空调系统的风管安装连接应严密，允许渗漏量应符合设计要求	观察检查，查验现场漏风质量检测报告	全数检查						

续表（四）

GB 50243—2016　　　　　　　　　　　　　　　　　　　　　桂建质060103

验收项目			设计要求及规范规定	检查方法	最小/实际抽样数量				检查记录	检查结果	
					单项检验批产品数量 N	单项抽样样本数 n	检验批汇总数量 ΣN	抽样样本汇总数量 Σn		单项或汇总抽样检验不合格数量	评判结果
一般项目	1	风管的支、吊架	金属风管水平安装，当直径或边长小于或等于400 mm时，支、吊架间距不应大于4 m；当直径或边长大于400 mm时，间距不应大于3 m。螺旋风管的支、吊架的间距可为5 m与3.75 m；薄钢板法兰风管的支、吊架间距不应大于3 m。若金属风管垂直安装，应设置至少2个固定点，支架间距不应大于4 m	尺量、观察检查	按Ⅱ方案						
			支、吊架的设置不应影响阀门、自控机构的正常动作，且不应设置在风口、检查门处，离风口和分支管的距离不宜小于200 mm								
			当悬吊的水平主、干风管直线长度大于20 m时，应设置防晃支架或防止摆动的固定点								
			矩形风管的抱箍支架，折角应平直，抱箍应紧贴风管。圆形风管的支架应设托座或抱箍，圆弧应均匀，且应与风管外径一致								
			风管或空调设备使用的可调节减振支、吊架，拉伸或压缩量应符合设计要求								

续表（五）

GB 50243—2016			桂建质060103						
验收项目		设计要求及规范规定	最小/实际抽样数量				检查记录	检查结果	
			单项检验批产品数量 N	单项抽样样本数 n	检验批汇总数量 ΣN	抽样样本汇总数量 Σn		单项或汇总抽样检验不合格数量	评判结果
一般项目	2 风管系统的安装	风管应保持清洁，管内不应有杂物和积尘					尺量、观察检查	按Ⅱ方案	
		风管安装的位置、标高、走向，应符合设计要求。现场风管接口的配置应合理，不得缩小其有效截面							
		法兰的连接螺栓应均匀拧紧，螺母宜在同一侧							
		风管接口的连接应严密、牢固。风管法兰的垫片材质应符合系统功能的要求，厚度不应小于3 mm。垫片不应凹入管内，且不宜凸出法兰外；垫片接口交叉长度不应小于30 mm							
		风管与砖、混凝土风道的连接接口，应顺着气流方向插入，并应采取密封措施。风管穿出屋面处应设置防雨装置，且不得渗漏							
		外保温风管必需穿越封闭的墙体时，应加设套管							

续表(六)

GB 50243—2016 桂建质 060103

验收项目			设计要求及规范规定	最小/实际抽样数量				检查记录	检查结果	
				单项检验批产品数量 N	单项抽样样本数 n	检验批汇总数量 ΣN	抽样样本汇总数量 Σn		单项或汇总抽样检验不合格数量	评判结果
一般项目	2	风管系统的安装	风管的连接应平直。当明装风管水平安装时,水平度的允许偏差应为3‰,总偏差不应大于 20 mm;当明装风管垂直安装时,垂直度的允许偏差应为 2‰,总偏差不应大于 20 mm。暗装风管安装的位置应正确,不应有侵占其他管线安装位置的现象					尺量、观察检查		
			金属无法兰连接风管的安装 — 风管连接处应完整,表面应平整							
			金属无法兰连接风管的安装 — 承插式风管的四周缝隙应一致,不应有折叠状褶皱。内涂的密封胶应完整,外粘的密封胶带应粘贴牢固						按Ⅱ方案	
			金属无法兰连接风管的安装 — 矩形薄钢板法兰风管可采用弹性插条、弹簧夹或U形紧固螺栓连接。连接固定的间隔不应大于150 mm,净化空调系统风管的间隔不应大于 100 mm,且分布应均匀。当采用弹簧夹连接时,宜采用正反交叉固定方式,且不应松动							

续表（七）

GB 50243—2016　　　　　　　　　　　　　桂建质060103

	验收项目	设计要求及规范规定	最小/实际抽样数量				检查记录	检查结果	
			单项检验批产品数量 N	单项抽样样本数 n	检验批汇总数量 ΣN	抽样样本汇总数量 Σn		单项或汇总抽样检验不合格数量	评判结果
一般项目	2 金属无法兰连接风管的安装 风管系统的安装	采用平插条连接的矩形风管，连接后板面应平整	尺量、观察检查	按Ⅱ方案					
		置于室外与屋顶的风管，应采取与支架相固定的措施							
	3 含凝结水或其他液体的风管	除尘系统风管宜垂直或倾斜敷设。当倾斜敷设时，风管与水平夹角宜大于或等于45°；当现场条件限制时，可采用小坡度和水平连接管。含有凝结水或其他液体的风管，坡度应符合设计要求，并应在最低处设排液装置	尺量、观察检查	按Ⅱ方案					
	4 柔性短管安装	柔性短管的安装，应松紧适度，目测平顺、不应有强制性的扭曲。可伸缩金属或非金属柔性风管的长度不宜大于 2 m。柔性风管支、吊架的间距不应大于 1500 mm，承托的座或箍的宽度不应小于 25 mm，两支架间风道的最大允许下垂应为 100 mm，且不应有死弯或塌凹	尺量、观察检查	按Ⅱ方案					
	5 非金属风管安装	风管连接应严密，法兰螺栓两侧应加镀锌垫圈	尺量、观察检查	按Ⅱ方案					

续表(八)

桂建质060103

GB 50243—2016

验收项目			设计要求及规范规定	最小/实际抽样数量				检查记录	检查结果	
				单项检验批产品数量 N	单项抽样样本数 n	检验批汇总数量 ΣN	抽样样本汇总数量 Σn		单项或汇总抽样检验不合格数量	评判结果
一般项目	5	非金属风管安装	硬聚氯乙烯风管的安装	当风管垂直安装时，支架间距不应大于3 m					尺量、观察检查	按Ⅱ方案		
				采用承插连接的圆形风管，当直径小于或等于200 mm时，插口深度宜为40~80 mm，粘接处应严密、牢固						
				当采用套管连接时，套管厚度不应小于风管壁厚，长度宜为150~250 mm						
				当采用法兰连接时，垫片宜采用3~5 mm软聚氯乙烯板或耐酸橡胶板						
				当风管直管连续长度大于20 m时，应按设计要求设置伸缩节，支管的重量不得由干管承受						
				风管所用的金属附件和部件，均应进行防腐处理						

续表（九）

GB 50243—2016　　　　　　　　　　　　　　　　　　桂建质060103

验收项目			设计要求及规范规定	最小/实际抽样数量				检查记录	检查结果	
				单项检验批产品数量 N	单项抽样样本数 n	检验批汇总数量 ∑N	抽样样本汇总数量 ∑n		单项或汇总抽样检验不合格数量	评判结果
一般项目	6	复合材料风管安装	复合材料风管的连接处，接缝应严密、牢固，不应有孔洞和开裂。当采用插接连接时，接口应匹配，不应松动，端口缝隙不应大于5 mm	尺量、观察检查				按Ⅱ方案		
			复合材料风管采用金属法兰连接时，应采取防冷桥的措施							
		酚醛铝箔复合板风管与聚氨酯铝箔复合板风管的安装	插接连接法兰的不平整度应小于或等于2 mm，插接连接的长度应与连接法兰齐平，允许偏差应为-2 mm~+0 mm							
			插接连接法兰四角的插条端头与护角，应有密封胶封堵							
			中压风管的插接连接法兰之间应加密封垫或采取其他密封措施							
		玻璃纤维复合板风管的安装	风管的铝箔复合面与丙烯酸等树脂涂层不得损坏，风管的内角接缝处应采用密封胶勾缝							

续表(十)

GB 50243—2016　　　　　　　　　　　　　　　　　　　桂建质060103

		验收项目	设计要求及规范规定	最小/实际抽样数量				检查记录	检查结果	
				单项检验批产品数量 N	单项抽样样本数 n	检验批汇总数量 ΣN	抽样样本汇总数量 Σn		单项或汇总抽样检验不合格数量	评判结果
一般项目	6	复合材料风管安装	玻璃纤维复合板风管的安装：榫连接风管的连接应在榫口处涂胶粘剂，连接后在外接缝处应采用扒钉加固，间距不宜大于50 mm，并宜采用宽度大于或等于50 mm的热敏胶带粘贴密封	尺量、观察检查	按Ⅱ方案					
			当采用槽形插接等连接构件时，风管端切口应采用铝箔胶带或刷密封胶封堵							
			采用槽型钢制法兰或插条式构件连接的风管，风管外壁钢抱箍与内壁金属内套，应采用镀锌螺栓固定，螺孔间距不应大于120 mm，螺母应安装在风管外侧。螺栓穿过的管壁处应进行密封处理							
			风管垂直安装宜采用"井"字形支架，连接应牢固							
			玻璃纤维增强氯氧镁水泥复合材料风管，应采用粘接连接。当直管长度大于30 m时，应设置伸缩节							

续表(十一)

GB 50243—2016　　　　　　　　　　　　　　桂建质060103

验收项目		设计要求及规范规定	最小/实际抽样数量				检查记录	检查结果	
			单项检验批产品数量 N	单项抽样样本数 n	检验批汇总数量 ΣN	抽样样本汇总数量 Σn		单项或汇总抽样检验不合格数量	评判结果
一般项目	7 风阀的安装	风阀应安装在便于操作及检修的部位。安装后，手动或电动操作装置应灵活可靠，阀板关闭应严密	尺量、观察检查				按Ⅱ方案		
		直径或长边尺寸大于或等于630 mm的防火阀，应设独立支、吊架							
		排烟阀（排烟口）及手控装置（包括钢索预埋套管）的位置应符合设计要求。钢索预埋套管弯管不应大于2个，且不得有死弯及瘪陷；安装完毕后应操控自如，无卡涩等现象							
	8 排风口、吸风罩（柜）安装	排风口、吸风罩（柜）的安装应排列整齐、牢固可靠，安装位置和标高允许偏差应为±10 mm，水平度的允许偏差应为3‰，且不得大于20 mm	尺量、观察检查				按Ⅱ方案		
	9 风帽安装	风帽安装应牢固，连接风管与屋面或墙面的交接处不应渗水	尺量、观察检查				按Ⅱ方案		
	10 消声器及静压箱安装	在安装消声器及静压箱时，应设置独立支、吊架，固定应牢固	观察检查				按Ⅱ方案		
		当回风箱作为静压箱时，回风口处应设置过滤网							

续表 （十二）

GB 50243—2016　　　　　　　　　　　　　　　　　　　　　　　　　　　　　桂建质060103

	验收项目	设计要求及规范规定	最小/实际抽样数量				检查记录	检查结果	
			单项检验批产品数量 N	单项抽样样本数 n	检验批汇总数量 ΣN	抽样样本汇总数量 Σn		单项或汇总抽样检验不合格数量	评判结果
一般项目	11 风管内过滤器的安装	过滤器的种类、规格应符合设计要求	按Ⅱ方案				观察检查		
		过滤器应便于拆卸和更换							
		过滤器与框架及框架与风管或机组壳体之间连接应严密							

施工单位检查结果	专业工长： 项目专业质量检查员： 　　　　　　　　　　　　　　　　　　　　　　　年　月　日
监理（建设）单位验收结论	专业监理工程师： （建设单位项目专业技术负责人）： 　　　　　　　　　　　　　　　　　　　　　　　年　月　日

注：按照《通风与空调工程施工质量验收规范》（GB 50243—2016）3.0.10条的相关规定，产品合格率大于或等于95%的抽样评定方案，应定为第Ⅰ抽样方案，简称Ⅰ方案，主要适用于主控项目；产品合格率大于或等于85%的抽样评定方案，应定为第Ⅱ抽样方案，简称Ⅱ方案，主要适用于一般项目。

表2.1.3-7 室内消火栓系统安装检验批质量验收记录

GB 50242—2002　　　　　　　　　　　　　　　　　　　　　　　　　　　　　　桂建质050103

单位（子单位）工程名称		分部（子分部）工程名称		分项工程名称	
施工单位		项目负责人		检验批容量	
分包单位		分包单位项目负责人		检验批部位	
施工依据	建筑给水排水及供暖施工方案		验收依据	《建筑给水排水及采暖工程施工质量验收规范》（GB 50242—2002）	

	验收项目	设计要求及规范规定		最小/实际抽样数量	检查记录	检查结果
主控项目	消火栓试射试验	在安装完成后，取屋顶层（或水箱间内）试验消火栓和首层取二处消火栓做射试验，达到设计要求为合格		实地试射检查	/	
一般项目	1 消火栓水龙带安装	水龙带与水枪和快速接头绑扎好后，应根据箱内构造将水龙带挂放在箱内的挂钉、托盘或支架上		观察检查	/	
	2 箱式消火栓安装	栓口朝外，并不应安装在门轴侧		观察和尺量检查	/	
		栓口中心距地面为1.1 m	允许偏差±20mm		/	
		阀门中心距箱侧面为140 mm	允许偏差±5mm		/	
		阀门中心距箱后内表面为100 mm			/	
		垂直度允许偏差	3 mm		/	

施工单位检查结果	专业工长： 项目专业质量检查员： 　　　　　　　　　　　　　　　　　　　　　　　　　　年　月　日
监理（建设）单位验收结论	专业监理工程师： （建设单位项目专业技术负责人）： 　　　　　　　　　　　　　　　　　　　　　　　　　　年　月　日

注：本表适用于工作压力不大于1.0 MPa的室内消火栓系统安装工程。

模块 2　安装工程施工阶段

表 2.1.3-8　消防喷淋系统安装检验批质量验收记录

桂建质 050104

单位（子单位）工程名称		分部（子分部）工程名称		分项工程名称	
施工单位		项目负责人		检验批容量	
分包单位		分包单位项目负责人		检验批部位	
施工依据			验收依据		

验收项目		设计要求及规范规定	最小/实际抽样数量	检查记录	检查结果
主控项目	1			/	
	2			/	
	3			/	
	4			/	
	5			/	
	6			/	
	7			/	
	8			/	
	9			/	
	10			/	
一般项目	1			/	
	2			/	
	3			/	
	4			/	
	5			/	

施工单位检查结果	专业工长： 项目专业质量检查员： 年　月　日
监理（建设）单位验收结论	专业监理工程师： (建设单位项目专业技术负责人)： 年　月　日

（3）所有的检验批质量验收合格后，即可进行相应分项工程的质量验收，请对照分项工程质量验收合格的基本条件准备材料，填写质量验收记录表（见表2.1.3-9）。

表2.1.3-9 _____分项工程质量验收记录

所属专业：

给水排水专业□　　　　　电气专业□　　　　　暖通专业□　　　　　消防专业□

单位（子单位）工程名称		分部（子分部）工程名称			
分项工程数量		检验批数量			
施工单位		项目负责人		项目技术负责人	
分包单位		分包单位项目负责人		分包内容	
序　号	检验批名称	检验批容量	部位/区段	施工单位检查结果	监理单位验收结论
1					
2					
3					
4					
5					
6					
7					
8					
9					
10					
说明：					
施工单位检查结果		项目专业技术负责人： 　　　　　　　　　　年　　月　　日			
监理（建设）单位验收结论		专业监理工程师： (建设单位项目专业技术负责人)： 　　　　　　　　　　年　　月　　日			

（4）记录存在的不足。

评价反馈

结合任务完成情况,扫描以下二维码,完成个人自评、组内互评、小组组间评价和教师评价。

评价反馈

拓展延学

(1)《建筑给水排水及采暖工程施工质量验收规范》(GB 50242—2002)。
(2)《建筑电气工程施工质量验收规范》(GB 50303—2015)。
(3)《通风与空调工程施工质量验收规范》(GB 50243—2016)。
(4)《电梯工程施工质量验收规范》(GB 50310—2012)。
(5)《智能建筑工程质量验收规范》(GB 50339—2013)。

任务 2.2 进度控制管理

子任务 2.2.1 施工进度计划的分析与调整

任务描述

按照合同，新建公寓楼安装工程的施工工期为 16 周，其施工进度计划如图 2.2.1-1 所示（时间单位：周），各工作均按匀速施工。

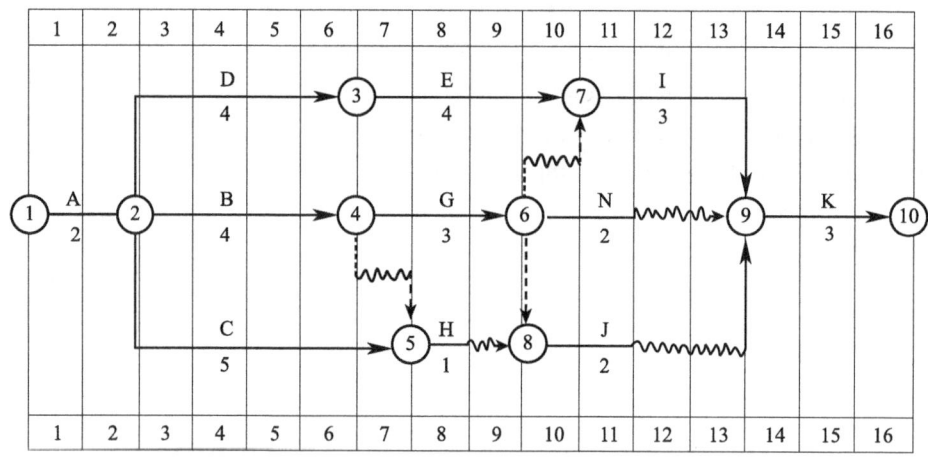

图 2.2.1-1 新建公寓楼安装工程施工进度计划

工程施工到第 4 周时进行进度检查，发生如下事件：

事件 1：工作 A 已经完成，但由于设计图纸局部修改，实际完成的工程量超出了 40 m³，工作持续时间未变。

事件 2：工作 B 施工时，遇到异常恶劣的气候，造成施工单位的施工机械损坏和施工人工窝工，实际只完成估算工程量的 25%。

事件 3：工作 C 为检验检测配合工作，只完成了估算工程量的 20%。

事件 4：施工中发现实际施工条件不满足要求，导致工作 D 尚未开始。

【问题】

（1）根据第 4 周的检查结果，比较实际进度与计划进度，逐项分析 B、C、D 三项工作的实际进度对工期的影响，并说明理由。

（2）若施工单位在第 4 周周末就 B、C、D 三项工作出现的进度偏差提出工程延期的要求，项目监理机构应批准工程延期多长时间？为什么？

（3）针对实际进度发生的偏差，可以采取怎样的调整措施呢？

模块2 安装工程施工阶段

学习目标

1. 知识目标

（1）能描述进度计划调整程序。
（2）能说出横道图比较法、前锋线比较法的定义。
（3）能列出进度计划的控制措施和调整方法。

2. 能力目标

（1）能绘制前锋线比较法。
（2）会分析实际进度与进度计划的偏差。
（3）能提出进度计划的调整措施。

3. 素质目标

（1）养成与时俱进、事物向前发展的辩证思维方式。
（2）具备发现问题、分析问题和解决问题的能力。
（3）具备严谨踏实的职业素养，增强责任感。

任务分析

1. 重点

（1）进度计划调整的程序。
（2）前锋线比较法的绘制。
（3）进度计划与实际进度的偏差分析。

2. 难点

（1）进度计划调整的程序。
（2）进度计划与实际进度的偏差分析。

相关知识链接

知识卡一　进度计划动态管理认知

在项目实施过程中，对进度计划的执行、检查和修改采取必要的、适时的管理活动，这是进度计划必需的动态管理控制。进度计划无论制订得多么严谨、合理，毕竟还是人们主观设想，在实施过程中，由于种种原因，不可避免地会出现各种干扰因素和风险，使进度计划产生偏离。为此，进度计划管理人员必须掌握动态管理原理，通过不断的检查、测量、分析和调整，并制定特殊情况下的赶工措施，保证进度计划能够及时地、有效地得到控制和实施。为保证进度计划及时得到有效的控制和实施，必须建立对进度计划进行监测调整的动态管理控制。

217

(1) 建立专门的管理机构和相应的管理制度，明确相关管理人员的责任和权限。

(2) 建立进度计划监测系统，如图 2.2.1-2 所示。

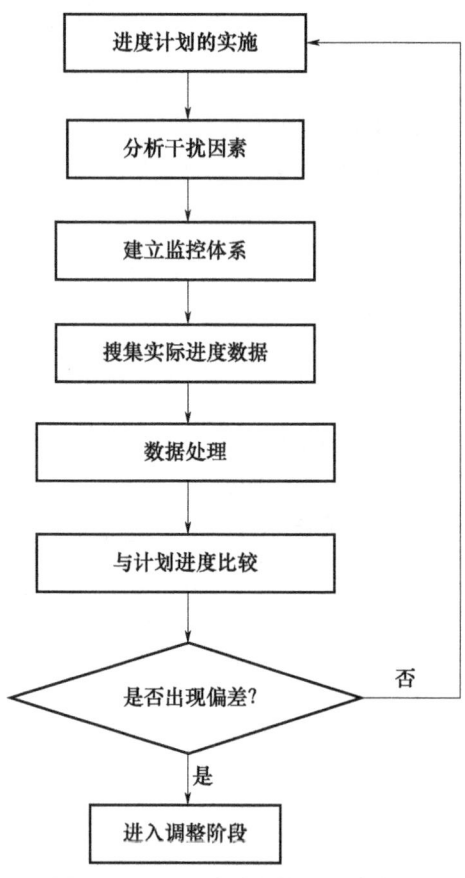

图 2.2.1-2　进度计划监测系统流程

跟踪检查进度计划的执行情况和进度是进度计划执行信息的主要来源，也是进度分析和调整的依据，更是进度控制的关键步骤。跟踪检查的主要工作是定期收集反映工程实际进度的有关数据。收集的数据应当全面、真实、可靠，不完整或不正确的进度数据将导致判断不准确或决策失误。为了进行实际进度与进度计划的比较，必须对收集的实际进度数据进行加工处理，形成与进度计划的可比性，以确定实际执行情况与计划目标之间的差距，判断是否超前或滞后，是否需要调整。

(3) 建立进度计划调整系统，如图 2.2.1-3 所示。当需要采取调整措施时，应当首先确定可调整的范围，主要指关键节点、后续工作的限制条件，以及总工期允许变化的范围。这些限制条件主要与合同条件、自然因素和社会因素有关，需要认真分析后才能确定。调整之后的进度计划应采取相应的组织、经济、技术和管理措施执行，并继续监测其执行情况。

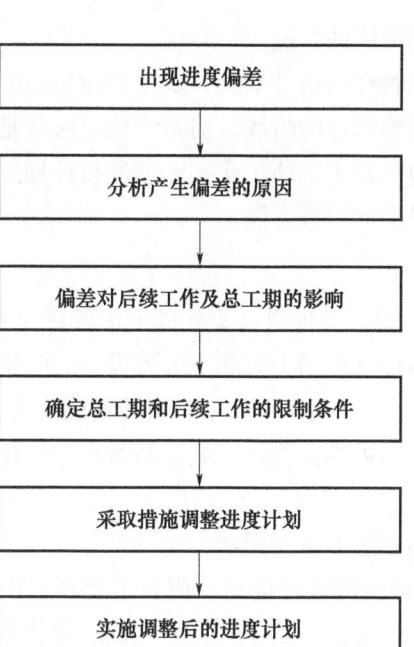

图 2.2.1-3　进度计划调整系统流程

知识卡二　横道图比较法

进度网络计划的动态管理控制是一个发现问题、分析问题和解决问题的连续的系统过程。

1. 进度计划的控制内容

（1）检查进度计划的实施情况，找出偏离计划的偏差，发现影响计划实施的干扰因素及计划制订本身存在的不足。

（2）确定调整措施，采取纠偏行动，确保施工组织与管理过程正常运行，顺利完成事先确定的各项计划目标。

2. 横道图比较法

横道图比较法是把在项目施工中检查实际进度收集的信息经整理后直接用横道线与原计划的横道线并列标在一起，进行直观比较的方法。

知识卡三　前锋线比较法

前锋线比较法是将根据进度检查日期各项工作实际达到的位置所绘制出的进度前锋线与检查日期线进行对比，确定实际进度与进度计划偏差的一种方法。它主要适用于时标网络计划，且各项工作是匀速进展的情况。

所谓前锋线，是指在原时标网络计划上，从检查时刻的时标点出发，用点画线依次将各项工作实际进展位置点连接而成的折线。前锋线比较法就是通过实际进度前锋线与原进度计划中各工作箭线交点的位置来判断工作实际进度与计划进度的偏差，进而判定该偏差对后续工作及总工期影响程度的一种方法。

1. 前锋线比较法步骤

（1）绘制时标网络计划图。工程项目实际进度前锋线是在时标网络计划图上标示的，为清晰起见，可在时标网络计划图的上方和下方各设一时间坐标。

（2）绘制实际进度前锋线。一般从时标网络计划图上方时间坐标的检查日期开始绘制，依次连接相邻工作的实际进展位置点，最后与时标网络计划图下方坐标的检查日期相连接。

工作实际进展位置点的标定方法有两种：

1）按该工作已完任务量比例进行标定。假设工程项目中各项工作均为匀速进展，根据实际进度检查时刻该工作已完任务量占其计划完成总任务量的比例，在工作箭线上从左至右按相同的比例标定其实际进展位置点。

2）按尚需作业时间进行标定。当某些工作的持续时间难以按实物工程量来计算而只能凭经验估算时，可以先估算出检查时刻到该工作全部完成尚需作业的时间，然后在该工作箭线上从右向左逆向标定其实际进展位置点。

2. 进行实际进度与计划进度的比较

前锋线可以直观地反映出检查日期有关工作实际进度与进度计划之间的关系。对某项工作来说，其实际进度与进度计划之间的关系可能存在以下三种情况：

（1）工作实际进展位置点落在检查日期的左侧，表明该工作实际进度拖后，拖后的时间为二者之差。

（2）工作实际进展位置点与检查日期重合，表明该工作实际进度与进度计划一致。

（3）工作实际进展位置点落在检查日期的右侧，表明该工作实际进度超前，超前的时间为二者之差。

3. 判断进度偏差对后续工作及总工期的影响

通过实际进度与计划进度的比较确定进度偏差后，还可根据工作的自由时差和总时差预测该进度偏差对后续工作及项目总工期的影响。由此可见，前锋线比较法既适用于工作实际进度与进度计划之间的局部比较，又可用来分析和预测工程项目整体进度状况。

知识卡四　进度计划控制措施及调整

1. 进度计划控制措施

进度计划的控制措施主要有组织措施、经济措施、技术措施和管理措施。

(1) 组织措施。

1) 系统的目标决定了系统的组织。组织机构及体制是计划目标能否实现的决定性因素。

2) 建立健全项目管理体系,应设置专职部门和具有岗位资格的人员负责进度控制工作。

3) 进度控制的主要环节包括进度目标的分析和论证、进度计划的编制、定期跟踪、调整纠偏。

4) 建立进度报告、进度信息沟通网络、进度实施中的检查分析以及工程变更等管理体制。

5) 设置专人负责,抓好碰头协调会、生产调度会等生产会议,做好会议签到和会议记录。

(2) 经济措施。

1) 及时办理工程预付款及工程进度款。

2) 加快进度应考虑应急赶工费用及工期提前给予的奖励。

3) 由于建设单位的影响而造成的工程延误,应按规定收取误期赔偿费。

(3) 技术措施。

1) 采用技术先进、经济合理的施工方案。

2) 选用先进的施工机具及工艺。

(4) 管理措施。

1) 加强计划编制的整体观点,竭力避免出现各种独立互不联系的分项计划。

2) 在重视进度计划编制的同时,要重视进度计划的动态调整。

3) 重视对进度计划方案的比较和优选。

4) 采用工程网络计划,有利于实现进度控制的科学管理。

5) 严格控制合同变更,尽量减少由此而引起的工程延续。

2. 进度计划调整方法

进度计划调整主要采用以下几种方法。

(1) 缩短某些工作的持续时间。通过缩短网络计划中的关键线路上工作的持续时间来缩短工期。这种方法不影响工作之间的顺序。

1) 组织措施:增加工作面,组织更多的施工队伍,增加每天的工作时间,增加施工机械等。

2) 技术措施:改进施工工艺,采用更先进的施工方法等。

3) 经济措施:包干奖励。

(2) 改变某些工作的逻辑关系。

1) 将顺序作业改为平行作业。该方法适用于大型建设工程。

2) 采用搭接作业或分段组织流水作业来调整进度计划。该方法适用于单位工程。

(3) 同时采用缩短工作持续时间和改变工作之间的逻辑关系对进度计划进行调整,以满足工期目标的要求。

进度计划主要用来控制施工进度,也可用于工期索赔和费用索赔。当工期延长非承包单位的责任时,承包单位有权要求延长工期,还有权提出费用赔偿要求,以弥补由此造成的损失。

1) 工期索赔。由于合同当事人不可预见的因素,如恶劣气候、地震、洪水、爆炸或工程变更、地质条件变化、文物、地下障碍物等,造成工期延误,承包单位要及时做好记录,向监理工程师提出申请,以便合理确定延期时间。

2) 工期费用综合索赔。若不可预见的因素,不但造成工期延误,还造成承包单位人力和物力的经济损失,承包单位可以根据施工合同和进度计划,通过科学合理的计算,向建设单位进行索赔。

思想政治素养养成

(1) 项目施工之前制订了进度计划,但在实施过程中可能会因某些原因导致实际进度与进度计划产生偏差。因此,要做好纠偏的准备,要养成与时俱进、事物向前发展的辩证思维方式。

(2) 当实际进度与进度计划不一致时,要及时找出导致实际进度与进度计划不一致的原因,然后找到解决的措施。因此,要培养具备发现问题、分析问题和解决问题的能力。

(3) 工程项目的进度在一定程度上影响了工程项目的成本。俗话说"时间就是金钱"。其实就是说,如果工程实际进度滞后于进度计划,将会影响后续的工作及成本。因此,要时刻关注工程的进度,要有严谨踏实的职业素养,在监测进度的过程中要增强责任感。

任务分组

填写表 2.2.1-1,完成学生任务分配。

表 2.2.1-1 学生任务分配

班 级		组 号		指导教师	
组 长		学 号			
组 员	姓 名		学 号	姓 名	学 号
任务分工					
备 注					

自主探学

任务工单 1

组号_____ 姓名_____ 学号_____

引导问题：

（1）施工进度计划动态管理的意义是什么？

_____
_____
_____
_____
_____

（2）请列出进度计划调整系统的程序。

_____
_____
_____
_____
_____

任务工单 2

组号_____ 姓名_____ 学号_____

引导问题：

施工进度计划控制措施主要有哪四种？

_____
_____
_____
_____
_____

合作研学

任务工单3

组号_____ 姓名_____ 学号_____

引导问题：

（1）采用哪种方法进行实际进度与进度计划的比较？

_____

（2）小组交流，教师参与，根据新建公寓楼工程安装实际进度，绘制实际进度前锋线（见图2.2.1-4）。

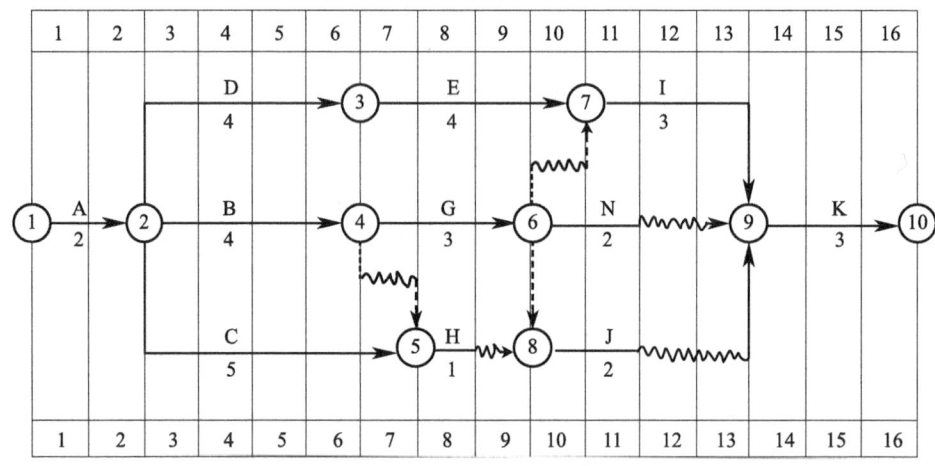

图2.2.1-4　绘制实际进度前锋线

（3）分析实际进度与进度计划的偏差，并说明理由。

工作A：_____

工作B：_____

工作C：_____

工作D：_____

（4）分析B、C、D三项工作对后续工作和总工期的影响。

工作B：_____

工作C：_____

工作D：_____

（5）在第4周周末，施工单位是否可提出工期延期要求？请说明原因。

_____

_____

(6)针对第4周周末的施工实际进度,为了不延误工期,可以采取怎样的措施进行调整?
___
___
___

(7)记录存在的不足。
___
___
___
___

> 展示赏学

任务工单4

组号_____ 姓名_____ 学号_____

引导问题:

(1)每个小组推荐一个同学分享汇报在第4周检查施工进度时所发生事件的影响及解决方法,并完成表2.2.1-2。

表2.2.1-2 安装工程施工进度计划纠偏结论

组 别		成 员	
项 目	内 容		
B、C、D三项工作是否对工期有影响?			
是否可以申请批准延长工期?			
调整措施			

(2)记录存在的不足。
___
___
___
___

评价反馈

结合任务完成情况,扫描以下二维码,完成个人自评、组内互评、小组组间评价和教师评价。

评价反馈

拓展延学

【综合案例】某施工单位与建设单位签订安装工程施工合同,合同工期为 20 个月,合同签订以后,施工单位编制了一份初始网络计划,如图 2.2.1-5 所示。

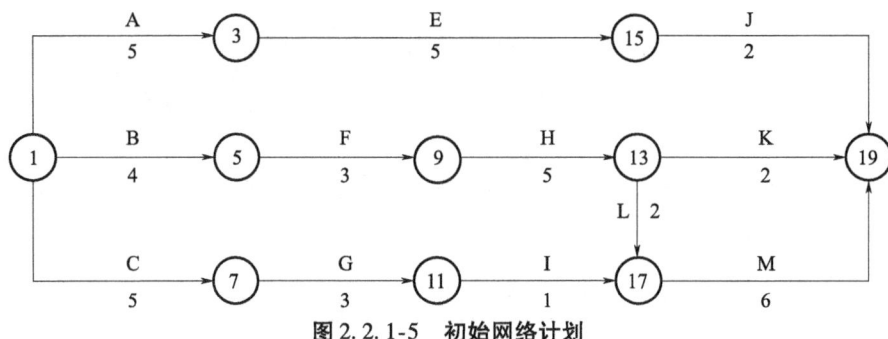

图 2.2.1-5 初始网络计划

问题:

(1) 该网络计划能否满足合同要求?

(2) 由于该安装工程施工工艺的要求,计划中工作 G、工作 H 和工作 J 需共用一台施工机械设备,为此需要对初始网络计划调整。请绘出调整后的网络进度计划图。

任务 2.3　成本控制管理

子任务 2.3.1　成本控制的认知

任务描述

成本控制管理是保证实现项目施工成本目标的管理,是项目经理部对施工成本进行管理的工具。它是以货币形式编制工程项目在计划期内的生产费用、成本水平、成本降低率以及降低成本所采取的主要措施和规则的书面方案,是开展成本控制和核算的基础。

新建公寓楼安装之前需要做施工成本计划,以便在施工进度过程中对施工成本进行控制,保证施工决算不超施工预算。请根据新建公寓楼安装工程的实际情况,制订成本计划。

学习目标

1. **知识目标**

（1）能说出施工成本的组成。
（2）能说出施工成本的控制、核算内容。
（3）能说出施工成本管理的措施。
（4）能列出施工成本控制的步骤。
（5）能列出施工成本控制的方法。

2. **能力目标**

（1）能够编制项目的施工成本。
（2）能够对项目的施工成本进行控制。

3. **素质目标**

（1）坚守廉洁奉公、严于律己、清白做人的信念,具备良好的职业操守和专业精神。
（2）倡导节约能源、资源均衡分配的原则,践行生态文明观。

任务分析

1. **重点**

（1）编制项目的施工成本。
（2）对项目的施工成本进行控制。

施工成本概述　　成本管理的内容和措施

2. 难点

（1）编制项目的施工成本。

（2）对项目的施工成本进行控制。

成本计划的控制

相关知识链接

施工成本是指在建设工程项目的施工过程中所发生的全部生产费用的总和，包括所消耗的原材料、辅助材料、构配件等的费用，周转材料的摊销费或租赁费等，施工机械的使用费或租赁费等，支付给生产工人的工资、奖金、工资性质的津贴等，以及进行施工组织与管理所发生的全部费用支出。

知识卡一　施工成本组成

施工成本由直接成本和间接成本所组成。

直接成本是指施工过程中耗费的构成工程实体或有助于工程实体形成的各项费用支出，它是指可以直接计入工程对象的费用，包括人工费、材料费、施工机械使用费和施工措施费等。

间接成本是指为施工准备、组织和管理施工生产的全部费用的支出，是非直接用于也无法直接计入工程对象，但为进行工程施工所必须发生的费用，包括管理人员工资、办公费、差旅交通费等。

根据建筑产品成本运行规律，成本管理责任体系应包括组织管理层和项目管理层。组织管理层的成本管理除生产成本以外，还包括经营管理费用；项目管理层应对生产成本进行管理。组织管理层贯穿于项目投标、实施和结算过程，体现效益中心的管理职能；项目管理层则着眼于执行组织确定的施工成本管理目标，发挥现场生产成本控制中心的管理职能。

现以某建筑企业构成为例进行说明，如表2.3.1-1所示。

表2.3.1-1　某建筑企业费用构成

建设工程费	直接费	人工费	计时工资（或计件工资）
			津贴、补贴
			特殊情况下支付的工资
		材料费	材料原价
			运杂费
			运输损耗费
			采购及保管费
		机械费	折旧费
			大修理费
			经常修理费

续表

建设工程费	直接费	机械费	安拆费及场外运费
			人工费
			燃料动力费
			税 费
	间接费	企业管理费	管理人员工资
			办公费
			差旅交通费
			固定资产使用费
			工具用具使用费
			劳动保险及职工福利费
			劳动保护费
			工会经费
			职工教育经费
			财产保险费
			财务费
			税 金
			其 他
		规 费	社会保险费
			住房公积金
			工程排污费
	利 润		
	增值税		

知识卡二　施工成本控制

施工成本控制是指在施工过程中，对影响施工成本的各种因素加强管理，并采取各种有效措施，将施工中实际发生的各种消耗和支出严格控制在成本计划范围内，随时揭示并及时反馈，严格审查各项费用是否符合标准，计算实际成本和计划成本之间的差异并进行分析，进而采取多种措施，消除施工中的损失浪费现象。

建设工程项目施工成本控制应贯穿于项目从投标阶段开始直至竣工验收的全过程，它是企业全面成本管理的重要环节。施工成本控制可分为事先控制、事中控制（过程控制）和事后控制。在项目的施工过程中，需按动态控制原理对施工实际成本的发生过程进行有效控制。

（1）合同文件和成本计划是成本控制的目标，进度报告和工程变更与索赔资料是成本控制过程中的动态资料。

1）施工成本控制要以工程承包合同为依据，围绕降低工程成本这个目标，从预算收入和实际成本两方面，努力挖掘增收节支潜力，以求获得最大的经济效益。

2）施工成本计划是根据施工项目的具体情况制订的施工成本控制方案，既包括预定的具体成本控制目标，又包括实现控制目标的措施和规划，是施工成本控制的指导文件。

3）成本控制的程序体现了动态跟踪控制的原理。成本控制报告可单独编制，也可以根据需要与进度、质量、安全和其他进展报告结合，提出综合进展报告。

4）进度报告提供了每一时刻工程实际完成量、工程施工成本实际支付情况等重要信息。施工成本控制工作正是通过实际情况与施工成本计划相比较，找出二者之间的差别，分析偏差产生的原因，从而采取措施改进以后的工作。此外，进度报告还有助于管理者及时发现工程实施中存在的问题，并在事态还未造成重大损失之前采取有效措施，尽量避免损失。

5）在项目的实施过程中，由于各方面的原因，工程变更是很难避免的。工程变更一般包括设计变更、进度计划变更、施工条件变更、技术规范与标准变更、施工顺序变更、工程数量变更等。一旦出现变更，工程量、工期、成本都必将发生变化，从而使得施工成本控制工作变得更加复杂和困难。因此，施工成本管理人员就应当通过对变更要求当中各类数据的计算、分析，随时掌握变更情况，包括已发生工程量、将要发生工程量、工期是否拖延、支付情况等重要信息，判断变更以及变更可能带来的索赔额度等。

除上述几种施工成本控制工作的主要依据以外，有关施工组织设计、分包合同等也都是施工成本控制的依据。

（2）成本控制应满足下列要求：

1）要按照计划成本目标值来控制生产要素的采购价格，并认真做好材料、设备进场数量和质量的检查、验收与保管。

2）要控制生产要素的利用效率和消耗定额，如任务单管理、限额领料、验工报告审核等。同时要做好不可预见成本风险的分析和预控，包括编制相应的应急措施等。

3）控制影响效率和消耗量的其他因素（如工程变更等）所引起的成本增加。

4）把施工成本管理责任制度与对项目管理者的激励机制结合起来，以增强管理人员的成本意识和控制能力。

5）承包人必须有一套健全的项目财务管理制度，按规定的权限和程序对项目资金的使用和费用的结算支付进行审核、审批，使其成为施工成本控制的一个重要手段。

知识卡三 施工成本核算

施工成本核算包括两个基本环节：一是按照规定的成本开支范围对施工费用进行归集和分配，计算出施工费用的实际发生额；二是根据成本核算对象，采用适当的方法，计算出该施工项目的总成本和单位成本。施工成本管理需要正确、及时地核算施工过程中发生的各项费用，计算施工项目的实际成本。施工项目成本核算所提供的各种成本信息是成本预测、成本计划、成本控制、成本分析和成本考核等各个环节的依据。

施工成本一般以单位工程为成本核算对象,但也可以按照承包工程项目的规模、工期、结构类型、施工组织和施工现场等情况,结合成本管理要求,灵活划分成本核算对象。施工成本核算的基本内容包括:

(1) 人工费核算。
(2) 材料费核算。
(3) 周转材料费核算。
(4) 结构件费核算。
(5) 机械使用费核算。
(6) 其他措施费核算。
(7) 分包工程成本核算。
(8) 间接费核算。
(9) 项目月度施工成本报告编制。

施工成本核算制是明确施工成本核算的原则、范围、程序、方法、内容、责任及要求的制度。项目管理必须实行施工成本核算制,它和项目经理责任制等共同构成了项目管理的运行机制。组织管理层与项目管理层的经济关系、管理责任关系、管理权限关系,以及项目管理组织所承担的责任成本核算的范围、核算业务流程和要求等,都应以制度的形式作出明确的规定。

项目经理部要建立一系列项目业务核算台账和施工成本会计账户,实施全过程的成本核算,具体可分为定期的成本核算和竣工工程成本核算,如每天、每周、每月的成本核算。定期的成本核算是竣工工程全面成本核算的基础。

对竣工工程的成本核算,应区分竣工工程现场成本和竣工工程完全成本,分别由项目经理部和企业财务部门进行核算分析,其目的在于分别考核项目管理绩效和企业经营效益。

知识卡四　施工成本管理措施

为了取得施工成本管理的理想效果,应当从多方面采取措施实施管理。通常可以将这些措施归纳为组织措施、技术措施、经济措施、合同措施。

1. 组织措施

组织措施是从施工成本管理的组织方面采取的措施。施工成本控制是全员的活动,如实行项目经理责任制,落实施工成本管理的组织机构和人员,明确各级施工成本管理人员的任务和职能分工、权利和责任。施工成本管理不仅是专业成本管理人员的工作,各级项目管理人员都负有成本控制责任。

组织措施的内容包括编制施工成本控制工作计划,确定合理、详细的工作流程;要做好施工采购规划,通过生产要素的优化配置、合理使用、动态管理,有效控制实际成本;加强施工定额管理和施工任务单管理,控制活劳动和物化劳动的消耗;加强施工调度,避免因施工计划不周和盲目调度造成窝工损失、机械利用率降低、物料积压等而使施工成本增加。成本控制工作只有建立在科学管理的基础之上，具备合理的管理体制、完善的规章制度、稳定的作业秩序、完整准确的信息传递，才能取得成效。组织措施是其他各类措施的前提和保障，而且一般不需要增加费用，运用得当可以收到良好的效果。

2. 技术措施

施工过程中降低成本的技术措施包括：进行技术经济分析，确定最佳的施工方案；结合施工方法，进行材料使用的比选，在满足功能要求的前提下，通过代用、改变配合比、使用添加剂等方法降低材料消耗的费用；确定最合适的施工机械、设备使用方案；结合项目的施工组织设计及自然地理条件，降低材料的库存成本和运输成本；先进施工技术的应用、新材料的运用、新开发机械设备的使用；等等。在实践中，也要避免仅从技术角度选定方案而忽视对其经济效果的分析论证。

技术措施不仅对解决施工成本管理过程中的技术问题是不可缺少的，而且对纠正施工成本管理目标偏差也有相当重要的作用。因此，运用技术纠偏措施的关键，一是要能提出多个不同的技术方案，二是要对不同的技术方案进行技术经济分析。

3. 经济措施

经济措施是最易为人们所接受和采用的措施。管理人员应编制资金使用计划，确定、分解施工成本管理目标；对施工成本管理目标进行风险分析，并制定防范性对策；对各种支出，应认真做好资金的使用计划，并在施工中严格控制各项开支；及时、准确地记录、收集、整理、核算实际发生的成本；对各种变更，及时做好增减账，及时落实业主签证，及时结算工程款；通过偏差分析和未完工工程预测，可发现一些潜在的问题将引起未完工程施工成本增加，对这些问题应以主动控制为出发点，及时采取预防措施。由此可见，经济措施的运用绝不仅仅是财务人员的事情。

4. 合同措施

采用合同措施控制施工成本，应贯穿整个合同周期，包括从合同谈判开始到合同终结的全过程。首先是选用合适的合同结构，对各种合同结构模式进行分析、比较，在合同谈判时，要争取选用适合于工程规模、性质和特点的合同结构模式。其次，在合同的条款中应仔细考虑一切影响成本和效益的因素，特别是潜在的风险因素。通过对引起成本变动的风险因素的识别和分析，采取必要的风险对策，如通过合理的方式，增加承担风险的个体数量，降低损失发生的比例，并最终使这些策略反映在合同的具体条款中。在合同执行期间，合同管理的措施既要密切关注对方合同执行的情况，以寻求合同索赔的机会；同时也要密切关注自己履行合同的情况，以防止被对方索赔。

知识卡五　施工成本控制步骤

在确定了施工成本计划之后，必须定期地进行施工成本计划值与实际值的比较，当实际值偏离计划值时，分析产生偏差的原因，采取适当的纠偏措施，以确保施工成本控制目标的实现。其中，纠偏是施工成本控制中最具实质性的一步。

（1）比较：按照某种确定的方式将施工成本计划值与实际值逐项进行比较，以发现施工成本是否已超支。

（2）分析：在比较的基础上，对比较的结果进行分析，以确定偏差的严重性及偏差产生的原因。这一步是施工成本控制工作的核心，其主要目的在于找出产生偏差的原因，从而采取有针对性的措施，减少或避免相同原因的再次发生或减少由此造成的损失。

（3）预测：根据项目实施情况估算整个项目完成时的施工成本。预测的目的在于为决策提供支持。

（4）纠偏：当工程项目的实际施工成本出现了偏差，应当根据工程的具体情况、偏差分析和预测的结果，采取适当的措施，以期达到使施工成本偏差尽可能小的目的。纠偏是施工成本控制中最具实质性的一步。只有通过纠偏，才能最终达到有效控制施工成本的目的。

对偏差原因进行分析的目的是有针对性地采取纠偏措施，从而实现成本的动态控制和主动控制。纠偏首先要确定纠偏的主要对象，有些偏差原因是无法避免和控制的，如客观原因，充其量只能对其中少数原因做到防患于未然，力求减少该原因所产生的经济损失。在确定了纠偏的主要对象之后，就需要采取有针对性的纠偏措施。纠偏可采用组织措施、经济措施、技术措施和合同措施等。

（5）检查：它是指对工程的进展进行跟踪和检查，及时了解工程进展状况以及纠偏措施的执行情况和效果，为今后的工作积累经验。

知识卡六　施工成本控制方法

施工阶段是控制建设工程项目成本发生的主要阶段，它通过确定成本目标并按计划成本进行施工资源配置，对施工现场发生的各种成本费用进行有效控制，其具体的控制方法如下。

1. 人工费的控制

施工人员是施工过程的主体，工程质量的形成要受到所有参加工程项目施工的工程技术干部、操作人员、服务人员的共同劳动的限制，其人工费支出约占建筑产品成本的17%，这是形成工程质量的主要因素。质量成本控制应从人工费支出方面入手，注重促进建筑质量和人工效率的综合作用。加强建筑施工人员的政治思想教育、劳动纪律教育、职业道德素质教育，从确保质量的前提出发，强化施工人员的质量成本管理培训，提高他们的质量意识，在施工过程中严格执行质量标准和操作规程，保质保量地完成施工任务。并且实行施工质量报酬挂钩制度，将建筑施工质量、效率与人员的薪金报酬相挂钩，以合格的施工质量为主导考核人工的劳动量并支付人工费，以促进施工人员发挥主观能动性，不断提高施工的质量和效率。

2. 材料费的控制

材料费是建筑施工企业成本的控制重点。材料（含构配件）的质量是工程质量的基础，材料的质量不符合工程质量要求，建筑工程质量也不可能达标。由于材料费开支约占建筑产品成本的63%，加强材料的质量控制一定要按工程技术规范要求的品种、规格、技术参数等采购相关的成品或半成品，建立严格检查验收制度，建立质量管理台账，实行材料收、发、储、运等各环节的管理，避免混料和将不合格的原材料使用到工程上。

（1）材料用量的控制。在保证符合设计要求和质量标准的前提下，合理使用材料，通过定额管理、计量管理等手段有效控制材料物资的消耗，具体方法如下：

1）定额控制。对于有消耗定额的材料，以消耗定额为依据，实行限额发料制度。在规定限额内分期分批领用，超过限额领用的材料，必须先查明原因，经过一定审批手续方可领料。

2）指标控制。对于没有消耗定额的材料，则实行计划管理和按指标控制的办法。根据以往项目的实际耗用情况，结合具体施工项目的内容和要求，制定领用材料指标，据以控制发料。超过指标的材料，必须经过一定的审批手续方可领用。

3）计量控制。准确做好材料物资的收发计量检查和投料计量检查。

4）包干控制。在材料使用过程中，对部分小型及零星材料（如钢钉、钢丝等）根据工程量计算出所需材料量，将其折算成费用，由作业者包干控制。

（2）材料价格的控制。材料价格主要由材料采购部门控制。由于材料价格是由购买价、运杂费、运输中的合理损耗等所组成，因此控制材料价格主要是通过掌握市场信息，应用招标和询价等方式控制材料、设备的采购价格。

施工项目的材料物资包括构成工程实体的主要材料和结构件，以及有助于工程实体形成的周转使用材料和低值易耗品。从价值角度看，材料物资的价值占建筑安装工程造价的60%~70%，其重要程度自然是不言而喻。由于材料物资的供应渠道和管理方式各不相同，所以控制的内容和所采取的控制方法也将有所不同。

3. 施工机械使用费的控制

施工机械设备是实现施工机械化的重要物质基础，同时也是现代化施工中必不可少的设备，它对施工项目的质量、进度有着直接的影响。施工机械使用费的开支约占建筑成本的7%，因此建筑施工企业在机械设备的选用方面必须综合考虑施工现场的条件、建筑结构形式、机械设备性能、施工工艺和方法、施工组织与管理，严格遵守操作规程，并加强对施工机械的维修、保养、管理，确保机械设备的完好率达到100%，始终处于最佳使用状态，充分发挥机械设备的效能，使施工质量得到充分的保障。

合理选择施工机械设备、合理使用施工机械设备对成本控制具有十分重要的意义，尤其是高层建筑施工。据某些工程实例统计，高层建筑地面以上部分的总费用中，垂直运输机械费用占6%~10%。由于不同的起重运输机械各有不同的用途和特点，因此，应根据工程特点和施工条件确定采取何种起重运输机械的组合方式。在确定采用何种组合方式时，应满足施工需要，同时还要考虑到费用的高低和综合经济效益。

施工机械使用费主要由台班数量和台班单价两方面决定，为有效控制施工机械使用费支出，主要从以下几个方面进行控制：

（1）合理安排施工生产，加强设备租赁计划管理，减少因安排不当引起的设备闲置。

（2）加强机械设备的调度工作，尽量避免窝工，提高现场设备利用率。

（3）加强现场设备的维修保养，避免因不正当使用造成机械设备的停置。

（4）做好机上人员与辅助生产人员的协调与配合，提高施工机械台班产量。

4. 施工间接费支出的控制

施工间接费支出一般约占建筑产品成本的 11%。它包括建筑施工企业故障成本中的罚款、诉讼费用等项目。工程质量是在施工过程中形成的，而不是靠最后检验出来的。工程质量成本的控制涉及施工安全问题，绝不能因控制费用开支而减少安全措施的投入。要实施质量成本控制，就一定要把工程质量从事后检查把关转向事前控制。真正做到事前预防、事中控制和事后检验、反馈信息的有机结合，将施工间接费用控制在公司质量标准成本要求的范围内。

（1）施工前要对施工的项目逐项分析，可借助鱼刺图等工具，寻找在施工中可能或最容易出现的质量问题，提出相应的对策，采取质量预控措施降低返工、返修率等可避免的损失，加强施工工序的质量成本控制。

（2）在施工过程中严把安全关。在整个质量控制中，施工项目的安全工作要贯穿于施工全过程，避免由于安全问题给建筑施工企业带来质量成本损失。

（3）合理安排施工工序，采取有效措施保护分项、分部工程施工的建筑成品以及半成品的质量保护，避免后续施工造成质量损失，这也是严格控制质量成本的有效手段。

5. 施工过程方法的控制

施工过程中的方法是指整个建设周期内所采取的技术方案、工艺流程、组织措施、检测手段、施工组织设计等。施工方案正确与否，直接影响工程质量控制能否顺利实现。在施工中，往往会出现由于施工方案考虑不周而拖延进度、影响质量、增加质量成本支出的情况。为此，建筑施工企业应对施工过程实行监督控制，严格按照合同进度展开施工，应紧紧围绕影响质量成本变化的各个环节，如人工、材料、机械等，采用 PDCA 循环法的方法进行施工质量成本的全过程、全员、全额的全面质量成本控制。

6. 施工分包费用的控制

分包工程价格的高低必然对项目经理部的施工项目成本产生一定的影响。因此，施工项目成本控制的重要工作之一是对分包价格的控制。项目经理部应在确定施工方案的初期就确定需要分包的工程范围。决定分包范围的因素主要是施工项目的专业性和项目规模。对分包费用的控制主要是要做好分包工程的询价、订立平等互利的分包合同、建立稳定的分包关系网络、加强施工验收和分包结算等工作。

思想政治素养养成

一个项目的成本投入是巨大的，少则有几百万元，多则上千万元、数亿元。身处项目管理岗位，手握权力和金钱，能否在巨大的利益面前，守住初心，清白做人？古有宋朝包拯，是一个人人知晓的大清官，其身居高位，坚持自己做官的原则，大公无私，不贪赃枉法，不收受贿赂，廉洁奉公，一心为民，其高尚的品质、清廉的作风，为后人所敬仰。在工作中，要坚守廉洁奉公、严于律己、清白做人的信念。作为管理人员，一定要有良好的职业操守和专业精神。

任务分组

填写表2.3.1-2，完成学生任务分配。

表2.3.1-2 学生任务分配

班　级		组　号		指导教师	
组　长		学　号			
组　员	姓　名	学　号	姓　名	学　号	
任务分工					
备　注					

自主探学

任务工单1

组号_____ 姓名_____ 学号_____

引导问题:

(1) 施工成本由哪几部分组成?

_____
_____
_____
_____

(2) 施工成本管理的措施有哪些?

_____
_____
_____
_____

(3) 请写出施工成本控制的步骤。

_____
_____
_____
_____

(4) 请写出施工成本控制的方法。

_____
_____
_____
_____

◆ 安装工程施工组织与管理（活页式）

合作研学

任务工单 2

组号_____   姓名_____   学号_____

引导问题：

（1）小组交流，教师参与，正确列出安装工程施工成本控制的步骤，并写出各个步骤的具体内容（见表 2.3.1-3）。

表 2.3.1-3　安装工程成本管理控制的步骤

步骤	名　称	内　容
1		
2		
3		
4		
5		
6		
7		
8		
9		
10		

根据列出的步骤，完善思维导图。

（2）记录存在的不足。

_____
_____
_____

任务工单3

组号_____　　姓名_____　　学号_____

引导问题：

（1）每个小组推荐一名同学汇报安装工程施工成本控制的步骤，并写出各个步骤的具体内容。借鉴每组经验，完善本组安装工程施工成本控制的步骤（见表2.3.1-4）。

表2.3.1-4　安装工程施工成本控制的步骤（完善和补充）

步　骤	名　称	内　容
1		
2		
3		
4		
5		
6		
7		
8		
9		
10		

改进和完善思维导图。

（2）记录存在的不足。

_____
_____
_____

评价反馈

结合任务完成情况,扫描以下二维码,完成个人自评、组内互评、小组组间评价和教师评价。

评价反馈

拓展延学

1. 工程费用结算

(1) 工程费用结算方式。

1) 按月结算:先预付部分工程款,在施工过程中按月结算工程进度款,竣工后清算的方法。

2) 竣工后一次结算:建设项目或单项工程全部建筑安装工程建设期在12个月以内,或者工程承包合同价值在100万元以下的,可以实行工程价款每月月中预支,竣工后一次结算。

3) 分段结算:当年开工、当年不能竣工的单项工程或单位工程按照工程形象进度,划分不同阶段进行结算。分段结算可以按月预支工程款。

4) 目标结算:在工程合同中,将承包工程的内容分解成不同的控制界面,以业主验收控制界面作为支付工程款的前提条件。

5) 结算双方约定的其他结算方式。

(2) 工程预付款。

1) 含义:发包人按合同约定,在正式开工前预支给承包人的工程款。

双方应当在专用条款内约定预付工程款的时间和数额,开工后按约定的时间和比例逐次扣回。预付时间应不迟于约定的开工日期前7天,或者在双方签订合同后1个月内预付。发包人不按约定预付,承包人在约定预付时间7天后(计价书是10天内)向发包人发出要求预付的通知,发包人收到通知后仍不按要求预付的,承包人可在发出通知后7天(计价书是14天后)停止施工,发包人应从约定应付之日起向承包人支付应付款的利息,并承担违约责任。

2) 工程预付款额度的确定。工程预付款主要是用以保证施工所需材料和构件的正常储备。

①考虑因素:施工工期、建安工作量、主要材料和构件比重、材料储备周期等。

②确定方法:发包人根据工程特点、工期长短、市场行情、供求规律等因素,一般在合同中约定预付款的百分比。

3) 工程预付款的扣回。

①发包人和承包人通过洽商以合同的形式予以确定。

②从计算的起扣点扣起。起扣点 T(即起扣时累计完成工程价款)的确定:$T = P - M/N$。其中 P 为工程价款总额,M 为工程预付款,N 为主材所占比重。

a. 工程预付款从未施工工程尚需的主材及构配件价值相当于工程预付款时起扣:

$$起扣点 = 价款总额 - （预付款/主材比重）$$

b. 直接约定：当承包人完成金额累计达到合同总价的一定比例时开始起扣：

$$起扣点 = 合同总价 \times 比例$$

(3) 工程进度款。

1) 工程进度款的计算。工程进度款的计算主要涉及两个方面：一是工程量的计量［参见《通用安装工程工程量计算规范》（GB 50856—2013）］；二是单价的计算方法。

单价的计算方法主要根据发包人和承包人事先约定的工程价格的计价方法确定。目前我国工程价格的计价方法一般可以分为定额单价和综合单价两种方法。二者在选择时，既可采取可调价格的方式，即工程价格在实施期间可随价格变化而调整；也可采取固定价格的方式，即工程价格在实施期间不因价格变化而调整，在工程价格中已考虑价格风险因素并在合同中明确了固定价格所包括的内容和范围。

可调工料单价法将人工、材料、机械再配上预算价作为直接成本单价，其他直接成本、间接成本、利润、税金分别计算。因为价格是可调的，其人工、材料等费用在竣工结算时按工程造价管理机构公布的竣工调价系数或按主材计算差价或主材用抽料法计算、次要材料按系数计算差价而进行调整。

固定综合单价法是包含了风险费用在内的全费用单价，故不受时间价值的影响。

由于两种计价方法的不同，因此工程进度款的计算方法也不同。

当采用可调工料单价法计算工程进度款时，在确定已完工程量后，可按以下步骤计算工程进度款：

①根据已完工程量的项目名称、分项编号、单价得出合价。

②将本月所完工全部项目合价相加，得出直接工程费小计。

③按规定计算措施费、间接费、利润。

④按规定计算主材差价或差价系数。

⑤按规定计算税金。

⑥累计本月应收工程进度款。

用固定综合单价法计算工程进度款比用可调工料单价法更方便、省事，工程量得到确认后，只要将工程量与综合单价相乘得出合价再累加，即可完成本月工程进度款的计算工作。

2) 工程进度款的支付。在确认计量结果后14天内，发包人应向承包人支付工程款（进度款）。发包人超过约定的支付时间不支付工程款（进度款），承包人可向发包人发出要求付款的通知，发包人接到通知后仍不能按要求付款，可与承包人协商签订延期付款协议，经承包人同意后可延期支付。延期付款协议应明确延期支付的时间和从计量结果确认后第15天起计算应付的贷款利息。发包人不按合同约定支付工程款（进度款），双方又未达成延期付款协议，导致施工无法进行，承包人可停止施工，由发包人承担违约责任。

(4) 竣工结算。竣工结算是建设单位与施工单位之间办理工程价款结算的一种方法，是指在工程完工后，根据竣工图纸、会议纪要、设计变更和现场签证等所有与工程造价相关的资料编制的最终工程造价，是项目或各分项竣工验收后甲乙双方对该工程发生的应付、应收款项作最后清理结算。

竣工结算应确保结算范围、内容及计价标准与合同范围相一致；竣工图纸所示的工程量与实际完成的工程量相一致，并进行精准计算；完成的工程和服务、供应的物料和设备必须符合合同约定的质量要求并通过验收。

工程竣工结算方式有四种类型，具体如下：

1) 预算结算方式：这种方式是把经过审定确认的施工图预算作为竣工结算的依据，在施工过程中发生的而施工预算中未包括的项目和费用，经建设单位驻现场工程师签证，和原预算一起在工程结算时进行调整。

2) 承包总价结算方式：这种方式的工程承包合同为总价承包合同。工程竣工后，暂扣合同价的2%~5%作为维修金，其余工程价款一次结清，包括在施工过程中所发生的材料代用、主要材料价差、工程量的变化等。

3) 平方米造价包干方式：承发包双方根据一定的工程资料，经协商签订每平方米造价指标的合同，结算时按实际完成的建筑面积汇总结算价款。此方法手续较简便，但适用范围具有一定的局限性。

4) 工程量清单结算方式：采用清单招标时，中标人填报的清单分项工程单价是承包合同的组成部分，结算时按实际完成的工程量，以合同中的工程单价为依据计算结算价款。工程的结算方法有以下几种：

①按实际价格结算法：主要针对三大材（钢材、木材、水泥）采取按实价结算的办法。工程承包商可凭发票按实报销。

②按主材计算价差：发包人列出需要调整价差的主要材料及其基期价格，工程竣工结算时，按竣工当时当地公布的价格，与基期价比较计算材料差价。

③竣工调价系数法：按工程造价管理机构公布的竣工调价系数及调价计算方法计算差价。

④调值公式法（又称动态结算公式法）：先在合同中明确规定了调值公式。采用该方法，价格调整的计算工作比较复杂，其程序如下：

第一步，确定计算物价指数的品种：只针对那些对工程款影响较大的因素。

第二步，要明确两个问题：一个问题是在签订合同时要写明物价波动到何种程度才进行调整，一般都在±10%；另一个问题是考核的地点和时点，地点一般在工程所在地或指定的某地市场价格；时点指的是某月某日的市场价格。这里要确定两个时点价格：基准日期的市场价格和与付款证书有关的期间最后一天的49天前的时点价格。这两个时点就是计算调值的依据。

第三步，确定各成本要素的系数和固定系数，各成本要素的系数要根据各成本要素对总造价的影响程度而定。各成本要素系数之和加上固定系数应该等于1。

第四步，建筑安装工程费用的价格调值公式

建筑安装工程费用价格调值公式包括固定部分、材料部分和人工部分等。调值公式如式（2.3.1-1）所示：

$$P = P_0 \left(a_0 + a_1 A/A_0 + a_2 B/B_0 + a_3 C/C_0 + a_4 D/D_0 \right) \tag{2.3.1-1}$$

各部分成本的比重系数一般要求承包方在投标时即提出。

2. 综合案例

某企业（业主）一套加氢装置扩建安装工程由某施工单位承担。工程包括：动设备安装23台，静设备安装15台，非标设备现场制作240 t，管道安装23000 m。合同工期6个月。其中动、静设备安装，非标设备制作统称为设备安装工程，其直接工程费约300万元。合同规定：设备安装费按照《建筑安装工程费用项目组成》（建标206号文件）中的综合单价法计价和结算。设备安装各项费用的取值如下：措施费为直接费的5%；间接费为直接费的10%；利润为直接费和间接费的8%，税率为3.4%。合同其他条款如下：

(1) 管道安装费（综合单价）按0.016万元/m计算，管道安装实际工程量超过估算工程量10%时进行调整，调价系数0.9。

(2) 开工前业主向施工单位支付估算合同总价20%的工程预付款；工程预付款在最后两个月扣除，每月扣50%。

(3) 业主每月从施工单位的工程款中按3%的比例扣留工程质量保修金。

施工单位前3个月进行设备安装，从第3个月开始进行管道安装。其中管道安装工程每月实际完成并经监理工程师签证确认的工程量如下表所示。

时间	第3个月	第4个月	第5个月	第6个月
管道安装工程量/m	5000	8000	9000	6000

工程保修期间，一台现场制作的设备被损坏，业主多次催促施工单位修理，施工单位一再拖延，最后业主请其他施工单位修理，修理费1.5万元。

问题：

(1) 计算设备安装预算造价（结果保留2位小数），要求列出各项费用计算步骤。

(2) 计算全部安装工程预付款总额。

(3) 计算第6个月管道安装工程量价款。监理工程师应签证的管道安装工程款是多少？实际签发的付款凭证金额是多少？

(4) 被损坏设备的修理费用应出自何处？

子任务 2.3.2　工程费用的索赔与签证单的填写

任务描述

新建公寓楼室外工程由管道安装工程和土建工程两部分组成，管道安装工程完成后才能进行土建部分的施工。业主与管道安装公司和建筑公司分别签订了管道安装合同和土建施工合同，管道安装公司将其中的排水管的安装部分分包给管道工程公司。排水管共计 1000 m，管道安装公司对此所报单价为 600 元/m，排水管由甲方供应，每米价格为 350 元。排水管道安装按施工进度计划规定从 5 月 15 日开工至 5 月 25 日结束。在排水管道安装施工过程中，由于业主方供应的排水管道不及时，使排水管道安装 5 月 17 日才开工（延误 2 天），5 月 18 日至 23 日管道工程公司的施工设备出现故障（延误 6 天），5 月 24 日至 27 日出现了属于不可抗力的恶劣天气而无法施工（延误 4 天）。合同约定：业主违约一天应补偿承包方 5000 元；承包方违约一天应罚款 5000 元。

问题：

（1）在上述工程拖延中，哪些属于不可原谅的拖期？哪些属于可原谅但不予补偿费用的拖期？哪些属于可原谅且给予补偿费用的拖期？

（2）排水管道安装部分的价格为多少？管道安装公司此项应得款为多少？

（3）管道安装公司应获得的工期补偿和费用补偿各为多少？

（4）建筑公司的损失由谁负责承担？应补偿的工期和费用为多少？

请解决新建公寓楼室外工程施工过程中出现的上述问题，填写施工签证单和撰写工程费用索赔报告。

学习目标

1. 知识目标

（1）能说出工程索赔的程序。

（2）能说出索赔的理由和填写签证单的内容。

2. 能力目标

（1）能对非承包商的原因造成的损失进行索赔。

（2）能正确填写签证单。

3. 素质目标

（1）具备组织协调能力，培养会议组织能力。

（2）具备团队协作能力，树立团队合作意识。

（3）具备沟通交流的职业习惯，树立工程职业意识。

（4）培养严谨、踏实、实事求是的工匠精神。

任务分析

1. 重点

（1）工程索赔的程序。

（2）填写签证单的内容。

2. 难点

（1）工程索赔的程序。

（2）填写签证单的内容。

索赔的概念、成立的条件及分类

相关知识链接

知识卡一　工程索赔

1. 工程索赔的含义

索赔的含义一般包括以下几方面：

（1）一方违约使另一方蒙受损失，受损方向另一方提出赔偿损失的要求。

（2）发生了应由发包方承担责任的特殊风险事件或遇到了不利的自然条件等情况，使承包方蒙受了较大损失而向发包方提出补偿损失的要求。

（3）承包方本应当获得正当利益，但由于没有及时得到监理工程师的确认和发包方应给予的支持，而以正式函件的方式向发包方索要。

2. 索赔的性质

索赔的性质属于经济补偿行为，而不是惩罚。索赔方所受到的损害，与被索赔方的行为并不一定存在法律上的因果关系。索赔事件的发生，可以是一方行为造成的，也可能是任何第三方行为所导致。索赔工作是承、发包双方之间经常发生的管理业务，是双方合作的方式，一般情况下索赔都可以通过协商方式解决。只有发生争议才会导致提出仲裁或诉讼，即使这样，索赔也被看成是遵法守约的正当行为。

3. 索赔与反索赔

反索赔是指合同当事人一方向对方提出索赔要求时，被索赔方从自己的利益出发，依据合法理由减少或抵消索赔方的要求，甚至反过来向对方提出索赔要求的行为。

索赔是发包方和承包方都拥有的权利。在工程实践中，一般把发包方向承包方的索赔要求称作反索赔。发包方在索赔中处于主动地位，可以从工程款中抵扣，也可以从保险金中扣款以补偿损失。

4. 索赔的分类

由于合同当事人不可预见的因素，如恶劣气候、地震、洪水、爆炸或工程变更、地质条件变化、文物、地下障碍物等，不但造成工期延误，还造成承包单位人力和物力的经济损失，承包单位可以根据施工合同和进度计划，及时做好记录。通过科学合理的计算，承包单位有权要求延长工期，还有权提出费用赔偿要求，以弥补由此造成的损失。

（1）工期索赔。由于非承包方责任的原因而导致施工进度延误，承包方向发包方提出要求延长工期、推迟竣工日期的索赔称为工期索赔。

工期索赔形式上是对权利的要求，目的是避免在原定的竣工日不能完工时，被发包方追究拖期违约的责任。获准合同工期延长，不仅意味着免除拖期违约赔偿的风险，而且有可能得到提前工期的奖励，最终仍反映在经济效益上。

（2）费用索赔。费用索赔是承包方向发包方提出在施工过程中由于客观条件改变而导致承包方增加开支或损失的索赔，以挽回不应由承包方负担的经济损失。费用索赔的目的是要求经济补偿。

承包方在进行费用索赔时，应当遵循以下两个原则：

1）所发生的费用应该是承包方履行合同所必需的，如果没有该费用支出，合同将无法继续履行。

2）给予补偿后，承包方应按约定继续履行合同。

常见的费用索赔项目包括人工费、材料费、施工机械使用费、低值易耗品、工地管理费等。为便于管理，承、发包双方和监理工程师应事先将这些费用列出一个清单。

5. 索赔证据

（1）证明材料。承包方提供的证据可以包括下列证明材料：

1）合同文件，包括招标文件、中标书、投标书、合同文本等。

2）工程量清单、工程预算书和图纸、标准、规范以及其他有关技术资料、技术要求。

3）施工组织设计和具体的施工进度安排。

4）合同履行过程中来往函件、各种纪要、协议。

5）工程照片、气象资料、工程检查验收报告和各种鉴定报告。

6）施工中送停电、气、水和道路开通、封闭的记录和证明。

7）官方的物价指数、工资指数，各种财务凭证。

8）建筑材料、机械设备的采购、订货、运输、进场、使用凭证。

9）国家的法律、法规，部门的规章等。

10）其他有关资料。

（2）现场的同期记录。从索赔事件发生之日起，承包方就应当做好现场条件和施工情况的同期记录。记录的内容包括事件发生的时间、对事件的调查记录、对事件的损失进行的调查和计算等。做好现场的同期记录是承包方的义务，也是作为索赔证据的资料。

6. 索赔程序

当出现索赔事件时，承包方可按下列程序以书面形式向发包方索赔。

（1）提出索赔要求。凡发生不属于承包方责任的事件导致竣工日期拖延或成本增加的，承包方一方面按监理工程师的指示继续精心施工，另一方面在索赔事件发生后 28 天内向监理工程师发出索赔意向通知。

（2）报送索赔资料。发出索赔意向通知后 28 天内向监理工程师提出延长工期和（或）补偿经济损失的索赔报告及有关资料。索赔报告应当包括承包方的索赔要求和支持该索赔要求的有关证据。证据应当详细、全面、真实，但不能因收集证据而影响索赔通知书的按时发出，因为通知发出后，施工企业还有补充证据的权利。

（3）监理工程师答复。在接到索赔报告后，监理工程师应抓紧时间对索赔通知（特别是对有关证据材料）进行分析，客观分析事件发生的原因，重温合同的条款，研究承包方的索赔证明，并查阅其同期记录。依据合同条款划清责任界限，提出处理意见。监理工程师在收到承包人送交的索赔报告和有关资料后，于 28 天内给予答复，或要求承包人进一步补充索赔理由和证据。

（4）监理工程师逾期答复的后果。监理工程师在收到承包人送交的索赔报告和有关资料后 28 天内未予答复或未对承包人作进一步要求，视为已经认可该项索赔。

（5）持续索赔。当该索赔事件持续进行时，承包人应当阶段性地向监理工程师发出索赔意向，在索赔事件终了后 28 天内向监理工程师送交索赔的有关资料和最终索赔报告。索赔答复程序与上述（3）、（4）条的规定相同。

承包方接受最终的索赔处理决定，索赔事件的处理即告结束。如果承包方不同意，则会导致合同争议，就应通过协商、调解、"或裁或诉"方法解决。

发包方对索赔的管理，应当通过加强施工合同管理，严格执行合同，使对方没有提出索赔的理由和根据。在索赔事件发生后，也应积极收集有关证据资料，以便分清责任，剔除不合理的索赔要求。总之，有效的合同管理是保证合同顺利履行、减少或防止索赔事件发生、降低索赔事件损失的重要手段。

7. 索赔费用的组成

按我国现行规定，建安工程合同价包括直接工程费、间接费、计划利润和税金。

从原则上说，承包商有索赔权利的工程成本增加，都属于可以索赔的范围。这些费用都是承包商为了完成额外的施工任务而增加的开支。但是，对于不同原因引起的索赔，承包商可索赔的具体费用内容是不完全一样的。索赔内容要按照各项费用的特点、条件进行分析论证。

一般承包商可索赔的具体费用如下。

（1）人工费。

1）完成合同之外额外工作的人工费。

2）非承包商责任降低工效增加的人工费。

3）超过法定时间的加班劳动报酬。

4）法定人工费增长。

5)非承包商责任工程延期导致的窝工费和工资上涨费。

(2)材料费。

1)由于索赔事项材料实际用量超过计划用量而增加的材料费。

2)由于客观原因材料价格大幅上涨增加的费用。

3)由于非承包商责任工程延期导致的材料费。

(3)施工机械使用费。

1)完成额外工作增加的费用。

2)非承包商责任降低工效增加的费用。

3)业主或工程师的原因导致的窝工费。

(4)分包费用:分包商的索赔应如数列入总承包商的索赔款总额以内。

(5)工地管理费:承包商完成额外工程、索赔事项工作以及工期延长期间的现场管理费。

(6)利息。利息的索赔通常发生于下列情况:

1)拖期付款的利息。

2)由于工程变更和工程延期增加投资的利息。

3)索赔款的利息。

4)错误扣款的利息。

(7)总部管理费。索赔款中的总部管理费主要指的是工程延误期间所增加的管理费。这项索赔款的计算,目前没有统一的方法。在国际工程施工索赔中,总部管理费的计算有以下几种。

1)按照投标书中总部管理费的比例(3%~8%)计算:

总部管理费=合同中总部管理费比率(%)×(直接费索赔款额+工地管理费索赔款额等)

2)按照公司总部统一规定的管理费比率计算:

总部管理费=公司管理费比率(%)×(直接费索赔款额+工地管理费索赔款额等)

3)以工程延期的总天数为基础,计算总部管理费的索赔额,计算步骤如下:

对某一工程提取的管理费=同期内公司的总管理费×

该工程的合同额/同期内公司的总合同额

该工程的每日管理费=该工程向总部上缴的管理费/合同实施天数

索赔的总部管理费=该工程的每日管理费×工程延期的天数

(8)利润。一般来说,由于工程范围的变更、文件有缺陷或技术性错误、业主未能提供现场等引起的索赔,承包商可以列入利润。但对于工程暂停的索赔,由于利润通常是包含在每项实施的工程内容的价格之内的,而延误工期未来影响、削减某些项目的实施,会导致利润减少。

索赔利润的款额计算通常是与原报价单中的利润百分率保持一致,即在成本的基础上,增加原报价单中的利润率,作为该项索赔款的利润。

8. 索赔费用的计算方法

(1) 实际费用法。实际费用法是工程索赔计算时最常用的一种方法。仅限于该项工程施工中额外的人、材、机使用费，即在索赔费的直接工程费的额外费用的基础上，再加上应得的措施费、间接费和利润，即为应得到的索赔费用。

这种方法的计算原则是，以承包商为某项索赔工作所支付的实际开支为依据，向业主要求费用补偿。在用实际费用法计算时，在直接费的额外费用部分的基础上，再加上应得的间接费和利润，即承包商应得的索赔费用。由于实际费用法所依据的是实际发生的成本记录或单据，所以，在施工过程中，系统而准确地积累记录资料是非常重要的。实际费用法即根据索赔事件所造成的损失或成本增加，按费用项目逐项进行分析、计算索赔金额的方法。这种方法比较复杂，但能客观地反映施工单位的实际损失，比较合理，易于被当事人接受，在国际工程中被广泛采用。实际费用法是按每个索赔事件所引起损失的费用项目分别分析计算索赔值的一种方法，通常分三步：

1) 分析每个或每类索赔事件所影响的费用项目，不得有遗漏，这些费用项目通常应与合同报价中的费用项目一致。

2) 计算每个费用项目受索赔事件影响的数值，通过与合同价中的费用价值进行比较即可得到该项费用的索赔值。

3) 将各费用项目的索赔值汇总，得到总费用索赔值。

(2) 总费用法。计算出索赔工程的总费用，减去原合同报价，即得索赔金额。

这种计算方法简单但不尽合理，一方面，在实际完成工程的总费用中，可能包括由于施工单位的原因（如管理不善、材料浪费、效率太低等）所增加的费用，而这些费用是属于不该索赔范围的；另一方面，原合同价也可能因工程变更或单价合同中的工程量变化等原因而不能代表真正的工程成本。凡此种种原因，使得采用此法往往会引起争议而遇到障碍，故一般不采用。

但是在某些特定条件下，当需要具体计算索赔金额很困难甚至不可能时，也有采用此法的。这种情况下应具体核实已开支的实际费用，取消其不合理部分，以求接近实际情况：

$$索赔金额 = 该工程实际总费用 - 投标报价估算总费用$$

这种方法只有在难以采用实际费用法时才应用。

(3) 修正的总费用法。修正的总费用法是对总费用法的改进，即在总费用计算的原则下，对某些不合理的方面作出相应的修正，使其更合理。修正的内容主要有：一是计算索赔金额的时期仅限于受事件影响的时段，而不是整个工期；二是只计算在该时期内受影响项目的费用，而不是全部工作项目的费用；三是不直接采用原合同报价，而是采用在该时期内如未受事件影响而完成该项目的合理费用。根据上述修正，可比较全面地计算出因索赔事件影响而实际增加的费用。

修正的内容如下：

1) 将计算索赔款的时段局限于受到外界影响的时间，而不是整个施工期。

2）只计算受影响时段内的某项工作所受影响的损失，而不是计算该时段内所有施工工作所受的损失。

3）与该项工作无关的费用不列入总费用中。

4）对投标报价费用重新进行核算：按受影响时段内该项工作的实际单价进行核算，乘实际完成的该项工作的工程量，得出调整后的报价费用。

按修正后的总费用计算索赔金额的公式如下：

索赔金额 = 某项工作调整后的实际总费用 − 该项工作的报价费用

修正的总费用法与总费用法相比，有了实质性的改进，它的准确程度已接近实际费用法。

知识卡二　签证单

工程项目在实施过程中，承包合同价等于中标价加签证变更费用及合同规定允许调整的有关费用。影响单位工程造价的有设计变更、现场签证、技术措施、材料代用部分。其中现场签证的漏洞最多，管理比较困难，人为因素多，直接影响工程造价的确定与控制。

现场签证单不包含在施工合同和图纸中，也不像设计变更文件有一定的程序和正式手续。

1. 现场签证的主要内容

（1）现场费用签证包括以下几项：

1）零星用工。施工现场发生的与主体工程施工无关的用工，如定额费用以外的搬运、拆除用工等。

2）零星工程。

3）临时设施增补工程。

4）隐蔽工程签证。

5）窝工，非施工单位原因停工造成的人员、机械经济损失，如停水、停电；业主材料缺乏或不及时供应；设计图纸修改等。

6）议价材料价格认价单。结算资料汇编规定允许计取议价价差的材料，需要在施工前确定材料价格。

7）其他需要签证的费用。

（2）工期签证包括停水、停电签证，非施工单位原因停工造成的工期拖延。

2. 现场签证的重要作用

工程结算主要依据有施工合同、招投标文件、图纸、设计变更、现场签证、定额以及阶段资料汇编等文件，而现场签证以书面的形式记录了施工现场发生的特殊费用，直接关系到业主和施工单位的切身利益，是工程结算的重要依据。特别是对一些投标报价包死的工程，结算时更是对设计变更和现场签证进行调整。现场签证是记录现场发生情况的第一手资料。通过对现场签证的分析、审核，可作为索赔事件的处理依据。

3. 现场签证单填写要求

（1）所有工程量必须经现场测量后填写，到场人员必须当场在现场签证单上签字，或当场在记录的原始数据上签字后补签签证单。

（2）现场签证单一式两份，甲方、乙方各留一份。现场签证单必须在一个星期内经双方签字盖章完毕，有特殊情况的可以顺延一个星期；否则签证单视同无效。

（3）由乙方的原因造成的签证单，需经甲方设计部、营销部、工程项目管理部签字盖章，乙方负责办理。

（4）签证原则上不允许签计时工，如有特殊临时用工情况，必须列明用工人数及用工时间。

4. 现场签证程序

（1）乙方应向甲方提出签证申请，由甲方代表对变更进行分析初审，初审通过的变更，根据情况，由甲方代表单独或组织营销部、设计部等部门的相关人员现场进行变更方法、工程预算、测量的签字确认。

（2）乙方填写现场签证单（使用国家统一标准规范的签证单）一式两份，签证盖章后送交甲方代表，甲方相关部门人员审核签证内容及费用属实后，将签证单传真给工程项目管理部经理，审核批准同意后，加盖项目专用章方为有效。生效后的签证单退回一份给乙方，甲方自留的签证单存档，以备作为结算依据。

（3）由甲方代表或甲方现场管理人员到现场实地监控变更的实施，并检查验证变更实施的内容、方法和效果，及时发现并解决问题。

（4）根据变更的具体需要，将变更信息采取一定的方式公布或通知营销部、设计部、采购部、市场部等有关部门，便于相关部门做相应的调整改变。

5. 现场签证应注意的问题

（1）现场签证必须是书面形式，手续要齐全。

（2）凡预算定额内有规定的项目不得签证。

（3）现场签证内容应明确，项目要清楚，数量要准确，单价要合理。

（4）现场签证要及时，在施工中随发生随签证，应当做到一次一签证，一事一签证，及时处理。

（5）甲、乙双方代表应认真对待现场签证工作，提高责任感，遇到问题双方协商解决，及时签证，及时处理。

思想政治素养养成

（1）在工程施工和管理过程中，经常遇到索赔问题，因合同一方违约或给对方履行合同造成影响，对方有权提出索赔要求，并得到经济或时间上的补偿。因此，索赔条款是保护合同双方合法利益的重要手段，对约束合同双方按合同有关规定履行义务、承担风险责任必不可少。学生必须努力学习法律法规及合同条款，厉行法治，守法不造假，知法懂法，增强社会主义法治公平与公正的意识。

（2）工程索赔在工程建设中有着重要的作用。要做好索赔工作，需要认真编写索赔文件，提出的索赔项目要符合实际，内容充实，证据确凿，索赔计算准确；严格按索赔的规定和程序办理，必须在施工全过程中及时做好索赔资料的收集、整理和签证工作。索赔成功的基础在于充分的事实和确凿的证据，关键在于用心收集、整理，并熟知相应的法律法规及合同条款。因此，要求学生，掌握索赔的技巧，同时培养学生的商务礼仪和写作能力。

> 任务分组

填写表2.3.2-1，完成学生任务分配。

表2.3.2-1 学生任务分配

班　级		组　号		指导教师	
组　长		学　号			
组　员	姓　名	学　号		姓　名	学　号
任务分工					
备　注					

模块 2　安装工程施工阶段

自主探学

任务工单 1

组号＿＿＿＿＿＿＿　　姓名＿＿＿＿＿＿＿　　学号＿＿＿＿＿＿＿

引导问题：

（1）索赔的分类有哪些？

_____

_____

_____

_____

（2）工程索赔的程序是怎样的？

_____

_____

_____

_____

（3）请写出索赔费用的组成。

_____

_____

_____

_____

（4）请写出签证单的内容。

_____

_____

_____

_____

（5）现场签证程序是什么？

_____

_____

_____

_____

合作研学

任务工单2

组号_____ 姓名_____ 学号_____

引导问题：

（1）小组交流，教师参与，分析新建公寓楼安装工程遇到的工程事件，并逐一解决，填写表2.3.2-2。

表2.3.2-2 新建公寓楼安装工程费用及工期索赔分析

序号	项目	内容
1	哪些属于不可原谅的拖期？请说明理由。	
2	哪些属于可原谅而不予补偿费用的拖期？请说明理由。	
3	哪些属于可原谅且给予补偿费用的拖期？请说明理由。	
4	排水管道安装部分的价格为多少？（请列出详细的计算公式）	
5	管道安装公司此项应得款为多少？（请详细列举）	
6	管道安装公司应获得的工期补偿为多少？	
7	管道安装公司应获得的费用补偿为多少？	
8	建筑公司的损失由谁负责承担？请说明理由。	
9	建筑公司可补偿的工期为多少？（请列式计算）	
10	建筑公司可补偿的费用为多少？（请列式计算）	

任务工单3

组号_____ 姓名_____ 学号_____

引导问题:

(1) 每个小组推荐一名同学汇报、分享新建公寓楼安装工程费用及工期索赔情况。借鉴每组经验,再次梳理、分析室外工程索赔事件,撰写索赔申请报告(见表2.3.2-3)。

表2.3.2-3　新建公寓楼安装工程费用及工期索赔申请报告

索赔申请报告

(2)根据上述对所遇事件的分析,填写签证单(见表2.3.2-4)。

表2.3.2-4 新建公寓楼室外工程签证单

编号:　　　　　　　　　　　　　　　　　　　　　　　　　　　　　　　第1页 共1页

日 期		工程名称:	
月	日	签 证 原 因	签 证 内 容

施 工 单 位	监 理 单 位	建 设 单 位
(公章)	(公章)	(公章)
现场代表签章	现场代表签章	现场代表签章

项目经理:　　　　　　　　　　　　　　　　　　　　　　　　　　　　计划统计员:

(3)记录存在的不足。

_____
_____
_____

评价反馈

结合任务完成情况，扫描以下二维码，完成个人自评、组内互评、小组组间评价和教师评价。

评价反馈

拓展延学

1. 建设工程施工合同（GF—2017—0201）第二部分　通用合同条款（节选）

16. 违约

16.1　发包人违约

16.1.1　发包人违约的情形

在合同履行过程中发生的下列情形，属于发包人违约：

（1）因发包人原因未能在计划开工日期前7天内下达开工通知的。

（2）因发包人原因未能按合同约定支付合同价款的。

（3）发包人违反第10.1款〔变更的范围〕第（2）项约定，自行实施被取消的工作或转由他人实施的。

（4）发包人提供的材料、工程设备的规格、数量或质量不符合合同约定，或因发包人原因导致交货日期延误或交货地点变更等情况的。

（5）因发包人违反合同约定造成暂停施工的。

（6）发包人无正当理由没有在约定期限内发出复工指示，导致承包人无法复工的。

（7）发包人明确表示或者以其行为表明不履行合同主要义务的。

（8）发包人未能按照合同约定履行其他义务的。

发包人发生除本项第（7）目以外的违约情况时，承包人可向发包人发出通知，要求发包人采取有效措施纠正违约行为。发包人收到承包人通知后28天内仍不纠正违约行为的，承包人有权暂停相应部位工程施工，并通知监理人。

16.1.2　发包人违约的责任

发包人应承担因其违约给承包人增加的费用和（或）延误的工期，并支付承包人合理的利润。此外，合同当事人可在专用合同条款中另行约定发包人违约责任的承担方式和计算方法。

16.1.3　因发包人违约解除合同

除专用合同条款另有约定外，承包人按第16.1.1项〔发包人违约的情形〕约定暂停施工满28天后，发包人仍不纠正其违约行为并致使合同目的不能实现的，或出现第16.1.1项〔发包人违约的情形〕第（7）目约定的违约情况，承包人有权解除合同，发包人应承担由此增加的费用，并支付承包人合理的利润。

16.1.4 因发包人违约解除合同后的付款

承包人按照本款约定解除合同的,发包人应在解除合同后 28 天内支付下列款项,并解除履约担保:

(1) 合同解除前所完成工作的价款。
(2) 承包人为工程施工订购并已付款的材料、工程设备和其他物品的价款。
(3) 承包人撤离施工现场以及遣散承包人人员的款项。
(4) 按照合同约定在合同解除前应支付的违约金。
(5) 按照合同约定应当支付给承包人的其他款项。
(6) 按照合同约定应退还的质量保证金。
(7) 因解除合同给承包人造成的损失。

合同当事人未能就解除合同后的结清达成一致的,按照第 20 条〔争议解决〕的约定处理。

承包人应妥善做好已完工程和与工程有关的已购材料、工程设备的保护和移交工作,并将施工设备和人员撤出施工现场,发包人应为承包人撤出提供必要条件。

16.2 承包人违约

16.2.1 承包人违约的情形

在合同履行过程中发生的下列情形,属于承包人违约:

(1) 承包人违反合同约定进行转包或违法分包的。
(2) 承包人违反合同约定采购和使用不合格的材料和工程设备的。
(3) 因承包人原因导致工程质量不符合合同要求的。
(4) 承包人违反第 8.9 款〔材料与设备专用要求〕的约定,未经批准,私自将已按照合同约定进入施工现场的材料或设备撤离施工现场的。
(5) 承包人未能按施工进度计划及时完成合同约定的工作,造成工期延误的。
(6) 承包人在缺陷责任期及保修期内,未能在合理期限对工程缺陷进行修复,或拒绝按发包人要求进行修复的。
(7) 承包人明确表示或者以其行为表明不履行合同主要义务的。
(8) 承包人未能按照合同约定履行其他义务的。

承包人发生除本项第(7)目约定以外的其他违约情况时,监理人可向承包人发出整改通知,要求其在指定的期限内改正。

16.2.2 承包人违约的责任

承包人应承担因其违约行为而增加的费用和(或)延误的工期。此外,合同当事人可在专用合同条款中另行约定承包人违约责任的承担方式和计算方法。

16.2.3 因承包人违约解除合同

除专用合同条款另有约定外,出现第 16.2.1 项〔承包人违约的情形〕第(7)目约定的违约情况时,或监理人发出整改通知后,承包人在指定的合理期限内仍不纠正违约行为并致使合同目的不能实现的,发包人有权解除合同。合同解除后,因继续完成工程的需要,发包人有权使用承包人在施工现场的材料、设备、临时工程、承包人文件和由承包人或以其名义编制的其他文件,合同当事人应在专用合同条款约定相应费用的承担方式。发包人继续使用的行为不免除或减轻承包人应承担的违约责任。

16.2.4 因承包人违约解除合同后的处理

因承包人原因导致合同解除的,则合同当事人应在合同解除后 28 天内完成估价、付款和清算,并按以下约定执行：

（1）合同解除后，按第4.4款〔商定或确定〕商定或确定承包人实际完成工作对应的合同价款，以及承包人已提供的材料、工程设备、施工设备和临时工程等的价值。

（2）合同解除后，承包人应支付的违约金。

（3）合同解除后，因解除合同给发包人造成的损失。

（4）合同解除后，承包人应按照发包人要求和监理人的指示完成现场的清理和撤离。

（5）发包人和承包人应在合同解除后进行清算，出具最终结清付款证书，结清全部款项。

因承包人违约解除合同的，发包人有权暂停对承包人的付款，查清各项付款和已扣款项。发包人和承包人未能就合同解除后的清算和款项支付达成一致的，按照第20条〔争议解决〕的约定处理。

16.2.5 采购合同权益转让

因承包人违约解除合同的，发包人有权要求承包人将其为实施合同而签订的材料和设备的采购合同的权益转让给发包人，承包人应在收到解除合同通知后14天内，协助发包人与采购合同的供应商达成相关的转让协议。

16.3 第三人造成的违约

在履行合同过程中，一方当事人因第三人的原因造成违约的，应当向对方当事人承担违约责任。一方当事人和第三人之间的纠纷，依照法律规定或者按照约定解决。

17. 不可抗力

17.1 不可抗力的确认

不可抗力是指合同当事人在签订合同时不可预见，在合同履行过程中不可避免且不能克服的自然灾害和社会性突发事件，如地震、海啸、瘟疫、骚乱、戒严、暴动、战争和专用合同条款中约定的其他情形。

不可抗力发生后，发包人和承包人应收集证明不可抗力发生及不可抗力造成损失的证据，并及时认真统计所造成的损失。合同当事人对是否属于不可抗力或其损失的意见不一致的，由监理人按第4.4款〔商定或确定〕的约定处理。发生争议时，按第20条〔争议解决〕的约定处理。

17.2 不可抗力的通知

合同一方当事人遇到不可抗力事件，使其履行合同义务受到阻碍时，应立即通知合同另一方当事人和监理人，书面说明不可抗力和受阻碍的详细情况，并提供必要的证明。

不可抗力持续发生的，合同一方当事人应及时向合同另一方当事人和监理人提交中间报告，说明不可抗力和履行合同受阻的情况，并于不可抗力事件结束后28天内提交最终报告及有关资料。

17.3 不可抗力后果的承担

17.3.1 不可抗力引起的后果及造成的损失由合同当事人按照法律规定及合同约定各自承担。不可抗力发生前已完成的工程应当按照合同约定进行计量支付。

17.3.2 不可抗力导致的人员伤亡、财产损失、费用增加和（或）工期延误等后果，由合同当事人按以下原则承担：

（1）永久工程、已运至施工现场的材料和工程设备的损坏，以及因工程损坏造成的第三人人员伤亡和财产损失由发包人承担。

（2）承包人施工设备的损坏由承包人承担。

（3）发包人和承包人承担各自人员伤亡和财产的损失。

(4) 因不可抗力影响承包人履行合同约定的义务,已经引起或将引起工期延误的,应当顺延工期,由此导致承包人停工的费用损失由发包人和承包人合理分担,停工期间必须支付的工人工资由发包人承担。

(5) 因不可抗力引起或将引起工期延误,发包人要求赶工的,由此增加的赶工费用由发包人承担。

(6) 承包人在停工期间按照发包人要求照管、清理和修复工程的费用由发包人承担。

不可抗力发生后,合同当事人均应采取措施尽量避免和减少损失的扩大,任何一方当事人没有采取有效措施导致损失扩大的,应对扩大的损失承担责任。

因合同一方迟延履行合同义务,在迟延履行期间遭遇不可抗力的,不免除其违约责任。

17.4 因不可抗力解除合同

因不可抗力导致合同无法履行连续超过84天或累计超过140天的,发包人和承包人均有权解除合同。合同解除后,由双方当事人按照第4.4款〔商定或确定〕商定或确定发包人应支付的款项,该款项包括:

(1) 合同解除前承包人已完成工作的价款。

(2) 承包人为工程订购的并已交付给承包人,或承包人有责任接受交付的材料、工程设备和其他物品的价款。

(3) 发包人要求承包人退货或解除订货合同而产生的费用,或因不能退货或解除合同而产生的损失。

(4) 承包人撤离施工现场以及遣散承包人人员的费用。

(5) 按照合同约定在合同解除前应支付给承包人的其他款项。

(6) 扣减承包人按照合同约定应向发包人支付的款项。

(7) 双方商定或确定的其他款项。

除专用合同条款另有约定外,合同解除后,发包人应在商定或确定上述款项后28天内完成上述款项的支付。

……

19. 索赔

19.1 承包人的索赔

根据合同约定,承包人认为有权得到追加付款和(或)延长工期的,应按以下程序向发包人提出索赔:

(1) 承包人应在知道或应当知道索赔事件发生后28天内,向监理人递交索赔意向通知书,并说明发生索赔事件的事由;承包人未在前述28天内发出索赔意向通知书的,丧失要求追加付款和(或)延长工期的权利。

(2) 承包人应在发出索赔意向通知书后28天内,向监理人正式递交索赔报告;索赔报告应详细说明索赔理由以及要求追加的付款金额和(或)延长的工期,并附必要的记录和证明材料。

(3) 索赔事件具有持续影响的,承包人应按合理时间间隔继续递交延续索赔通知,说明持续影响的实际情况和记录,列出累计的追加付款金额和(或)工期延长天数。

(4) 在索赔事件影响结束后28天内,承包人应向监理人递交最终索赔报告,说明最终要求索赔的追加付款金额和(或)延长的工期,并附必要的记录和证明材料。

19.2 对承包人索赔的处理

对承包人索赔的处理如下：

（1）监理人应在收到索赔报告后14天内完成审查并报送发包人。监理人对索赔报告存在异议的，有权要求承包人提交全部原始记录副本。

（2）发包人应在监理人收到索赔报告或有关索赔的进一步证明材料后的28天内，由监理人向承包人出具经发包人签认的索赔处理结果。发包人逾期答复的，则视为认可承包人的索赔要求。

（3）承包人接受索赔处理结果的，索赔款项在当期进度款中进行支付；承包人不接受索赔处理结果的，按照第20条〔争议解决〕约定处理。

19.3 发包人的索赔

根据合同约定，发包人认为有权得到赔付金额和（或）延长缺陷责任期的，监理人应向承包人发出通知并附有详细的证明。

发包人应在知道或应当知道索赔事件发生后28天内通过监理人向承包人提出索赔意向通知书，发包人未在前述28天内发出索赔意向通知书的，丧失要求赔付金额和（或）延长缺陷责任期的权利。发包人应在发出索赔意向通知书后28天内，通过监理人向承包人正式递交索赔报告。

19.4 对发包人索赔的处理

对发包人索赔的处理如下：

（1）承包人收到发包人提交的索赔报告后，应及时审查索赔报告的内容、查验发包人证明材料。

（2）承包人应在收到索赔报告或有关索赔的进一步证明材料后28天内，将索赔处理结果答复发包人。如果承包人未在上述期限内作出答复的，则视为对发包人索赔要求的认可。

（3）承包人接受索赔处理结果的，发包人可从应支付给承包人的合同价款中扣除赔付的金额或延长缺陷责任期；发包人不接受索赔处理结果的，按第20条〔争议解决〕约定处理。

19.5 提出索赔的期限

（1）承包人按第14.2款〔竣工结算审核〕约定接收竣工付款证书后，应被视为已无权再提出在工程接收证书颁发前所发生的任何索赔。

（2）承包人按第14.4款〔最终结清〕提交的最终结清申请单中，限于提出工程接收证书颁发后发生的索赔。提出索赔的期限自接受最终结清证书时终止。

详细资料可扫描二维码查阅。

建设工程
施工合同
GF—2017—0201

2. 综合案例

某综合楼工程，地下1层，地上10层，钢筋混凝土框架结构，建筑面积28500 m²。某施工单位与建设单位签订了工程施工合同，合同工期约定为20个月。施工单位根据合同工期编制了该工程项目的施工进度计划，并且绘制出施工进度网络计划，如图2.3.2-1所示(单位：月)。

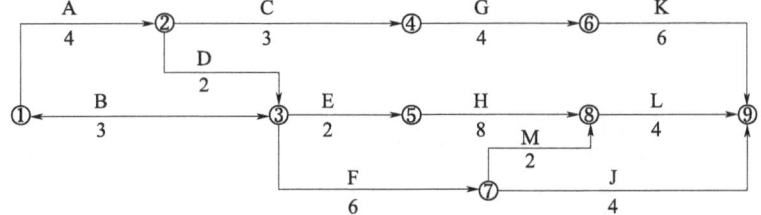

图 2.3.2-1　施工进度网络计划

◆ 安装工程施工组织与管理（活页式）

在工程施工中发生了如下事件。

事件1：因建设单位修改设计，致使工作K停工2个月。

事件2：因建设单位供应的建筑材料未按时进场，致使工作H延期1个月。

事件3：因不可抗力原因致使工作F停工1个月。

事件4：因施工单位原因工程发生质量事故返工，致使工作M实际进度延迟1个月。

问题：

(1) 指出该网络计划的关键线路，并指出由哪些关键工作组成。

(2) 针对本案例上述各事件，施工单位是否可以提出工期索赔的要求？并分别说明理由。

(3) 上述事件发生后，本工程网络计划的关键线路是否发生改变？如有改变，指出新的关键线路。

(4) 对于索赔成立的事件，工期可以顺延几个月？实际工期是多少？

任务2.4 安全文明施工管理

子任务2.4.1 安全文明的认知

任务描述

安全文明施工是工程建设永恒不变的主题。随着建筑行业的不断发展,工程安全文明管理问题也越来越受到普遍的重视。安全文明施工水平反映了工程管理的水平。安全文明施工管理是工程管理中最重要的工作之一,它贯穿于工程项目的始末。一个工程项目若在安全文明施工管理工作上出了问题,尤其是出了安全事故,往往会造成工程停工、工期后延,施工单位在经济、名誉上受到重大打击,致使后期施工受到严重影响,建设单位往往不能实现既定的工程计划目标。在工程施工过程中,如何提高安全生产工作和文明施工的管理工作,实现工程施工的标准化、规范化,预防伤亡事故的发生,确保工程目标计划的顺利实现,已成为摆在工程管理人员面前的一个重要的课题。而建筑施工现场是一个环境恶劣、危险丛生的场所,因此,改善现场人员的作业环境、生活环境,以及关注职工的健康状况,成为当前建筑施工企业的一项重要工作。

请结合新建公寓楼工程项目施工实际情况,填写安全文明施工管理工作的目标和安全管理机构、重大危险源辨识表、现场文明施工设置表、废水排放环境管理计划、噪声排放环境管理计划、粉尘排放环境管理计划、固废弃物排放环境管理计划七个表格。同时,在施工过程中,为科学评价建筑施工现场安全生产,预防生产安全事故的发生,保障施工人员的安全和健康,提高施工管理水平,实现安全检查工作标准化和文明施工管理标准化,根据《建筑施工安全检查标准》(JGJ 59—2021),做好施工现场安全检查和文明施工检查评定工作。

学习目标

1. **知识目标**

(1) 能列举工程项目安全的特点、安全管理目标和管理措施。
(2) 能说出制定工程安全管理目标应遵循的原则。
(3) 能说出文明施工管理的主要内容。
(4) 能说出安全与环境应急预案的主要内容。

2. **能力目标**

(1) 能确定安全管理目标及组织机构。
(2) 能辨识危险源并提出预防措施。
(3) 能制定文明施工管理及环境管理措施。

3. **素质目标**

(1) 具备规范施工、保证安全的职业素养,严格把控安全关。

(2)具备"安全第一、预防为主"的专业责任感,强化防范意识。
(3)践行人与自然和谐发展,树立节能降耗意识。
(4)树立工程安全意识,强化安全工地、平安中国的职业意识。

任务分析

1. 重点
(1)识别工程项目的危险源并提出预防措施。
(2)制定文明施工管理措施。
(3)制定环境管理措施。

2. 难点
(1)识别工程项目的危险源并提出预防措施。
(2)安全管理相关表格的规范性填写。

相关知识链接

知识卡一 安全管理

建筑安装工程的安全管理是指在建筑安装施工生产活动中保护生产者安全的管理工作。它具有一般建筑工程施工所具有的安全风险,如高处坠落、物体打击、坍塌、机械伤害、触电、火灾等,还具有大量测试潜在的安全风险。

工程安全在世界各国都是一个受到普遍关注的重要问题。广义的工程安全包含两个方面的含义:一方面是指工程建筑物本身的安全,即质量是否达到了合同要求、能否在设计规定的年限内安全使用,设计质量和施工质量直接影响到工程本身的安全,二者缺一不可;另一方面则是指在工程施工过程中人员的安全,特别是合同有关各方现场工作人员的生命安全。本教材中提到的"安全管理"指的是后者。

1. 工程项目安全的特点

安全既包括人身安全,也包括财产安全。工程项目安全就是要求我们采取措施使工程项目在施工中无危险,不出事故。安全法规、安全技术和环境卫生是工程项目安全的三大主要措施。这三大措施与控制对象和控制内容的关系是:安全法规侧重于对劳动者的管理,约束劳动者的不安全行为,其主要内容是安全生产责任制、安全教育、事故的调查与处理。安全技术侧重于对劳动对象和劳动手段的管理,消除、减少物品不安全状态,其主要内容是安全检查和安全技术管理。环境卫生侧重于对环境的管理。人、物和环境这些控制对象构成了安全体系,安全要管人、管物、管环境,所以,工程项目安全的特点如下:

(1)工程项目安全的难点多。由于施工项目复杂、环境变化大,造成施工高处作业多、地下作业多、大型机械使用多、用电多、易燃易爆化工用品多,因而使事故引发点多，控制难度大。

（2）安全的劳保责任重。建筑工程施工是劳动密集型的工作，手工作业多、人员数量多、交叉作业多，因而施工潜在作业危险多。因此，要通过安全劳动保护创造施工安全条件，如"三宝"，即安全帽、安全带、安全网。

（3）工程项目安全是企业安全的组成部分，企业通过安全组织系统、安全法规系统和安全技术系统保证工程项目安全的实现。

（4）施工现场是事故易发处，是安全控制的重点，如"四口"（楼梯口、电梯井口、预留洞口、通道口）、"五临边"（阳台周边、楼层周边、屋面周边、跑道及斜道侧边和卸料平台侧边）。

2. 确定项目安全管理目标

安全生产12字方针，即"安全第一、预防为主、综合治理"，反映了安全生产工作的规律和特点。

（1）工程项目安全管理目标。工程项目安全管理目标是指项目经理部根据企业的整体目标，在分析内部条件和外部环境的基础上，确定安全生产所要达到的奋斗目标。

工程项目安全管理目标的制定应遵循以下原则。

1）突出重点，分清主次，不能平均分配，面面俱到。安全管理目标应突出重大事故、负伤频率、施工环境标准合格率等方面的指标，同时注意次要目标对重点目标的有效配合。

2）安全管理目标具有先进性，即目标的适应性和挑战性，也就是说制定的目标一般略高于实施者的能力和水平，使之经过努力可以完成，应是"跳一跳，够得到"，但不能高不可攀，令人望目标而兴叹，也不能低而不费力，容易达到。

3）目标的预期结果应具体化、定量化、数据化。

4）安全目标要具有科学性、针对性和有效性。

（2）工程项目安全管理目标的内容。

1）为了减少和消除生产过程中的各种事故，保证人员健康、安全和财产免受损失，首先从事故控制方面要求杜绝死亡、火灾以及管线、设备等重大事故的发生，即死亡、火灾以及管线、设备事故发生率为零；其次，从创优达标方面要求达到《建筑施工安全检查标准》（JGJ 59—2021）的合格标准；此外，要达到当地（市、区）建设工程安全标准化管理的标准，即区、县安全标准化管理工地及文明工地或市级安全标准化管理工地、市文明工地等。

2）安全管理目标主要包括以下几点。

①伤亡事故控制目标：杜绝死亡、避免重伤，一般事故应有控制指标。

②安全达标目标：根据项目工程的实际特点，按部位制定安全达标的具体目标值。

③文明施工实现目标：根据项目工程施工现场环境及作业条件的要求，制定实现文明工地的目标。

3）安全管理目标：主要体现在"六杜绝""三消灭""二控制""一创建"。

六杜绝：杜绝重伤及死亡事故、杜绝坍塌伤害事故、杜绝高处坠落事故、杜绝物体打击事故、杜绝机械伤害事故、杜绝触电事故。

三消灭：消灭违章指挥、消灭违章操作、消灭"惯性事故"。

二控制：控制年负伤率、控制年安全事故率。

一创建：创建安全文明工地。

3. 项目安全管理组织机构和安全保证体系

我国现行的安全管理体制是：企业全面负责、行业管理、国家监察、群众监督、劳动者遵章守纪。企业作为安全责任的主体，应当对企业的安全生产负全面责任，企业法定代表人应是安全生产的第一责任人。因此，企业必须认真研究与落实安全生产的实际问题，遵循"安全第一，预防为主"的指导方针，正确处理安全与生产的矛盾，切实解决生产中的不安全问题，消除事故隐患，以保障人民生命财产安全。做到安全为了生产，生产必须安全，使企业的安全生产工作走上良性循环的轨道。

（1）公司的安全组织机构图（见图 2.4.1-1）。

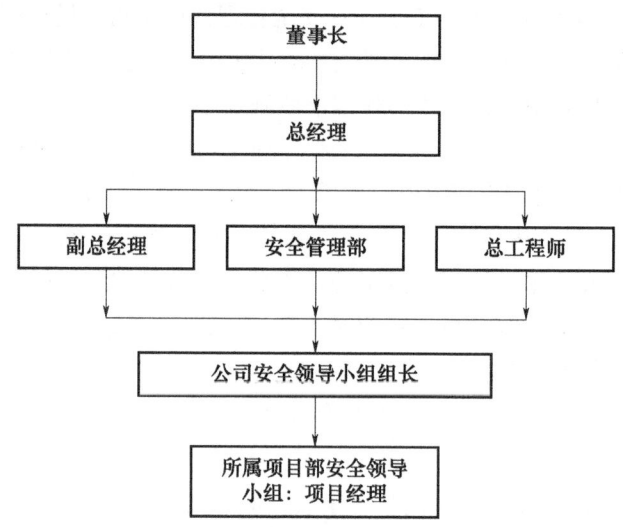

图 2.4.1-1　公司安全组织机构

（2）项目部安全组织机构图（见图 2.4.1-2）。

（3）安全保证体系。《中华人民共和国建筑法》第四十四条规定："建筑施工企业必须依法加强对建筑安全生产的管理，执行安全生产责任制度，采取有效措施，防止伤亡和其他安全生产事故的发生。建筑施工企业的法定代表人对本企业的安全生产负责。"第四十五条规定："施工现场安全由建筑施工企业负责……"

《中华人民共和国安全生产法》第五条明确规定："生产经营单位的主要负责人对本单位的安全生产工作全面负责。"

1）公司经理负第一责任，主管生产的公司副经理负领导责任，安全员对安全生产及施工员负督促检查责任。

2）公司与项目经理部、项目经理部与各工种班组签订的经济承包合同必须有安全承

模块2 安装工程施工阶段

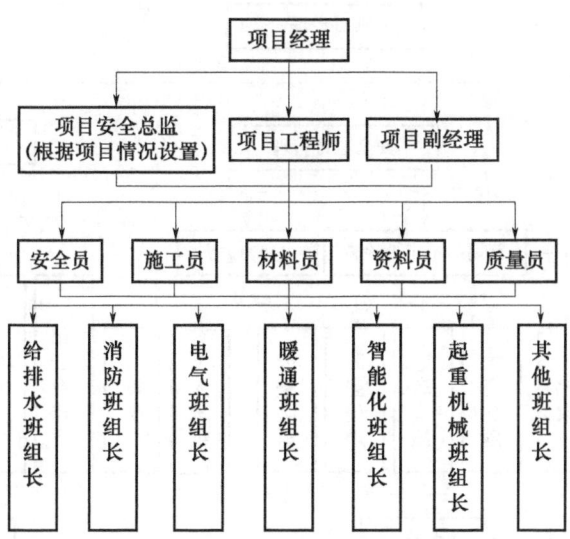

图 2.4.1-2 项目部安全组织机构

包条款,安全承包条款必须与奖金、工资挂钩。

3)项目经理部认真执行劳动保护方针、政策、法规、法令、规章制度及企业的决策等,对新进场工人进行安全教育,对特殊工种作业人员按规定选送培训,坚持有证操作的规定,有权拒绝上级不符合安全的指令和意见,发生事故后应立即采取措施,及时向企业领导、主管部门报告,并进行伤亡事故调查取证,坚持"四不放过"原则,拟定整改措施,督促贯彻执行。

4)项目经理部参加单位工程施工方案的编制,制定单位工程技术安全措施,组织各班组做好安全检查工作,及时整改安全隐患,写好安全日记,负责当月的安全伤亡事故分析,并上报给分公司。

5)安全事故责任者,除必须受到经济处罚外,视责任轻重还要对其处以警告、严重警告、记大过、开除留用、撤除等行政处分,情节特别严重的送司法机关处理。

安全保障体系如图 2.4.1-3 所示。

(4)制定安全管理措施。安全管理措施是为防止人的不安全行为和物的不安全状态引发安全事故而采取的改善生产工艺、改进生产设备、控制生产因素的不安全状态,为实现安全生产而采取的技术方法与措施。安全技术侧重对劳动手段和劳动对象的管理,包括预防伤亡事故的工程技术和安全技术规范、技术规定、标准、条例等,以规范物的状态,减轻或消除对人的危害。

《中华人民共和国建筑法》第三十八条规定,"建筑施工企业在编制施工组织设计时,应当根据建筑工程的特点制定相应的安全技术措施……"

1)基本要求。

①必须具有合法的"安全生产许可证"和"施工企业安全资格审查认可证"。

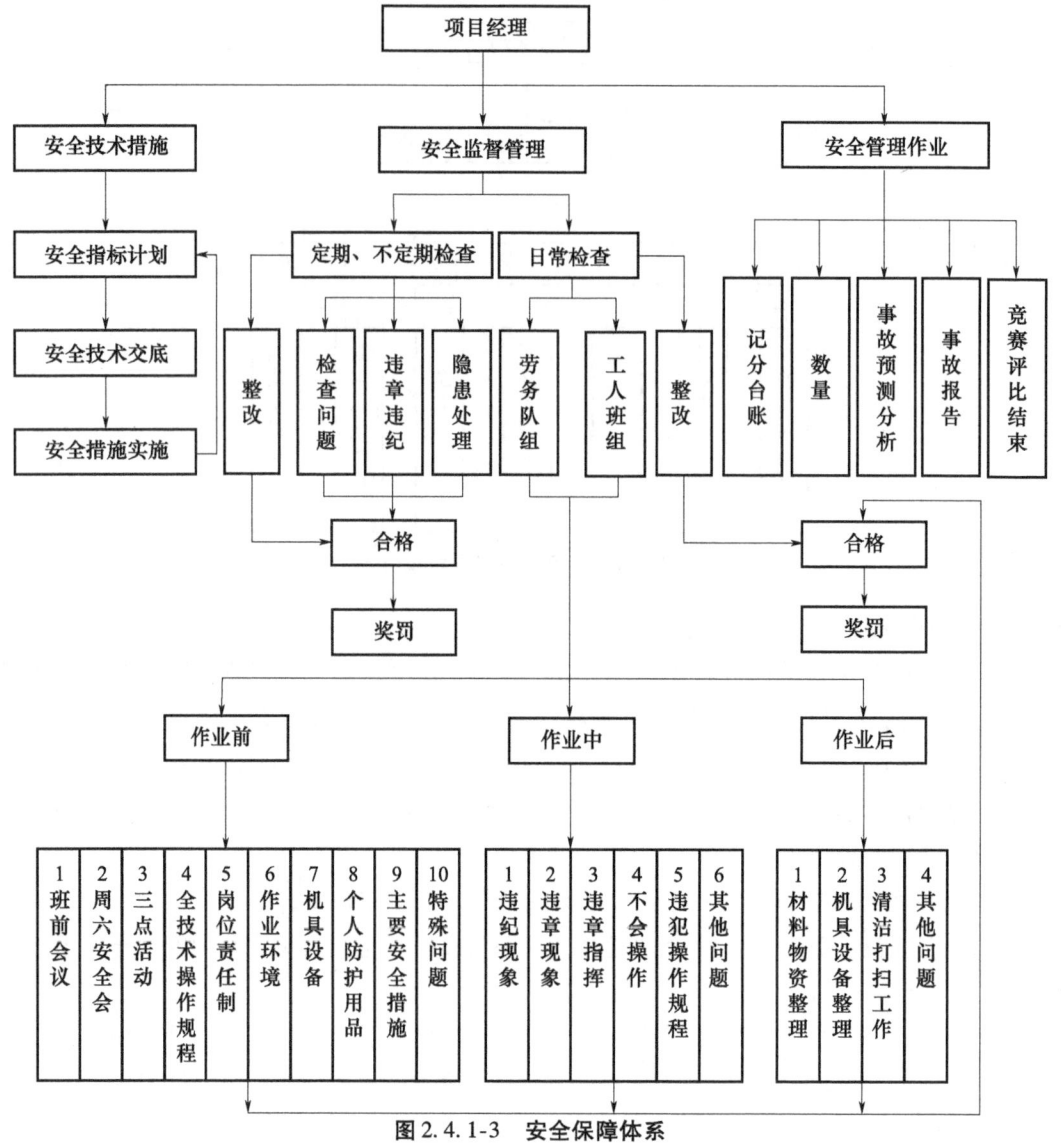

图 2.4.1-3　安全保障体系

②各类作业人员必须具备相应的执业资格才能上岗，特殊工种严格按规定日期复查。

③新员工必须经过施工企业、项目部和班组"三级安全教育"。

④对查出的安全隐患要做到"五定"，即定整改责任人、定整改措施、定整改完成时间、定整改完成人、定整改验收人。

⑤必须把好安全生产"五关"，即措施关、教育关、防护关、检查关和改进关。

⑥施工现场安全设施齐全，符合国家及地方有关规定。

⑦施工机械必须经过严格的安全检查和试运转，合格后方可使用。

2）具体目标。

①对结构复杂、施工难度大、专业性较强的项目，要制定专门的安全技术措施。

②对高空作业、井下作业、电器、电（气）焊、压力容器等特殊工种作业，应制定专项安全技术规程。

③施工用电安全应有保障措施。

④机械安全应有保障措施。

⑤安全防护设施和安全预防措施应涵盖以下方面：防火、防毒、防爆、防洪、防尘、防雷击、防触电、防坍塌、防物体打击、防机械伤害、防起重设备滑落、防高空坠落、防交通事故、防寒、防暑、防疫、防环境污染等。

3）实施保障。

①安全生产责任制。安全生产责任制是施工安全技术措施实施的重要组织保证。项目经理是第一安全责任人；所属各级安全相关人员（包括班组安全员）在规定的各自职责范围内，承担相应的责任。

②安全技术交底：项目经理部必须实行逐级安全技术交底制度，直到班组全体作业人员；内容应具体、准确、针对性强；对施工作业难度大和危险性较大的项目，要详尽交代预防措施、安全事项、相应的操作规程和标准，可能发生事故时，应采取及时有效的避难和应急措施。

③设置安全标志：安全标志是用以表达特定安全信息的标志，由图形符号、安全色、集合形状（边框）或文字构成。我国《安全标志及其使用导则》（GB 2894—2008）规定了四类传递安全信息的安全标志，即禁止标志、警告标志、指令标志、提示标志。

a. 禁止标志：禁止人们不安全行为的图形标志。

b. 警告标志：提醒人们对周围环境引起注意，以避免可能发生危险的图形标志。

c. 指令标志：强制人们必须采取某种动作或采用防范措施的图形标志。

d. 提示标志：向人们提供某种信息（如标明安全设施或场所等）的图形标志。

4. 重视安全检查与教育

（1）安全检查是安全保障和杜绝事故的重要环节。施工现场的安全检查主要有以下几种形式。

1）班前检查：由班组长和安全员，在每天上班前对作业现场进行安全检查，这种检查既是例行的，也是必要的，不但可以及时发现隐患和事故的苗头，还能让施工第一线班组人员时时将安全挂在心上。

2）日常检查：由安全值日人员或专职安全员每天对施工现场巡视，进行例行的检查。

3）定期检查：每周或每旬，由项目经理牵头，组织相关人员对施工现场进行定期安全大检查。

4）专项检查：由职能部门组织相关人员对工程重要部位、起重机械、特殊工种和季节更换进行专题安全检查。

（2）安全检查的主要内容。根据检查的形式，有针对性地确定相应的安全检查内容，一般包括查思想、查制度、查措施落实，查事故隐患及事故苗头，查关键地点和部位，查违章作业，查事故处理等。

（3）检查的主要方法。通过有关会议、座谈、施工现场巡查以及各种检测手段相辅进行，切忌重形式、走过场。

（4）安全检查流程图如图2.4.1-4所示。

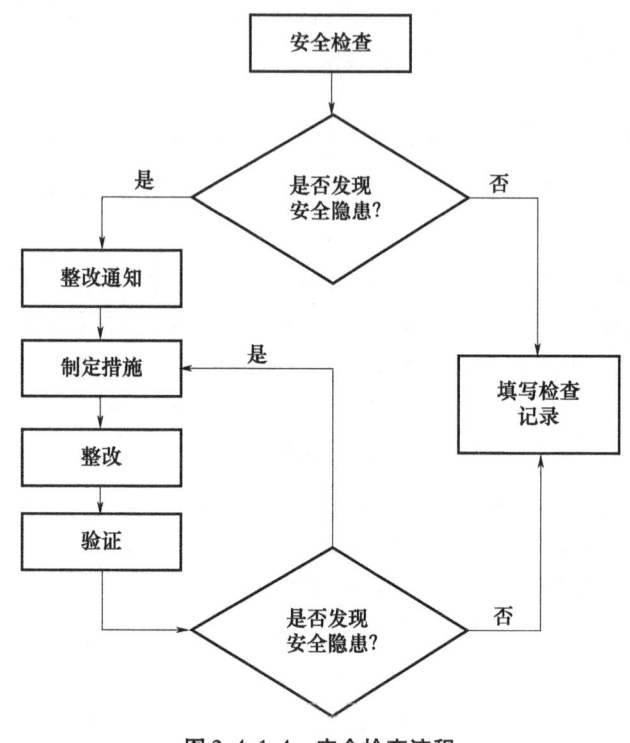

图2.4.1-4　安全检查流程

（5）安全教育。

1）广泛、深入地开展安全生产宣传教育，使全体人员真正认识到安全生产的重要性和必要性，牢固树立"安全第一"的思想，自觉遵守各项安全规章制度。

2）建立经常性的安全教育考核制度，认真抓好公司、项目经理部和施工班组三个层次的安全教育，让广大员工熟悉和掌握安全生产知识、技能、操作规程、安全法规等，考核成绩记入员工档案。

3）对采用新技术、新工艺、新设备和岗位变动的人员，要进行专项安全教育培训方可上岗。

4）工人进场必须进行岗位安全三级教育，即必须进行公司级（或分公司）一级、项目二级、班组三级安全教育。

①对于新进场的工人队组，首先由公司劳资部门牵头，质安部门讲授安全生产常识和技术要求，治安由保卫部门负责，道德教育由工会负责，教育后办理签字手续。

②其后，由项目经理部进行安全技术教育，具体由项目经理负责，教育后办理签字手续。

③班组这一级教育由主管工长具体负责，教育内容为事故教训及本工种的工作环境，教育后办理签字手续。

知识卡二　文明施工管理

文明施工是一个企业的窗口，是企业风貌的具体反映。因此，实行文明施工是一个企业必不可少的课题，是在竞争市场中站稳脚跟的基础。

1. 建立和健全文明施工保障体系

项目经理部成立文明领导小组，制定详细的文明施工责任制度，严格按《建筑施工安全检查标准》（JGJ 59—2011）的要求执行，把文明施工作为日常工作常抓不懈。文明施工管理机构及运行程序如图2.4.1-5所示。

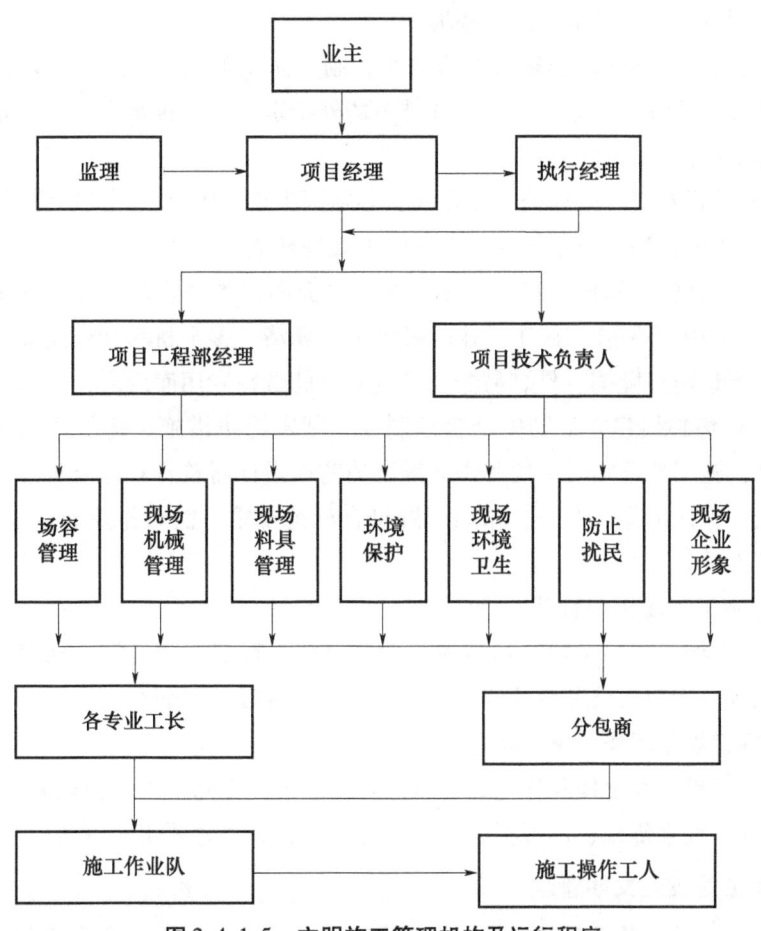

图2.4.1-5　文明施工管理机构及运行程序

2. 加强施工生产区的文明施工管理

(1) 施工组织设计中必须明确文明施工的规划、组织体系、职责。施工总平面布置要考虑文明施工的需要,统一规划,经审核批准后执行。

(2) 施工现场围挡坚固稳定、整洁美观,市区主要路段的工地应设置高度不小于2.5 m的封闭围挡,一般路段设置高度不小于1.8 m的封闭围挡,并在围墙上布置相应的文明施工标志。

(3) 施工现场采取封闭式管理,施工现场进出口设置大门,建立完善的门卫制度,配备门卫值守人员,施工人员进入施工现场佩卡上岗,未佩戴工作卡的施工人员和其他人员一律不准进入施工工地,建立治安保卫巡逻制度。施工现场出入口标有企业名称或标识,并设置车辆冲洗设施。

(4) 明确划分文明施工责任区,责任落实无死角,保持施工场地容貌清洁。

1) 施工现场道路通畅,路面平整坚实,施工现场的主要道路及材料加工区地面应进行硬化处理,创造干净、整洁的施工环境。

2) 施工污水和场地雨水必须有组织排水;制定防止泥浆、污水、废水污染环境的措施;污水需经沉砂井沉淀处理后,才允许排至场外指定地点;排水设施应经常组织人员清理,以保证排水通畅。

3) 在工地设置专门的吸烟处,吸烟人员必须到吸烟处吸烟,严禁随意吸烟。

4) 设立绿化带,种植花草树木,美化施工现场环境。

5) 施工建筑材料、构件、料具等必须按总平面布局整齐堆放,挂上标识牌,并采取防火、防锈蚀、防雨等措施。施工作业区做到工完场清,多余材料和建筑垃圾运到指定地点整齐堆放,严禁随意抛掷。易燃易爆物品应分类储藏在专用库房内,并制定防火措施。

(5) 施工现场必须建立消防安全管理制度,制定消防措施。施工现场应设置消防通道、消防水源,施工现场临时用房和作业场所的防火设计需符合规范要求。施工现场灭火器材配备齐全,保证可靠、有效,布局配置符合规范要求。明火作业履行动火审批手续,配备动火监护人员。

(6) 做好施工现场标牌管理。

1) 在施工现场大门口设置公示标牌,主要包括工程概况牌、消防保卫牌、安全生产牌、文明施工牌、管理人员名单及监督电话牌、施工现场总平面图。

2) 各种标牌规范制作,整齐张贴。

3) 在上、下班必经之地和作业场所悬挂安全标语,提高工人的安全意识。

4) 在现场设置宣传栏、读报栏、黑板报等设施,其内容要定期更换。

3. 加强生活区安全文明管理

(1) 生活区与施工作业区划分清晰,互相分开,不允许在施工作业区住人。

(2) 宿舍、办公用房的防火等级符合规范要求,宿舍应设置可开启式窗户,宿舍内住宿人员人均面积应不小于 2.5 m²，且不得超过 16 人，床铺不得超过 2 层，通道宽度应不小于 0.9 m。

（3）夏季宿舍内有防暑降温和防蚊蝇措施，冬季有采暖和防一氧化碳中毒措施。

（4）宿舍、办公室防火等级符合规范要求。

4. 加强生活设施安全卫生管理

（1）建立健全卫生责任制并落实到人。

（2）在生活区修建卫生的公共厕所，厕所的污水必须经化粪池处理才允许排入公共下水道。

（3）提供给工人的饮用水必须由当地的卫生饮用水源接入。

（4）施工现场设公共浴室，浴室必须是淋浴。

（5）生活垃圾集中堆放于垃圾池，并且定期清运。

（6）整个生活区的公共卫生设专人负责，以保持生活区经常清洁、干净。生活区设保安卫生人员，以保证生活区安全和环境卫生良好。生活区设置厕所、浴室、饭堂等公共设施。厕所要设专人清扫。生活垃圾设置垃圾池，不准乱扔垃圾，垃圾池要定期清理，以保证生活区的公共卫生。同时，公司卫生所定期到工地进行医疗门诊及做好施工现场的除"四害"工作。

5. 做好保健急救工作

（1）在施工现场设医务室，安排专职卫生员。

（2）医务室必须配备常用的急救医疗器材和药品。

（3）积极开展卫生防病宣传教育。

（4）在高温天气，向工人提供防暑降温饮品。

6. 做好施工现场文明施工社区服务

施工现场应制定施工不扰民措施；此外，还应制定防粉尘、防噪声、防光污染等措施；严禁焚烧各类废弃物；必须经批准后方可进行夜间施工。

知识卡三　环境管理

为节约能源资源，保护环境，创建整洁文明的施工现场，保障施工人员的身体健康和生命安全，改善建设工程施工现场的工作环境与生活条件，施工企业和施工现场需要制订环境管理计划，环境管理计划是保证实现项目施工环境目标的管理计划。

1. 环境管理计划

一般来讲，应根据建筑工程各阶段的特点，依据分部（分项）工程进行环境因素的识别和评价，并制定相应的管理目标、控制措施和应急预案等。

首先，成立以项目经理为首的环境保护小组，明确各岗位的职责和权限，组织所有参与体系的人员进行相应的学习和培训，提高环境保护意识，充分认识这是利国利民的重要工作，并掌握相关的知识和技能，自觉地严格执行国家及地方有关环保的方针、政策、法规和法令。同时，根据项目重要环境因素，确定项目环境管理目标，配备各种相应的环保设施，制定相关的管理制度和措施等。

施工现场影响环保的污染源主要有扬尘、垃圾、污水、噪声和固体废物等，以下是一些防治措施。

2. 空气污染防治措施

（1）运输土方、垃圾和散装粒料，要采取有效措施，防止散落、飞扬和流淌；并随时采取相应的清洁措施，防止扬尘污染空气。

（2）对施工作业中产生的扬尘，如填土方、散装颗粒材料的堆放、建筑垃圾和装饰阶段的清理等，要采取相应措施避免和减少扬尘，如洒水、覆盖、封闭等。施工现场观测的总悬浮颗粒物（TSP）月平均浓度与城市值相比，不大于 $0.08 \ ml/m^3$。

（3）除设有符合规定的装置外，禁止在施工现场焚烧油毡、橡胶、塑料、皮毛、包装废弃物和其他会产生有毒、有害烟尘和恶臭气体的物质。

3. 污水防治措施

（1）施工现场污水排放，应达到国家标准《污水综合排放标准》（GB 8978—1996）的要求，并委托有资质的单位进行检测、提供检测报告。

（2）针对不同的污水设置相应的处理设施，如沉淀池、隔油池、化粪池等。

（3）保护地下水环境，避免地下水受到污染。

（4）对化学用品、外加剂和油料等特殊物品，要妥善储存和保管，防止遗漏污染环境。

4. 噪声防控措施

（1）凡是对人的生活和工作造成不良影响的声音，皆称为噪声。施工现场对噪声要进行实时监测和控制，现场噪声不得超过《建筑施工场界环境噪声排放标准》（GB 12523—2011）的相应要求。

（2）尽量采用低噪声设备和工艺，在声源处安装消声设施，从声源处进行控制。

（3）从传播途径上进行控制，如采用吸声材料，采取隔声措施，利用消声器阻止噪声传播，通过降低振动措施减小噪声等；严格控制人为噪声，如高声喊叫、甩打模板、使用高音喇叭等。同时，严格控制强噪声的作息时间，一般晚上 10 点到次日早上 6 点，停止强噪声作业，最大限度减少噪声扰民。

5. 固体废物的处理措施

建筑工地上常见的固体废物有建筑渣土、废弃的散装建筑材料（如水泥、石灰等）、生活垃圾、废弃的包装材料等。固体废物的处理一般有以下几种方式。

（1）回收利用：是对固体废物进行资源化、减量化的重要手段之一，是首要考虑的处理方式。

（2）减量化处理：对固体废物进行分选、破碎、压实、脱水填埋或焚烧、堆肥等，由专业的废物处理单位进行。

（3）尽量使需要处理的废物与周围生产环境隔离，注意废物处理的稳定性和长期安全性。

知识卡四　安全与环境应急预案

安全与环境管理体系除常规的管理体制外，还拥有一套应急的机制和手段，在项目策划阶段对特定潜在的事件或突发事故采取应急措施和安排，避免突发事故产生时的混乱，最大限度地预防和减少事故对环境和安全造成的危害和影响。

工程项目部应针对工程特点进行重大危险源的辨识，应制定防触电、防坍塌、防高处坠落、防起重及机载伤害、防火灾、防物体打击等主要内容的专项应急救援预案，并对施工现场易发生重大安全事故的部位、环节进行监控。施工现场应建立应急救援组织，培训、配备应急救援人员，定期组织员工进行应急救援演练，并按应急救援预案要求配备应急救援器材和设备。

1. 应急预案的主要内容

（1）除掌握和反映工程项目基本概况外，重点关注工程的特点、难点；新材料、新工艺的应用；是否有超大、超高、超深和超常规等特殊部位（件）。

（2）工程合同对安全、环境的要求包括地方和社会的特殊要求，周边的交通情况，以及当地的救援机构和消防队、医院等。

（3）施工现场的仓库、油库、配电室和易燃的木质房以及消防通道、消防设施等。

（4）关注对环境和职业健康风险较大的施工工艺可能产生潜在的事故。

（5）可能发生的潜在事件和突发情况。

重点针对紧急情况下的环境因素和危险源，识别各种不同条件下可能发生的环境和职业健康安全事件和紧急情况及其带来的风险，并对风险进行评估，制定相应的措施，严加防范；特别要避免事故扩大和对救援人员的伤害，将事故损失降到最低。

2. 应急准备

（1）组织机构和人员准备。

1）项目经理部成立生产安全和环境事故应急小组，如图2.4.1-6所示。

2）应急小组相关人员职责。

①项目经理是项目环境和职业健康安全应急小组第一负责人，统筹和指挥一切事件，项目副经理和技术负责人协助。

②医务员、安全员和保卫是该机制的常设人员。

③成立以医务员为中心、以班组兼职卫生员为骨干的现场急救小组，对突发事故进行现场急救处理或运送医院救治。

④成立熟悉施工现场各种抢险作业的兼职现场抢险队，骨干队员应有10~20人，平

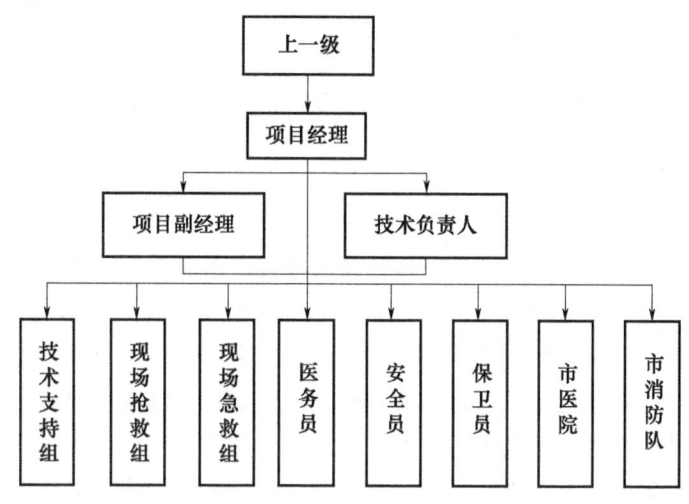

图 2.4.1-6 生产安全和环境事故应急小组

时要抓好演习和培训，遇到突发事故时，在项目经理的率领下，及时抢险处置各种事故。

（2）物资和设备准备。现场储备的应急救援物资和设备，非特殊情况不能动用，定期检查，随时补充。场外相关单位的应急物资和设备，应经常沟通、联系。

3. 应急预案注意事项

（1）千方百计防止事故扩大、二次污染或二次伤害，减少人员伤亡和财产损失，把抢救人员放在第一位。

（2）严禁救护过程中的违章指挥和冒险作业，避免抢救中产生伤亡。

（3）保护事故现场。

（4）现场急救主要针对施工现场高空坠落、物体打击、坍塌事故、触电事故、机械事故、火灾事故、中毒中暑、化学品泄漏等；伤害的形式包括烧伤、烫伤、中毒、中暑、出血、骨折、休克、颅脑损伤、内脏操作、肢体断裂、呼吸及心搏骤停等。在外部救援人员未到达时，对受伤者进行及时、必要的抢救。

4. 应急预案的实施和演练

发生事故后，严格执行应急预案。负伤人员或最先发现事故的人员应立即报告项目管理人员和项目经理。首先，组织抢救伤员（或打 120 急救电话）和排除险情，阻止事故蔓延扩大。为了事故调查分析需要，要保护好事故现场。因抢救伤员和排险而必须移动现场物件时，要做好标记，并由项目经理拟写一份事故书面报告立即上报上级领导部门。报告的内容主要包括以下内容：

（1）事故发生的时间、地点。

（2）事故的简要经过、伤亡情况和损失情况。

（3）事故发生原因的初步判断。

（4）事故发生后采取的措施及事故控制的情况。

(5) 项目落款。

注意：事故发生后，所有项目人员要积极配合上级领导部门调查事故原因，坚持事故原因分析不清楚不放过、责任人没有收到处罚不放过、肇事者和群众没有受到教育不放过、没有制定防范措施不放过的"四不放过"原则，尽快处理好事故，防止事故再次发生。

思想政治素养养成

（1）在施工现场，安全是第一位的。在本次任务中，我们一起学习了施工现场的主要危险源及预防措施。在施工现场处处、时时都要注意安全问题，安全问题切不可大意。因此一定要具备规范施工、保证安全的职业素养，严格把控安全关。

（2）施工现场随处都可能存在危险源，要做好预防准备，做好防护措施，养成"安全第一、预防为主"的专业责任感，强化防范意识。

（3）现代施工不仅要把建筑物建好，而且要与社会、自然相互协调发展，做好环境与社会的沟通与协调，讲究人性化施工，践行人与自然和谐发展，树立节能降耗意识。

任务分组

填写表 2.4.1-1，完成学生任务分配。

表 2.4.1-1　学生任务分配

班　级		组　号		指导教师	
组　长		学　号			
组　员	姓　名	学　号		姓　名	学　号
任务分工					
备　注					

◆ 安装工程施工组织与管理（活页式）

> 自主探学

任务工单1

组号＿＿＿＿＿＿＿　　　姓名＿＿＿＿＿＿＿　　　学号＿＿＿＿＿＿＿

引导问题：

（1）工程项目安全有哪些特点？

_____

_____

（2）施工现场影响环保的污染源有哪些？

_____

_____

（3）文明施工内容主要包括哪些方面？

_____

_____

（4）应急预案主要有哪些内容？

_____

_____

合作研学

任务工单2

组号_____ 姓名_____ 学号_____

引导问题：

（1）小组交流，教师参与。请结合学校新建公寓楼工程项目施工实际情况，填写安全文明施工管理的相关表格。

1）请确定安全管理目标及组织机构（见表2.4.1-2）。

表2.4.1-2 安全管理目标及组织机构

安全管理目标	年工亡率为：_____。 年重伤率为：_____。 年千人负伤率为：_____。 创建_____工地。		
安全管理组织机构图			
编 制		审 核	审 批

2）请根据专业施工特点，识别施工现场危险源（见表 2.4.1-3）。

表 2.4.1-3 危险源辨识

所属专业：

给水排水专业□　　　　　电气专业□　　　　　暖通专业□　　　　　消防专业□

序号	危险源名称	风险等级	控制措施要点
1	机械施工	二级	专人指挥、施工半径内禁止站人
2			
3			
4			
5			
6			
7			
8			
9			
10			
11			
12			
…			
编　制		审　核		审　批	

3）施工现场有哪些是关于文明施工设置的呢？请思考并填写现场文明施工设置表（见表2.4.1-4）。

表2.4.1-4 现场文明施工设置

序号	项目	使用部位	标准	具体内容
1	施工现场围墙、大门及值班室			
1.1	门楼式大门		公司标准化图册	门楼顶面字样内容：××××集团承建工程
1.2				
1.3				
2	图牌设置			
2.1				
2.2				
2.3				
2.4				
3	办公区设施			
3.1				
3.2				
3.3				
…				
编制		审核		审批

4）废水排放环境管理计划有哪些？请查阅相关规范，撰写废水排放环境管理计划（见表2.4.1-5）。

表2.4.1-5 废水排放环境管理计划

国家标准			
内控达标			
主管部门		负责人	
相关部门			
主要技术方案及技术措施：			
具体实施计划				
---	---	---	---	---
序 号	内 容	启动日期	完成日期	责任人
1	开工前精心策划生产设施、临时生活设施的污水排向	开工前	正式开工	
2				
3				
4				
5				
6				
…				
编 制		审 核		审 批	

5)噪声排放环境管理计划有哪些？请查阅相关规范，撰写噪声排放环境管理计划（见表2.4.1-6）。

表 2.4.1-6 噪声排放环境管理计划

国家标准				
内控达标				
主管部门	安全科		负责人	
相关部门	工程科、物资科、综合科、质检科			
主要技术方案及技术措施：				
具体实施计划				
序 号	内 容	启动日期	完成日期	责任人
1	项目开工前，对噪声严重的噪声源安装具有适量吸声降噪功能的安全围挡	开工前	正式开工	
2				
3				
4				
5				
6				
7				
8				
9				
10				
编 制		审 核	审 批	

6)粉尘排放环境管理计划有哪些?请查阅相关规范,撰写粉尘排放环境管理计划(见表2.4.1-7)。

表2.4.1-7 粉尘排放环境管理计划

国家标准			
内控达标			
主管部门		负责人	
相关部门		财务预算	
主要技术方案及技术措施:			

具体实施计划				
序 号	内 容	启动日期	完成日期	责任人
1	选择污染物排放量小的生产工艺及设备,减少废气和粉尘的产生	施工前	施工全过程	
2				
3				
4				
5				
6				
7				
...				
编 制		审 核		审 批

模块 2　安装工程施工阶段

7）固废弃物排放环境管理计划有哪些？请查阅相关规范，撰写固体废物排放管理计划（见表 2.4.1-8）。

表 2.4.1-8　固体废物排放环境管理计划

国家标准				
内控达标				
主管部门		负责人		
相关部门		财务预算		
主要技术方案及技术措施：				
具体实施计划					
序　号	内　容	启动日期	完成日期	责任人
1	固体废物应按工业类、生活办公类、有毒有害类、其他类进行分类管理，提高回收和循环使用的利用率	开工前	施工全过程	
2				
3				
4				
5				
6				
…				
编　制		审　核	审　批	

◆ 安装工程施工组织与管理（活页式）

8）请根据新建公寓楼安装工程施工现场的情况，对其安全管理进行评分（见表2.4.1-9）。

表2.4.1-9 安全管理检查评分

序号		检查项目	扣分标准	应得分数	扣减分数	实得分数
1	保证项目	安全生产责任制	未建立安全生产责任制，扣10分。 安全生产责任制未经责任人签字确认，扣3分。 未备有各工种安全技术操作规程，扣2~10分。 未按规定配备专职安全员，扣2~10分。 工程项目部承包合同中未明确安全生产考核指标，扣5分。 未制定安全生产资金保障制度，扣5分。 未编制安全资金使用计划或未按计划实施，扣2~5分。 未制定伤亡控制、安全达标、文明施工等管理目标，扣5分。 未进行安全责任目标分解，扣5分。 未建立对安全生产责任制和责任目标的考核制度，扣5分。 未按考核制度对管理人员定期考核，扣2~5分	10		
2		施工组织设计及专项施工方案	施工组织设计中未制定安全技术措施，扣10分。 危险性较大的分部分项工程未编制安全专项施工方案，扣10分。 未按规定对超过一定规模危险性较大的分部分项工程专项施工方案进行专家论证，扣10分。 施工组织设计、专项施工方案未经审批，扣10分。 安全技术措施、专项施工方案无针对性或缺少设计计算，扣2~8分。 未按施工组织设计、专项施工方案组织实施，扣2~10分	10		
3		安全技术交底	未进行书面安全技术交底，扣1分。 未按分部分项进行交底，扣5分。 交底内容不全面或针对性不强，扣2~5分。 交底未履行签字手续，扣4分	10		
4		安全检查	未建立安全检查制度，扣10分。 未有安全检查记录，扣5分。 事故隐患的整改未做到定人、定时间、定措施，扣2~6分。 对重大事故隐患整改通知书所列项目，未按期整改和复查，扣5~10分	10		
5		安全教育	未建立安全教育培训制度，扣10分。 施工人员入场未进行三级安全教育培训和考核，扣5分。 未明确具体安全教育培训内容，扣2~8分。 变换工种或采用新技术、新工艺、新设备、新材料施工时未进行安全教育，扣5分。 施工管理人员、专职安全员未按规定进行年度教育培训和考核，每人扣2分	10		

续表

序 号	检查项目		扣分标准	应得分数	扣减分数	实得分数
6	保证项目	应急救援	未制定安全生产应急救援预案,扣10分。 未建立应急救援组织或未规定配备救援人员,扣2~6分。 未定期进行应急救援演练,扣5分。 未配置应急救援器材和设备,扣5分	10		
			小　计	60		
7	一般项目	分包单位安全管理	分包单位资质、资格、分包手续不全或失效,扣10分。 未签订安全生产协议书,扣5分。 分包合同、安全生产协议书签字盖章手续不全,扣2~6分。 分包单位未按规定建立安全机构或未配备专职安全员,扣2~6分	10		
8		持证上岗	未经培训从事施工、安全管理和特种作业,每人扣5分。 项目经理、专职安全员和特种作业人员未持证上岗,每人扣2分	10		
9		生产安全事故处理	生产安全事故未按规定报告,扣10分。 生产安全事故未按规定进行调查分析、制定防范措施,扣10分。 未依法为施工作业人员办理保险,扣5分	10		
10		安全标志	主要施工区域、危险部位未按规定悬挂安全标志,扣2~6分。 未绘制现场安全标志布置图,扣3分。 未按部位和现场设施的变化调整安全标志设置,扣2~6分。 未设置重大危险源公示牌,扣5分	10		
			小　计	40		
			检查项目合计	100		

9）请根据新建公寓楼安装工程施工现场的情况，对其文明施工管理进行评分（见表2.4.1-10）。

表 2.4.1-10 文明施工检查评分

序 号	检查项目		扣分标准	应得分数	扣减分数	实得分数
1	保证项目	现场围挡	市区主要路段的工地未设置封闭围挡或围挡高度小于2.5 m，扣5~10分。 一般路段的工地未设置封闭围挡或围挡高度小于1.8 m，扣5~10分。 围挡未达到坚固、稳定、整洁、美观，扣5~10分	10		
2		封闭管理	施工现场进出口未设置大门，扣10分。 未设置门卫室，扣5分。 未建立门卫值守管理制度或未配备门卫值守人员，扣2~6分。 施工人员进入施工现场未佩戴工作卡，扣2分。 施工现场出入口未标有企业名称或标识，扣2分。 未设置车辆冲洗设施，扣3分	10		
3		施工场地	施工现场主要道路及材料加工区地面未进行硬化处理，扣5分。 施工现场道路不畅通、路面不平整坚实，扣5分。 施工现场未采取防尘措施，扣5分。 施工现场未设置排水设施或排水不通畅、有积水，扣5分。 未采取防止泥浆、污水、废水污染环境措施，扣2~10分。 未设置吸烟处、随意吸烟，扣5分。 温暖季节未进行绿化布置，扣3分	10		
4		材料管理	建筑材料、构件、料具未按总平面布局码放，扣4分。 材料码放不整齐，未标明名称、规格，扣2分。 施工现场材料存放未采取防火、防锈蚀、防雨措施，扣3~10分。 清运建筑物内施工垃圾未使用器具或管道运输，扣5分。 易燃易爆物品未分类储藏在专用库房、未采取防火措施，扣5~10分	10		
5		现场办公与住宿	施工作业区、材料存放区与办公区、生活区未采取隔离措施，扣6分。 宿舍、办公用房防火等级不符合有关消防安全技术规范要求，扣10分。 在施工程、伙房、库房兼作住宿，扣10分。 宿舍未设置可开启式窗户，扣4分。 宿舍未设置床铺、床铺超过2层或通道宽度小于9 m，扣2~6分。 宿舍人均面积或人员数量不符合规范要求，扣5分。 冬季宿舍内未采取采暖和防一氧化碳中毒措施，扣5分。 夏季宿舍内未采取防暑降温和防蚊蝇措施，扣5分。 生活用品摆放混乱，环境卫生不符合要求，扣3分	10		

续表

序号	检查项目		扣分标准	应得分数	扣减分数	实得分数
6	保证项目	现场防火	施工现场未制定消防安全管理制度、消防措施，扣10分。 施工现场的临时用房和作业场所的防火设计不符合规范要求，扣10分。 施工现场消防通道、消防水源的设置不符合规范要求，扣5~10分。 施工现场灭火器材布局、配置不合理或灭火器材失效，扣5分。 未办理动火审批手续或未指定动火监护人员，扣5~10分	10		
			小　计	60		
7	一般项目	综合治理	生活区未设置供作业人员学习和娱乐的场所，扣2分。 施工现场未建立治安保卫制度或责任未分解到人，扣3~5分。 施工现场未制定治安防范措施，扣5分	10		
8		公示标牌	大门口处设置的公示标牌内容不齐全，扣2~8分。 标牌不规范、不整齐，扣3分。 未设置安全标语，扣3分。 未设置宣传栏、读报栏、黑板报，扣2~4分	10		
9		生活设施	未建立卫生责任制度，扣5分。 食堂与厕所、垃圾站、有毒有害场所的距离不符合规范要求，扣2~6分。 食堂未办理卫生许可证或未办理炊事人员健康证，扣5分。 食堂使用的燃气罐未单独设置存放间或存放间通风条件不良，扣2~4分。 食堂未配备排风、冷藏、消毒、防鼠、防蚊蝇等设施，扣4分。 厕所内的设施数量和布局不符合规范要求，扣2~6分。 厕所卫生未达到规定要求，扣4分。 不能保证现场人员卫生饮水，扣5分。 未设置淋浴室或淋浴室不能满足现场人员需求，扣4分。 生活垃圾未装容器或未及时清理，扣3~5分	10		
10		社区服务	夜间未经许可施工，扣8分。 施工现场焚烧各类废弃物，扣8分。 施工现场未制定防粉尘、防噪声、防光污染等措施，扣5分。 未制定施工不扰民措施，扣5分	10		
			小　计	40		
			检查项目合计	100		

（2）记录存在的不足。

_____
_____
_____
_____

> 展示赏学

任务工单3

组号_____　　　姓名_____　　　学号_____

引导问题：

（1）小组代表汇报安全管理目标及组织机构、危险源辨识、现场文明施工设置、废水排放环境管理计划、噪声排放环境管理计划、粉尘排放环境管理计划、固体废物排放环境管理计划、安全管理检查评分、文明施工检查评分九项内容，组内根据组间的汇报情况，修改完善本组的计划（见表2.4.1-11）。

表2.4.1-11　职业健康安全管理计划

组　别		成　员	
项　目	内　容		
安全管理目标及组织机构			
危险源辨识			
现场文明施工设置			
废水排放环境管理计划			
噪声排放环境管理计划			
粉尘排放环境管理计划			
固体废物排放环境管理计划			
安全管理检查评分			
文明施工检查评分			

（2）记录自己存在的不足。

_____
_____
_____

评价反馈

结合任务完成情况,扫描以下二维码,完成个人自评、组内互评、小组间评价和教师评价。

评价反馈

拓展延学

1.《建筑施工安全检查标准》(JGJ 59—2011)节选

建筑施工安全检查评分汇总

企业名称: 资质等级: 年 月 日

单位工程(施工现场)名称	建筑面积/m²	结构类型	总计得分(满分100分)	项目名称及分值									
				安全管理(满分10分)	文明施工(满分15分)	脚手架(满分10分)	基坑工程(满分10分)	模板支架(满分10分)	高处作业(满分10分)	施工用电(满分10分)	物料提升机与施工升降机(满分10分)	塔式起重机与起重吊装(满分10分)	施工机具(满分5分)
评语:													
检查单位		负责人			受检项目				项目经理				

2. 综合案例

某工程的建筑安装工程检查评分汇总如表2.4.1-12所示，该表中已填有部分数据。

表2.4.1-12 检查评分汇总

企业名称：××建筑公司　　　　　经济类型：　　　　　　　资质等级：

单位工程（施工现场）名称	建筑面积（m²）	结构类型	总计得分（满分100分）	项目名称及分值									
				安全管理（满分10分）	文明施工（满分20分）	脚手架（满分10分）	基坑支护与模板工程（满分10分）	"三宝""四口"防护（满分10分）	施工用电（满分10分）	物料提升机（满分5分）	外用电梯（满分5分）	塔吊（满分10分）	起重吊装（满分5分）	施工机具（满分5分）
××住宅	8950.5	内浇外砌					8.0			3.5	4.0	8.4		

评语：

检查单位　　　　　　　负责人　　　　　　　受检项目　　　　　　　项目经理

××××年××月××日

问题：

（1）该工程安全管理检查评分表、文明施工检查评分表、"三宝""四口"防护检查评分表、施工机具检查评分表、起重吊装安全检查评分表等分表的实得分分别为82分、84分、85分、78分、80分。换算成汇总表中相应分项后的实得分各为多少？

（2）该工程使用了多种脚手架，落地式脚手架实得分为86分，悬挑式脚手架实得分为80分，计算汇总表中"脚手架"分项实得分值是多少？

（3）施工用电检查评分表中"外电防护"这一保证项目缺项（该项应得分值为20分，保证项目总分为60分），其他各项检查实得分为66分。计算该表实得多少分？换算到汇总表中应为多少分？另外，在"外电防护"缺项的情况下，如果其他"保证项目"检查实得分合计为20分（应得分值为40分），该分项检查表是否能得分？

（4）本工程总计得分为多少？安全检查应定为何种等级？

子任务 2.4.2　安全交底

任务描述

《建设工程安全生产管理条例》第二十七条规定：建设工程施工前，施工单位负责项目管理的技术人员应当对有关安全施工的技术要求向施工作业班组、作业人员作出详细说明，并由双方签字确认。

在分部分项工程施工前进行安全技术交底是国家法律法规明确规定的，安全技术交底也是企业管理自身的要求，是工程施工安全管理的一项重要工作，建筑施工安全技术交底关系到施工安全水平及文明施工场地的构建，企业及项目部为保证员工和相关人员的职业健康安全，按照管理要求必须进行安全技术交底，这能有效地预防、减少施工现场伤亡事故。安全技术交底不仅对班组起到指导安全生产的作用，同时也将安全生产责任和目标具体、明确地落实到作业班组和每一个操作人员，是保障工程施工安全生产不可缺少、不可忽视的重要环节。

根据新建公寓楼安装工程建设项目，在水、电、暖通、消防等分部分项工程施工前，根据批准的施工组织设计或专项安全技术措施方案，编制安全技术交底单，并向有关人员进行安全技术交底工作。

学习目标

1. 知识目标

（1）能说出安全技术交底的作用。

（2）能说出安全技术交底的交底人员和被交底人员。

（3）能编写分部分项工程安全技术交底单的内容。

2. 能力目标

（1）能独立进行安全技术交底工作。

（2）能编写分部分项工程安全技术交底单的内容。

3. 素质目标

（1）具备严谨踏实、一丝不苟的工匠精神。

（2）具备有效表达沟通的能力和写作能力。

（3）具备组织协调能力和规范意识的职业素养。

任务分析

1. 重点

（1）安全技术交底单的编写。

（2）组织班组进行安全技术交底。

2. 难点

安全技术交底单的编写。

相关知识链接

知识卡一　安全技术交底

建筑业的生产活动危险性大，不安全因素多，是事故多发行业。建筑施工过程中，如果安全事故频频发生，将给人们的生命财产造成巨大损失。因此，必须采取有效措施减少安全事故的发生。关爱生命，以人为本，企业为保证员工和相关方的职业健康安全，加强安全生产管理，落实安全责任制，对管理人员和操作人员进行必要的教育和培训，强化施工现场的管理意识，按照管理要求必须进行安全技术交底。安全技术交底作为企业安全管理中最为重要的工作环节之一，可有效地预防、减少施工现场安全事故，在很大程度上能证明企业对作业人员的管理程度和责任制落实深度。

1. 安全技术交底的定义

安全技术交底简称安全交底，是工程施工安全管理的一项重要工作。它是施工前由项目管理人员对参加施工生产的劳务人员针对某项施工过程或工作岗位可预见的不安全因素和危险源，以预防事故为重点，以保证人员安全为目的，对施工中所采取的施工方法、防护措施和必须执行的安全操作规程及应急措施提出的具体要求，并形成的文字记录。

2. 安全技术交底的目的

建筑施工作业过程中往往是事故多发阶段，如何有效控制日常作业过程带来的安全风险，减少事故的发生，是我们当前安全管理中非常重要的一环，安全技术交底是解决此类问题的一种重要手段。通过安全技术交底统一现场作业步骤及作业标准，实现各类安全信息的共享，控制作业过程中的各种风险，保证作业安全进行。

3. 安全技术交底的种类

（1）分部分项工程的施工安全技术交底。在分部分项工程施工之前，由施工现场的技术负责人员向施工班组进行交底。通过施工安全技术交底，使班组施工操作人员全面明确施工中的关键环节，顺利进行施工。

（2）施工工种安全技术交底。在建筑工程项目施工中，施工现场的管理人员按照施工中安全措施细则，对施工操作人员进行工种和工序的安全技术交底，使施工人员详细地了解各自岗位的操作和职责。

（3）采用新工艺、新技术、新设备、新材料施工的安全技术交底。

4. 安全技术交底参与的主体

安全技术交底工作必须全员参加，覆盖所有参加施工作业人员，参与的交底人主要是施工单位的项目负责人、专业技术管理人员，接受交底人是施工作业班组中的每位作业人员。

5. 安全技术交底的形式

安全技术交底工作的形式有会议交底、口头交底、书面交底、样板交底以及操作示范交底等。

6. 安全技术交底的内容

按照《中华人民共和国安全生产法》、《建设工程安全生产管理条例》、《建筑施工安全检查标准》（JGJ 59—2011）等的要求，安全技术交底内容一定要结合施工生产实际，针对施工特点、施工方法、作业条件和自然环境因素影响下可能存在的各种危险因素，提出明确具体的要求，并具有可操作性。安全技术交底主要包括以下内容：

（1）工程项目和分部分项工程的概况。

（2）本施工项目的施工作业特点和危险点。

（3）针对危险点的具体预防措施。

（4）作业人员应遵守的安全操作规程以及应注意的安全事项。

（5）作业人员发现事故隐患时应采取的措施和危及生命安全应及时采取的躲避措施。

（6）发生事故后应及时采取的避难和急救措施。

7. 安全技术交底的要求

（1）项目经理部必须实行逐级安全技术交底制度，纵向延伸到班组全体作业人员。

（2）安全技术交底必须具体、明确、针对性强，提出有针对性的操作要点和措施。

（3）技术交底的内容要明确、详细、全面，应针对分部分项工程施工中给作业人员带来的潜在危险因素和安全工作隐患进行充分说明。

（4）根据实际施工项目的要求，应优先采用新的安全技术管理措施。

（5）应就工程概况、施工程序、施工方法及安全技术措施等向工长、班组长进行详细交底。

（6）保证每一次安全技术交底都有书面安全技术交底资料记录，有交底人和被交底人员的签字。

思想政治素养养成

（1）安全技术交底是施工前的一项非常重要的工作，施工管理人员要将工程特点、施工方法与安全技术措施的要求详细地讲解给班组人员。因此，需要培养学生严谨踏实、一丝不苟的工匠精神。

（2）安全技术交底的最主要的方式为口头交底和书面交底，需要较好的口头表达交流沟通能力。因此，需要培养学生有效表达沟通的能力以及写作能力。

（3）在项目施工过程中，会涉及不同班组、不同工种施工操作人员的交底工作。因此，要具备组织协调能力和规范意识的职业素养。

任务分组

填写表2.4.2-1，完成学生任务分配。

表2.4.2-1 学生任务分配

班 级		组 号		指导教师	
组 长		学 号			
组 员	姓 名	学 号		姓 名	学 号
任务分工					
备 注					

自主探学

任务工单1

组号_____ 姓名_____ 学号_____

引导问题：

（1）什么是安全技术交底？

_____
_____
_____

（2）安全技术交底的目的是什么？

_____
_____
_____
_____

（3）安全技术交底的类型有哪些？

_____
_____
_____

（4）安全技术交底的方式有哪些？

_____
_____
_____
_____

合作研学

任务工单2

组号_____ 姓名_____ 学号_____

引导问题：

（1）小组交流，教师参与，根据安装工程的特点，讨论安装工程施工任务、施工特点、施工工艺及安全操作规程、施工中存在的危险源、危险源的预防措施等注意事项，填写安装工程安全技术交底程序单（见表2.4.2-2）。

表2.4.2-2 安装工程安全技术交底程序单

序号	项目	内容
1	交底人	
2	被交底人	
3	施工任务	
4	施工特点	
5	施工工艺及安全操作规程	
6	施工中存在的危险源	
7	危险源的预防措施	

（2）记录存在的不足。

_____
_____
_____
_____

任务工单3

组号_____ 姓名_____ 学号_____

引导问题：

（1）小组汇报安全技术交底涉及的施工任务、施工特点、施工工艺及安全操作规程、施工中存在的危险源、危险源的预防措施等内容，完善本组安全技术交底内容，模拟工程安全技术交底情境，组织施工班组进行安全技术交底，填写安全技术交底单（见表2.4.2-3）。

表2.4.2-3 安全技术交底

所属专业：
给水排水专业□   电气专业□   暖通专业□   消防专业□

工程名称		交底日期	
施工单位		交底项目（部位）	
交底内容： 1. 工程概况 2. 危险源 3. 分项工程安全目标和要求 4. 人员和设备要求及安全防护用品准备 5. 安全操作 6. 应急准备和响应 7. 其他注意事项			
交底人		接受交底班组长		被交底人	

（2）记录存在的不足。

_____
_____
_____
_____

评价反馈

结合任务完成情况,扫描以下二维码,完成个人自评、组内互评、小组组间评价和教师评价。

评价反馈

拓展延学

(1)《建设工程安全生产管理条例》。
(2)《中华人民共和国安全生产法》。

模块 2　安装工程施工阶段

本章学习总结

模块 3 安装工程竣工阶段

安装工程竣工阶段包括调试试运行阶段及竣工验收阶段。

工程调试指全部安装工程结束后，为保证设备正常使用而对系统进行调整、设置工作；试运行指系统调试完成并能正常运行后，进行调试运行，以检查系统功能的完整性、稳定性等。

竣工验收在资料验收合格和系统试运行一段时间以后进行。竣工验收是指对于通过施工过程所完成的具有独立的功能和使用价值的最终产品（单位工程或整个工程项目）及有关方面（例如质量文档）的质量进行控制。

（1）在工程验收阶段，应以单位工程为主体进行检查验收。

（2）按施工图纸、各项相关文件以及相关验收规范，承包单位先自行检查试车和验收；自检合格后，会同相关单位一起进行检查验收，及时处置验收中出现的各种问题，整理有关技术资料归档，然后办理移交手续。

工程档案整理编制和绘制竣工图应按规定达到归档要求。其质量控制的要求是：检查竣工资料文件的完整性、真实性，符合归档要求。工程验收交付工作由业主组织，施工企业及参建各方参加。

（3）在工程交付使用后，进入保修阶段。承包单位按规范回访用户，若发现问题，应及时组织人力和物力进行维修。工程保修书具有法律效力，必须认真执行。

本模块是安装施工员岗位工作流程中的最后一个模块，同学们将学习到安装工程竣工阶段中分部（子分部）质量验收、调试试运行和单位工程质量验收三个内容，掌握竣工验收阶段的质量验收等内容，保障安装工程质量的"最后一里"。

任务 3.1 分部（子分部）工程质量验收

任务描述

新建公寓楼安装工程各个分项工程已经完成，为保证各个安装工程的质量，现在需要对各专业安装工程进行验收，请结合前面的检验批、分项工程质量验收记录，填写水、暖、电、消防专业安装分部工程质量验收记录和单位工程质量竣工验收记录。

学习目标

1. 知识目标

（1）能说出单位工程质量验收合格的基本要求。
（2）能说出建设工程竣工验收应当具备的条件。
（3）能描述分部、单位工程质量验收记录表格填写规范。

2. 能力目标

（1）能正确填写分部工程质量验收记录表。
（2）能正确填写单位工程质量竣工验收记录表。

3. 素质目标

（1）具备严谨认真、严于律己的工作态度和高度的责任心。
（2）具有组织协调能力和管理能力。
（3）具有善于分析总结的工程思维能力。

任务分析

1. 重点

（1）填写分部工程质量验收记录表。
（2）填写单位工程质量竣工验收记录表。

2. 难点

（1）填写分部工程质量验收记录表。
（2）填写单位工程质量竣工验收记录表。

> 相关知识链接

知识卡一　分部（子分部）工程质量验收

1. 分部（子分部）工程质量验收合格应符合的规定

（1）分部（子分部）工程所含分项工程的质量均应验收合格。

（2）质量控制资料应完整。

（3）地基与基础、主体结构和设备安装等分部工程有关安全及功能的检验和抽样检测结果应符合有关规定。

（4）观感质量验收应符合要求。

涉及安全和使用功能的地基与基础、主体结构、有关安全及重要使用功能的安装分部工程，应进行有关见证取样送样试验或抽样检测。观感质量验收评价的结论为"好""一般""差"三种。对于"差"的检点应通过返修处理等进行补救。

2. 分部（子分部）工程质量验收记录

（1）分部（子分部）工程质量应由总监理工程师（建设单位项目专业负责人）组织施工项目经理和有关勘察、设计单位项目负责人进行验收。

（2）分部工程的验收程序。分部工程应由总监理工程师（建设单位项目负责人）组织施工单位项目负责人和项目技术、质量负责人等进行验收；由于地基与基础、主体结构技术性能要求严格，技术性强，关系到整个工程的安全，因此规定和地基与基础、主体结构分部工程相关的勘察、设计单位工程项目负责人以及施工单位技术、质量部门负责人也应参加相关分部工程验收。

（3）分部（子分部）工程质量验收流程如图 3.1.0-1 所示。

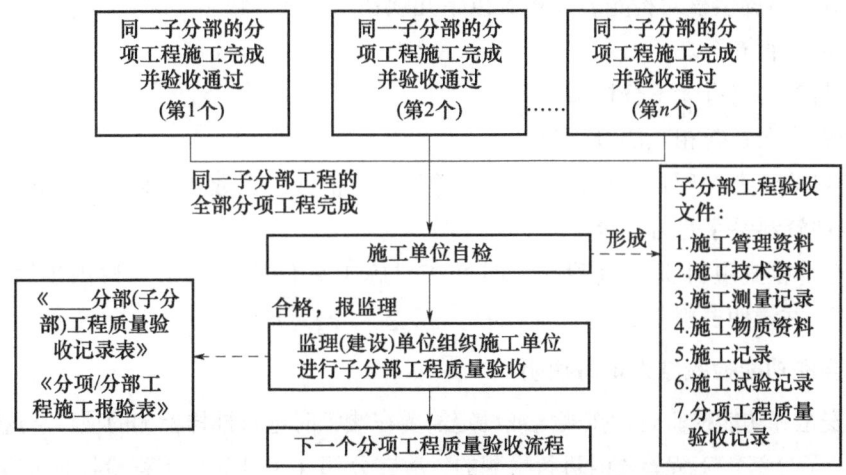

图 3.1.0-1　分部（子分部）工程质量验收流程

知识卡二　分部质量验收记录填写内容与要求

1. 填写基本要求

（1）施工单位在分部或子分部工程完成后进行自检，并核查各分部工程所含分项工程是否齐全，有无遗漏，全部合格后，填报"分部工程质量验收记录"。

（2）分部工程验收应由总监理工程师组织，施工单位项目负责人和项目技术、质量负责人参加。勘察、设计单位项目负责人和施工单位技术、质量部门负责人应参加地基基础分部工程的验收。设计单位项目负责人和施工单位技术、质量部门负责人应参加主体结构、节能分部工程的验收。

2. 分部工程质量验收记录编号

根据《建筑工程施工质量验收统一标准》（GB 50300—2013）的附录 B 规定的分部工程代码编写，其编号为两位，写在表的右上角。

3. 表头填写说明

（1）参见"检验批质量验收记录"的表头内容填写。

（2）"子分部工程数量"栏：填写该分部工程包含的实际发生的子分部工程的数量。

（3）"分项工程数量"栏：填写该分部工程包含的实际发生的分项工程的数量。

4. 施工单位检查结果填写说明

由填表人依据分项工程验收记录填写，填写"符合要求"。

5. 监理单位验收结论填写说明

由填表人依据分项工程验收记录填写，填写"合格"。

6. 质量控制资料填写说明

（1）对资料逐项核对检查，应核查以下几项：

1）资料是否齐全。

2）资料的内容有无不合格项。

3）资料横向是否相互协调一致。

4）资料的分类整理是否符合要求，案卷目录、份数、页数及装订等有无缺漏。

5）各项资料签字是否齐全。

（2）全部核查项目都通过验收，即可在"施工单位检查结果"栏内填写检查结果"检查合格"并说明资料份数。

7. 安全和功能检验结果填写说明

（1）安全和功能检验是指按规定或约定需要在竣工时进行抽样检测的项目。这些项目凡能在分部（子分部）工程验收时进行检测的，应在分部（子分部）工程验收时进行检测。

（2）每个检测项目都通过审查，施工单位即可在"施工单位检查结果"栏填写"检查合格"。

8. 观感质量检验结果填写说明

观感质量等级分为"好""一般""差"。"好""一般"均为合格;"差"为不合格,需要修理或返工。

9. 综合验收结论填写说明

由总监理工程师与各方协商,确认符合规定后,在此栏填入"××分部工程验收合格"。

10. 签字栏填写说明

(1) 勘察、设计单位需参加地基与基础分部工程质量验收,由其项目负责人亲自签认。

(2) 设计单位需参加主体结构和建筑节能分部工程质量验收,由设计单位的项目负责人亲自签认。

(3) 施工方总承包单位由项目负责人亲自签认,分包单位不用签字,但必须参加其负责的分部工程的验收。

监理单位作为验收方,由总监理工程师签认验收。未委托监理的工程,可由建设单位项目技术负责人签认验收。

思想政治素养养成

(1) 单位工程质量验收其实质是全部质量控制工作的基础,要求施工人员及相关人员必须认真负责,认真检验,层层把关,及时发现问题、解决问题,确保工程质量,保证工程的顺利进行。因此,要具备严谨认真、严于律己的工作态度和高度的责任心。

(2) 为了确保质量控制工作和质量验收工作有条不紊、井然有序地进行,要求施工员及相关人员具有一定的组织协调能力和管理能力。

(3) 工程项目不是一成不变的,要想持续提高和进步,就要善于分析现状,适时总结问题,再循序渐进地实施整改,使基础管理保持在较好的水平。

◆ 安装工程施工组织与管理（活页式）

任务分组

填写表 3.1.0-1，完成学生任务分配。

表 3.1.0-1 学生任务分配

班 级			组 号		指导教师	
组 长			学 号			
组 员	姓 名		学 号	姓 名		学 号
任务分工						
备 注						

自主探学

任务工单 1

组号_____　　　姓名_____　　　学号_____

引导问题：

（1）分部（子分部）工程质量验收合格应符合哪些规定？

_____
_____
_____
_____

（2）分部工程验收的程序是什么？

_____
_____
_____
_____

模块3 安装工程竣工阶段

> 情境模拟

任务工单2

组号_____ 姓名_____ 学号_____

引导问题：

（1）小组交流，教师参与，根据新建公寓楼建筑安装工程施工验收情况，填写分部（子分部）工程质量验收记录（见表3.1.0-2）。

表3.1.0-2　_____分部工程质量验收记录（通用表）

GB 50300—2013　　　　　　　　　　　　　　　　　　　　　　　　　编号：（如桂建质02）

单位（子单位）工程名称		分部工程名称		分项工程数量	
施工单位		项目负责人		技术（质量）负责人	
分包单位		分包单位负责人		分包内容	
序号	子分项工程名称	分项工程数	施工单位检查结果	验收组验收结论	
1				（合格或不合格、是否同意验收的结论）	
2					
3					
4					
5					
6					
7					
8					
9					
10					
质量控制资料检查结论	共_____项，经查符合要求_____项，经核定符合规范要求_____项		安全和功能检验（检测）报告检查结论	共核查_____项，符合要求_____项，经返工处理符合要求_____项	
观感质量验收结论	1. 共抽查_____项，符合要求_____项，不符合要求_____项。2. 观感质量评价（好、一般、差）：		验收结论	（合格或不合格、是否同意验收的结论）	
施工单位		设计单位		监理（建设）单位	勘察单位
项目负责人：（公章）　　年 月 日		项目负责人：（公章）　　年 月 日		项目负责人：（公章）　　年 月 日	项目负责人：（公章）　　年 月 日

注：1. 质量控制资料、安全和功能检验（检测）报告检查情况可查阅有关的子分部工程质量验收记录或直接查阅原件，统计整理后填入本表。

2. 本验收记录尚应有各有关子分部工程质量验收记录作附件。

3. 观感质量验收由总监理工程师或建设单位项目专业负责人组织并以其为主，听取参验人员意见后作出评价，如评为"差"时，能修的尽量修，若不能修，只要不影响结构安全和使用功能，可协商接收，并在"验收组验收意见"栏中注明。

4. 勘察单位不需参加除地基与基础分部以外的分部工程验收，此时可以将勘察单位签字盖章栏删除；设计单位不需参加电梯分部工程验收，此时可以将设计单位签字盖章栏删除，并将施工单位栏改为电梯安装单位栏。

(2) 选择所属专业，完成本专业分部（子分部）工程质量验收记录的填写。

1）给水排水专业相关的分部（子分部）工程质量验收记录详见表3.1.0-3～表3.1.0-5。

表3.1.0-3　　建筑给水排水及供暖　分部工程质量验收记录

GB 50300—2013　　　　　　　　　　　　　　　　　　　　　　　　　　　　　　编号：

单位（子单位）工程名称			子分部工程数量		分项工程数量	
施工单位			项目负责人		技术（质量）负责人	
分包单位			分包单位负责人		分包内容	
序号	子分部工程名称	分项工程数	施工单位检查结果		验收组验收结论	
1	室内给水系统				（合格或不合格、是否同意验收的结论）	
2	室内排水系统					
3	室内热水系统					
4	卫生器具					
5	室内供暖系统					
6	室外给水管网					
7	室外排水管网					
8	室外供热管网					
9	建筑饮用水供应系统					
10	建筑中水系统及雨水利用系统					
11	游泳池及公共浴池水系统					
12	水景喷泉系统					
13	热源及辅助设备					
14	监测与控制仪表					
质量控制资料检查结论	共_____项，经查符合要求_____项，经核定符合规范要求_____项			安全和功能检验（检测）报告检查结论	共核查_____项，符合要求_____项，经返工处理符合要求_____项	
观感质量验收结论	1. 共抽查_____项，符合要求_____项，不符合要求_____项。 2. 观感质量评价（好、一般、差）：					
施工单位		设计单位		监理（建设）单位		
项目负责人：（公章）年　月　日		项目负责人：（公章）年　月　日		项目负责人：（公章）年　月　日		

表 3.1.0-4　卫生器具　子分部工程质量验收记录

GB 50242—2002　　　　　　　　　　　　　　　　　　　　　　　　　　编号：

单位（子单位）工程名称		分部工程名称		分项工程数量	
施工单位		项目负责人		技术（质量）负责人	
分包单位		分包单位负责人		分包内容	

序号	分项工程名称	检验批数	施工单位检查结果	监理（建设）单位验收意见
1	卫生器具安装			
2	卫生器具给水配件安装			
3	卫生器具排水管道安装			
4	试验与调试			

质量控制资料检查结论	（按附表第1~7项检查）共＿＿＿＿项，经查符合要求＿＿＿＿项，经核定符合规范要求＿＿＿＿项	安全和功能检验（检测）报告检查结论	（按附表第8~10项检查）共核查＿＿＿＿项，符合要求＿＿＿＿项，经返工处理符合要求＿＿＿＿项
观感质量验收结论	1. 共抽查＿＿＿＿项，符合要求＿＿＿＿项，不符合要求＿＿＿＿项。 2. 观感质量评价（好、一般、差）：	验收组验收结论	（合格或不合格、是否同意验收的结论）

设计单位	分包单位	监理（建设）单位
项目负责人： 　　　年　月　日	项目负责人： 　　　年　月　日 施工单位 项目负责人： 　　　年　月　日	项目负责人： 　　　年　月　日

注："经核定符合规范要求＿＿＿项"是指初验未通过的项目，按《建筑工程施工质量验收统一标准》（GB 50300—2013）第5.0.6条处理的情况。

◆ 安装工程施工组织与管理（活页式）

表 3.1.0-5 卫生器具安装子分部工程资料检查表

GB 50242—2002　　　　　　　　　　　　　　　　　　　　　　　　编号：　　　　附表

序　号	检查内容	份　数	监理（建设）单位检查意见
1	设计图纸/变更文件	/	
2	卫生器具合格证		
3	卫生器具附（配）件合格证		
4	施工记录		
5	隐蔽工程检查验收记录		
6	重大质量问题处理方案/验收记录	/	
7	分项工程质量验收记录		
8	卫生器具通水试验记录		
9	卫生器具满水试验记录		
10	地漏及地面清扫口排水试验记录		

检查人：

　　　　　　　　　　　　　　　　　　　　　　　　　　　　　　　　　　　　年　月　日

注：检查意见分两种，合格，打"√"；不合格，打"×"。

模块3 安装工程竣工阶段

2）电气专业相关的分部（子分部）工程质量验收记录详见表3.1.0-6～表3.1.0-8。

表3.1.0-6　　建筑电气　分部工程质量验收记录

GB 50300—2013　　　　　　　　　　　　　　　　　　　　　　　　　　　编号：

单位（子单位）工程名称		子分部工程数量		分项工程数量	
施工单位		项目负责人		技术（质量）负责人	
分包单位		分包单位负责人		分包内容	
序号	子分部工程名称	分项工程数	施工单位检查结果	验收组验收结论	
1	室外电气安装工程			（合格或不合格、是否同意验收的结论）	
2	变配电室安装工程				
3	供电干线安装工程				
4	电气动力安装工程				
5	电气照明安装工程				
6	自备电源安装工程				
7	防雷及接地装置安装工程				
质量控制资料检查结论	共_____项，经查符合要求_____项，经核定符合规范要求_____项		安全和功能检验（检测）报告检查结论	共核查_____项，符合要求_____项，经返工处理符合要求_____项	
观感质量验收结论	1. 共抽查_____项，符合要求_____项，不符合要求_____项。 2. 观感质量评价（好、一般、差）：				
施工单位		设计单位		监理（建设）单位	
项目负责人： （公章） 年　月　日		项目负责人： （公章） 年　月　日		项目负责人： （公章） 年　月　日	

注：1. 质量控制资料、安全和功能检验（检测）报告检查情况可查阅有关的子分部工程质量验收记录或直接查阅原件，统计整理后填入本表。
2. 本验收记录尚应有各有关子分部工程质量验收记录作附件。
3. 观感质量验收由总监理工程师或建设单位项目专业负责人组织并以其为主，听取参验人员意见后作出评价，若评为"差"，能修的尽量修，若不能修，只要不影响结构安全和使用功能，可协商接收，并在"验收组验收意见"栏中注明。

表 3.1.0-7　　电气照明安装　子分部工程质量验收记录

GB 50303—2015　　　　　　　　　　　　　　　　　　　　　　　　　　　　　编号：

单位（子单位）工程名称		分部工程名称	建筑电气	分项工程数量	
施工单位		项目负责人		技术（质量）负责人	
分包单位		分包单位负责人		分包内容	

序号	分项工程名称	检验批数	施工单位检查结果	监理（建设）单位验收意见
1	成套配电柜、控制柜（台、箱）和配电箱（盘）安装			
2	母线槽安装			
3	梯架、支架、托盘和槽盒安装			
4	导管敷设			
5	电缆敷设			
6	管内穿线和槽盒内敷线			
7	塑料护套线直敷布线			
8	钢索配线			
9	电缆头制作、导线连接和线路绝缘测试			
10	普通灯具安装			
11	专用灯具安装			
12	开关、插座、风扇安装			
13	建筑照明通电试运行			
质量控制资料检查结论	（按附表第1~8项检查）共_____项，经查符合要求_____项，经核定符合规范要求_____项		安全和功能检验（检测）报告检查结论	（按附表第9~11项检查）共核查_____项，符合要求_____项，经返工处理符合要求_____项
观感质量验收结论	1. 共抽查_____项，符合要求_____项，不符合要求_____项 2. 观感质量评价（好、一般、差）：		验收组验收结论	（合格或不合格、是否同意验收的结论）

设计单位	分包单位	监理（建设）单位
项目负责人： 　　　年　月　日	项目负责人： 　　　年　月　日	项目负责人： 　　　年　月　日
	施工单位 项目负责人： 　　　年　月　日	

注："经核定符合规范要求____项"是指初验未通过的项目，按《建筑工程施工质量验收统一标准》（GB 50300—2013）第5.0.6条处理的情况。

模块3 安装工程竣工阶段

表3.1.0-8 电气照明安装子分部工程资料检查表

GB 50303—2015　　　　　　　　　　　　　　　　　　　　　　　　　　　编号：　　附表

序号	检查内容	份数	监理（建设）单位检查意见
1	设计图纸/变更文件		
2	材料出厂合格证明文件/性能检（试）验报告		
3	设备出厂合格证明文件/性能检（试）验报告		
4	设备调试记录		
5	隐蔽工程验收记录		
6	施工记录		
7	重大质量问题处理方案/验收记录		
8	分项工程质量验收记录		
9	建筑物照明通电试运行记录		
10	大型灯具牢固性试验记录		
11	电气绝缘电阻测试记录		

检查人：

　　　　　　　　　　　　　　　　　　　　　　　　　　　　　　　　　　　　年　月　日

注：检查意见分两种，合格，打"√"；不合格，打"×"。

3) 暖通专业相关的分部（子分部）工程质量验收记录详见表3.1.0-9～表3.1.0-11。

表3.1.0-9　　通风与空调　分部工程质量验收记录

GB 50300—2013　　　　　　　　　　　　　　　　　　　　　　　　　　　　　　　编号：

单位（子单位）工程名称		子分部工程数量		分项工程数量	
施工单位		项目负责人		技术（质量）负责人	
分包单位		分包单位负责人		分包内容	
序号	子分部工程名称	分项工程数	施工单位检查结果	验收组验收结论	
1	送风系统			（合格或不合格、是否同意验收的结论）	
2	排风系统				
3	防、排烟系统				
4	除尘系统				
5	舒适性空调风系统				
6	恒温恒湿空调风系统				
7	净化空调风系统				
8	地下人防通风系统				
9	真空吸尘系统				
10	空调（冷、热）水系统				
11	冷却水系统				
12	冷凝水系统				
13	土壤源热泵换热系统				
14	水源热泵换热系统				
15	蓄能（水、冰）系统				
16	压缩式制冷（热）设备系统				
17	吸收式制冷设备系统				
18	多联机（热泵）空调系统				
19	太阳能供暖空调系统				
20	设备自控系统				
质量控制资料检查结论	共_____项，经查符合要求_____项，经核定符合规范要求_____项		安全和功能检验（检测）报告检查结论	共核查_____项，符合要求_____项，经返工处理符合要求_____项	
观感质量验收结论	1. 共抽查_____项，符合要求_____项，不符合要求_____项。 2. 观感质量评价（好、一般、差）				
	施工单位	设计单位		监理（建设）单位	
项目负责人： （公章） 　　　　　年　月　日		项目负责人： （公章） 　　　　　年　月　日		项目负责人： （公章） 　　　　　年　月　日	

注：1. 质量控制资料、安全和功能检验（检测）报告检查情况可查阅有关的子分部工程质量验收记录或直接查阅原件，统计整理后填入本表。
2. 本验收记录尚应有各有关子分部工程质量验收记录作附件。
3. 观感质量验收由总监理工程师或建设单位项目专业负责人组织并以其为主，听取参验人员意见后作出评价，若评为"差"，能修的尽量修，若不能修，只要不影响结构安全和使用功能，可协商接收，并在"验收组验收意见"栏中注明。
4. 勘察单位不需参加除地基与基础分部以外的分部工程验收，此时可以将勘察单位签字盖章栏删除；设计单位不需参加电梯分部工程验收，此时可以将设计单位签字盖章栏删除，并将施工单位栏改为电梯安装单位栏。

模块3　安装工程竣工阶段

表 3.1.0-10　　送风系统　子分部工程质量验收记录

GB 50243—2016　　　　　　　　　　　　　　　　　　　　　　　　　　　　编号：

单位（子单位）工程名称		分部工程名称		分项工程数量	
施工单位		项目负责人		技术（质量）负责人	
分包单位		分包单位负责人		分包内容	
序号	分项工程名称	检验批数	施工单位检查结果	监理（建设）单位验收意见	
1	风管与配件制作				
2	部件制作				
3	风管系统安装				
4	风机与空气处理设备安装				
5	风管与设备防腐				
6	旋流风口、岗位送风口、织物（布）风管安装				
7	系统调试				
质量控制资料检查结论	（按附表第1~11项检查） 共_____项，经查符合要求_____项，经核定符合规范要求_____项		安全和功能检验（检测）报告检查结论	（按附表第12~19项检查） 共核查_____项，符合要求_____项，经返工处理符合要求_____项	
观感质量验收结论	1. 共抽查_____项，符合要求_____项，不符合要求_____项。 2. 观感质量评价（好、一般、差）：		验收组验收结论	（合格或不合格、是否同意验收的结论）	
设计单位		分包单位		监理（建设）单位	
项目负责人： 年 月 日		项目负责人： 年 月 日 施工单位 项目负责人： 年 月 日		项目负责人： 年 月 日	

注："经核定符合规范要求____项"是指初验未通过的项目，按《建筑工程施工质量验收统一标准》（GB 50300—2013）第5.0.6条处理的情况。

◆ 安装工程施工组织与管理（活页式）

表 3.1.0-11　　送风系统　子分部工程资料检查表

GB 50243—2016　　　　　　　　　　　　　　　　　　　　　　　　　编号：　　附表

序号	检查内容	份数	监理（建设）单位检查意见
1	设计图纸/变更文件	/	
2	材料出厂合格证明文件/性能检（试）验报告	/	
3	设备出厂合格证明文件/性能检（试）验报告	/	
4	阀门出厂合格证明文件		
5	施工记录		
6	设备单机试运转及调试记录		
7	系统无生产负荷联动试运转及调试记录		
8	系统非设计满负荷联合试运转与调试记录		
9	隐蔽工程检查验收记录		
10	重大质量问题处理方案/验收记录	/	
11	分项工程质量验收记录		
12	风管漏光检测记录		
13	风管系统漏风量测试及合格判别记录（风管式测试）		
14	风管系统漏风量测试及合格判别记录（风室式测试）		
15	风机盘管检查试验记录		
16	防火（排烟）阀检查试验记录		
17	风口风量测试调整记录		
18	通风空调系统总风量测试记录		
19	防火风管、密封垫材料及不燃绝热材料的点燃试验记录		
检查人：			
			年　月　日

注：检查意见分两种，合格，打"√"；不合格，打"×"。

（3）记录存在的不足。

> 展示赏学

任务工单3

组号_____ 姓名_____ 学号_____

引导问题：

（1）小组交叉检查各组的验收记录，进行打分并提出修改意见（见表3.1.0-12）。

表3.1.0-12　安装工程质量验收记录填写修改意见

所属专业：

给水排水专业□　　　　电气专业□　　　　暖通专业□　　　　消防专业□

组　别		成　员	
项　目		内　容	
分部工程质量验收记录（通用表）			
安装分部（子分部）工程质量验收记录（各专业）			
备　注			

（2）记录存在的不足。

_____
_____
_____
_____

◆ 安装工程施工组织与管理（活页式）

评价反馈

组合任务完成情况，扫描以下二维码，完成个人自评、组内互评、小组组间评价和教师评价。

评价反馈

任务 3.2 　调试试运行

『任务描述』

新建公寓楼安装工程已经完成，为检查系统功能的完整性、稳定性等，现在需要对整个建筑安装工程进行调试试运行，请结合设计图纸、相关检测、验收规范，按编制的系统调试方案，由各专业对各系统进行各项性能、功能检测，详细填写调试记录、系统试运行记录。

『学习目标』

1. 知识目标

（1）能说出调试试运行的基本要求。
（2）能说出调试试运行应当具备的条件。
（3）能描述调试试运行记录表格填写规范。

2. 能力目标

能正确填写调试试运行记录表。

3. 素质目标

（1）具备严谨认真、严于律己的工作态度和高度的责任心。
（2）具有组织协调能力和管理能力。
（3）具有善于分析总结的工程思维能力。

『任务分析』

1. 重点

填写相关专业的调试试运行记录表。

2. 难点

填写相关专业的调试试运行记录表。

『相关知识链接』

知识卡一　　调试试运行

1. 调试条件

（1）管道安装完成。

(2) 电气安装完成。

(3) 设备安装完成。

(4) 相关配套项目（含人员、仪器、污水及进排水管线）安全措施均已完善。

2. 调试准备

(1) 组成调试运行专门小组。

(2) 拟订调试及试运行计划安排。

(3) 进行相应的物资准备，如水（含污水、自来水）、气（压缩空气、蒸汽）、电、药剂的购置、准备。

(4) 准备必要的排水及抽水设备、堵塞管道的沙袋等。

(5) 必需的检测设备、装置（pH 计、试纸、COD 检测仪等）。

(6) 建立调试记录、检测档案。

3. 试水（充水）方式

(1) 按设计工艺顺序对各单元进行充水试验。

(2) 对构筑物进行充水试验；充水试验的作用是按设计水位高程要求，检查水路是否畅通，保证正常运行后满水量自流和安全超越功能，防止出现冒水和跑水现象。

4. 单机调试

(1) 工艺设计的单独工作运行的设备、装置均称为单机。单机调试应在充水后进行。

(2) 单机调试应按照下列程序进行：按工艺资料要求，了解单机在工艺过程中的作用和管线连接。认真消化、阅读单机使用说明书，检查安装是否符合要求，机座是否固定牢。凡有运转要求的设备，要用手启动或者盘动，或者用小型机械协助盘动。无异常时方可点动。

单车运行试验后，应填写运行试车单，签字备查。

思想政治素养养成

(1) 调试试运行是检查系统功能完整性、稳定性的工作，因此要求施工人员及相关人员必须认真负责，认真检验，层层把关，及时发现问题、解决问题，确保工程质量，保证工程的顺利进行。因此，要具备严谨认真、严于律己的工作态度和高度的责任心。

(2) 为了确保系统功能完整性、稳定性的工作有条不紊、井然有序地进行，要求施工员及相关人员有一定的组织协调能力和管理能力。

任务分组

填写表 3.2.0-1，完成学生任务分配。

表 3.2.0-1　学生任务分配

班　级		组　号		指导教师	
组　长		学　号			
组　员	姓　名		学　号	姓　名	学　号
任务分工					
备　注					

自主探学

任务工单1

组号_____　　**姓名**_____　　**学号**_____

引导问题：

（1）调试试运行应符合哪些规定？

_____

_____

（2）调试试运行应当具备哪些条件？

_____

_____

情境模拟

任务工单2

组号_____ 姓名_____ 学号_____

引导问题：

小组交流，教师参与，根据新建公寓楼调试试运行情况，完成相关专业的调试试运行记录填写。

（1）请填写安装工程调试试运行系统联动试运行及调试记录（见表3.2.0-2）。

表3.2.0-2 _____联动试运行及调试记录

所属专业：

给水排水专业□　　　电气专业□　　　暖通专业□　　　消防专业□

工程名称：　　　　　　　　　　　　　　　　　　　　　　　　编号：

施工单位	
子分部（系统）工程名称	
安装单位	
调试时间	由　　年　　月　　日至　　年　　月　　日

联动试运行及调试情况：

签字栏	监理（建设）单位	施工单位		
		专业技术负责人	专业质量员	专业工长

注："_____"处填写"无生产负荷"或"非设计满负荷"。

(2) 请根据自己所属的专业，填写相对应专业的调试试运行验收记录表（见表3.2.0-3~表3.2.0-7）。

表3.2.0-3 承压管道系统、设备、阀门强度及严密性试验记录

工程名称： 编号：

施工单位			分包单位				
子分部工程			试验名称			管道材质	
序号	试验日期	试验内容及部位	工作压力/MPa	试验压力/MPa	持续时间/min	实测压降/MPa	渗漏检查	试验见证人员
	年 月 日							
	年 月 日							
	年 月 日							
	年 月 日							
	年 月 日							
	年 月 日							
	年 月 日							
	年 月 日							
试验结果								

签字栏	监理（建设）单位	施工单位		
		专业技术负责人	专业质量员	专业工长

注：1. 室内外输送各种介质的承压管道在安装完毕后，应按要求隐蔽之前进行强度严密性试验。
2. 本表适用于室内外给水、热水、消防水系统和供热管道系统的水压试验记录。

◆ 安装工程施工组织与管理（活页式）

表 3.2.0-4 电气照明器具通电安全检查记录

工程名称： 编号：

施工单位						试运行日期		年　月　日		
分部工程名称						施工图号				
时间/h										
盘柜编号	a	b	c	a	b	c	a	b	c	
照度检测（有要求时）	检测部位									
	设计值/LX									
	实测值/LX									

试运行结论：

签字栏	监理（建设）单位	施工单位		
		专业技术负责人	专业质量员	专业工长

表 3.2.0-5 _____接地电阻测试记录

工程名称：　　　　　　　　　　　　　　　　　　　　　　　　　　　　　编号：

施工单位								
分部（子分部）工程				测试人员		仪表型号		
接地名称	接地体类别	接地体引入位置	季节系数	接地电阻值/Ω				备注
				规定值	实测值	实际值	结　果	

测试结果			
			年　月　日
签字栏	监理（建设）单位	施工单位		
		专业技术负责人	专业质量员	专业工长

表3.2.0-6 通风与空调设备单机试运转及调试记录

工程名称：　　　　　　　　　　　　　　　　　　　　　　　　编号：

工程名称		施工单位	
监理单位		分包单位	
设备名称		型号规格	
试运转时间			
试运转过程及各参数记录			
试运转调试结论			

施工单位（总包）	分包单位	监理单位（或建设单位）
项目技术负责人：	项目负责人：	专业监理工程师：
（公章）	（公章）	（公章）

模块3 安装工程竣工阶段

表3.2.0-7 自动喷水灭火系统联动试验记录

工程名称： 　　　　　　　　　　　　　　　　　　　　　　　　　编号：

施工单位		分包单位		
监理单位		试验时间	年 月 日	
系统类型	启动信号（部位）	联动组件动作		
		名　称	是否开启	要求动作时间	实际动作时间

系统类型	启动信号（部位）	名　称	是否开启	要求动作时间	实际动作时间
湿式系统	末端试水装置	水流指示器			
		湿式报警器阀			
		水力警铃			
		压力开关			
		水　泵			
水幕、雨淋系统	感温与感烟信号	雨淋阀			
		水　泵			
	传动管启动	雨淋阀			
		压力开关			
		水　泵			
干式系统	模拟喷头动作	干式阀			
		水力警铃			
		压力开关			
		充水时间			
		水　泵			
预作用系统	模拟喷头动作	预作用阀			
		水力警铃			
		压力开关			
		充水时间			
		水　泵			

结　论				
签字栏	监理（建设）单位	施工单位		
		专业技术负责人	专业质量员	专业工长

◆ 安装工程施工组织与管理（活页式）

> 展示赏学

任务工单3

组号_____　　　姓名_____　　　学号_____

引导问题：

（1）小组交叉检查各组的验收记录，进行打分并提出修改意见，填写表3.2.0-8。

表3.2.0-8　安装工程调试试运行记录填写修改意见

组　别		成　员	
项　目	内　容		
安装工程调试试运行记录			
备　注			

（2）记录存在的不足。

_____

_____

_____

模块3 安装工程竣工阶段

评价反馈

结合任务完成情况,扫描以下二维码,完成个人自评,组内互评、小组组间评价和教师评价。

评价反馈

任务 3.3　单位工程验收

任务描述

新建公寓楼安装工程各个分项分部工程已经完成，现在需要对整个建筑安装工程进行验收，请你结合前面的检验批、分项工程质量验收记录，填写单位工程质量竣工验收记录。

学习目标

1. 知识目标

（1）能说出单位工程质量验收合格的基本要求。
（2）能说出建设工程竣工验收应当具备的条件。
（3）能描述单位工程质量验收记录表格填写规范。

2. 能力目标

（1）能正确填写单位工程质量竣工验收记录。
（2）能正确填写单位（子单位）工程质量控制资料核查记录。
（3）能正确填写单位（子单位）工程安全和功能检验资料核查及主要功能抽查记录。

3. 素质目标

（1）具备严谨认真、严于律己的工作态度和高度的责任心。
（2）具有组织协调能力和管理能力。
（3）具有善于分析总结的工程思维能力。

任务分析

1. 重点

（1）填写单位工程质量竣工验收记录。
（2）填写单位（子单位）工程质量控制资料核查记录。
（3）填写单位（子单位）工程安全和功能检验资料核查及主要功能抽查记录。

2. 难点

填写单位工程质量竣工验收记录。

相关知识链接

知识卡一　单位（子单位）工程质量验收

单位工程竣工验收是指对于通过施工过程所完成的具有独立的功能和使用价值的最终

产品（单位工程或整个工程项目）及有关方面（如质量文档）的质量进行控制。

根据《建设工程质量管理条例》及有关规定，在施工合同里约定工程的质量保修期。在正常使用条件下，建设工程的最低保修期限如下：

（1）基础设施工程、房屋建筑工程的地基与基础和主体结构工程，为设计文件规定的该工程的合理使用年限。

（2）屋面防水工程，有防水要求的卫生间、房间和外墙面的防渗漏，最低保修期限为 5 年。

（3）供热与供冷系统最低保修期限为 2 个采暖期、供冷期。

（4）电气管线、给水排水管道、设备安装和装修工程，最低保修期限为 2 年。

《建设工程质量管理条例》

其他项目的保修期由发包方与承包方约定。保修期自竣工验收合格之日起计算。保修期内如施工原因出现问题，提供无偿保修。保修期过后，仍提供有偿维修服务。

1. 单位（子单位）工程质量验收合格标准

单位工程质量验收也称为质量竣工验收，是建筑工程投入使用前的最后一次验收，也是最重要的一次验收，应该由各建筑参与方共同确定是否通过验收。

单位（子单位）工程质量验收合格应符合下列规定：

（1）单位（子单位）工程所含分部（子分部）工程的质量应验收合格。

（2）质量控制资料应完整。

（3）单位（子单位）工程所含分部工程有关安全和功能的检验资料应完整。

（4）主要功能项目的抽查结果应符合相关专业质量验收规范的规定。

（5）观感质量验收应符合要求。

2. 单位（子工程）工程质量竣工验收记录

单位（子单位）工程质量验收记录与单位（子单位）工程质量控制资料核查记录、单位（子单位）工程安全和功能检验资料核查及主要功能抽查记录、单位（子单位）工程观感质量检查记录配合使用。

单位（子单位）工程质量验收记录、单位（子单位）工程质量控制资料核查记录由施工单位填写，验收结论由监理（建设）单位填写。综合验收结论由参加验收各方共同商定，建设单位填写，应对工程质量是否符合设计和规范要求及总体质量水平作出评价。

（1）单位（子单位）工程质量验收记录的填写说明。单位工程完工，施工单位自检合格后，报请监理单位。监理单位组织进行工程预验收，合格后施工单位填写"单位工程质量竣工验收记录"，向建设单位提交工程竣工报告。

工程竣工正式验收应由建设单位组织，参加单位包括设计单位、监理单位、施工单位、勘察单位等。验收合格后，各单位必须在验收记录上签字并加盖公章，验收签字人员应由相应单位法人代表书面授权。

进行单位工程质量竣工验收时，施工单位应同时填报"单位工程质量控制资料核查记录""单位工程安全和功能检验资料核查及主要功能抽查记录"。"单位工程观感质量检查记录"作为"单位工程质量竣工验收记录"的附表。

1）表头填写说明。参见"检验批质量验收记录"的"3. 表头填写说明"。

2）验收记录填写说明。"验收记录"栏由监理单位填写。

3）验收结论填写说明。"验收结论"栏由监理单位填入具体的验收结论。

①"分部工程验收"栏根据"分部工程质量验收记录"填写，应对所含各分部工程，由竣工验收组成员共同逐项核查。

②"质量控制资料核查"栏根据"单位工程质量控制资料核查记录"的核查结论填写。建设单位组织由各方代表组成的验收组成员或委托总监理工程师，按照"单位工程质量控制资料核查记录"的内容，对资料进行逐项核查。

③"安全和使用功能核查及抽查结果"栏根据"单位工程安全和功能检验资料核查及主要功能抽查记录"的核查结论填写。对于分部工程验收时已经进行过安全和功能检测的项目，单位工程验收时不再重复检测，但要核查以下内容：

a. 单位：工程验收时按规定、约定或设计要求需要进行的安全功能抽测项目是否都进行了检测，具体检测项目有无遗漏。

b. 抽测的程序、方法是否符合规定。

c. 抽测结论是否达到设计要求及规范规定。

④"观感质量验收"栏根据"单位工程观感质量检查记录"的检查结论填写。建设单位组织验收组成员对观感质量进行抽查，共同作出评价。观感质量评价分为"好""一般""差"三个等级。

4）综合验收结论填写说明。"综合验收结论"栏应由参加验收各方共同商定，并由建设单位填写，主要对工程质量是否符合设计和规范要求及总体质量水平作出评价。

（2）单位（子单位）工程质量控制资料核查记录的填写说明。

1）《建筑工程施工质量验收统一标准》（GB 50300—2013）中规定了按专业分共计61项内容：建筑与结构10项，给水排水与采暖8项，通风与空调9项，建筑电气8项，建筑智能化10项，建筑节能8项，电梯8项。

2）由施工单位按照所列质量控制资料的种类、名称进行检查，并填写份数，然后提交给监理单位验收。

3）其他各栏内容先由施工单位进行自查和填写。监理单位核查合格后，在"核查意见"栏填写对资料核查后的具体意见，如"齐全""符合要求"。施工、监理单位具体核查人员在"核查人"栏签字确认。

4）总监理工程师确认符合要求后，在"结论"栏内填写综合性结论。

5）施工单位项目负责人应在"结论"栏内签字确认。

（3）单位（子单位）工程安全和功能检验资料核查及主要功能抽查记录的填写说明。

1）由施工单位按所列内容检查并在"份数"栏填写实际数量后，提交给监理单位。

2）其他栏目由总监理工程师或建设单位项目负责人组织核查、抽查并由监理单位填写核查意见。

3）建筑工程投入使用，最为重要的是要确保安全和满足功能性要求。涉及安全和使用功能的分部工程应有检验资料，施工验收对能否满足安全和使用功能的项目进行强化验收，对主要项目进行抽查记录，填写此表。

4）抽查项目是在核查资料文件的基础上，由参加验收的各方人员确定，然后按有关专业工程施工质量验收标准进行检查。

5）表中已经列明安全和功能的各项主要检测项目，如果设计或合同有其他要求，经监理认可后可以补充。

6）安全和功能的检测，如果条件具备，应在分部工程验收时进行。分部工程验收时已经做过的安全和功能检测项目，单位工程竣工验收时不再重复检测，只核查检测报告是否符合有关规定。

知识卡二　单位（子单位）工程的验收程序与组织

1. 竣工初验收的程序

当单位工程达到竣工验收条件后，施工单位应在自查、自评工作完成后，填写工程竣工报验单，并将全部竣工资料报送项目监理机构，申请竣工验收。总监理工程师应组织各专业监理工程师对竣工资料及各专业工程的质量情况进行全面检查，对检查出的问题，应督促施工单位及时整改。对需要进行功能试验的项目（包括单机试车和无负荷试车），监理工程师应督促施工单位及时进行试验，并对重要项目进行监督、检查，必要时请建设单位和设计单位参加；监理工程师应认真审查试验报告单并督促施工单位搞好成品保护和现场清理。

经项目监理机构对竣工资料及实物全面检查、验收合格后，由总监理工程师签署工程竣工报验单，并向建设单位出具质量评估报告。

2. 正式验收

建设单位收到工程验收报告后，应由建设单位（项目）负责人组织施工（含分包单位）、设计、监理等单位（项目）负责人进行单位（子单位）工程验收。单位工程由分包单位施工时，分包单位对所承包的工程项目应按规定的程序检查评定，总包单位应派人参加。分包工程完成后，应将工程有关资料交总包单位。建设工程经验收合格的，方可交付使用。

建设工程竣工验收应当具备下列条件：

（1）完成建设工程设计和合同约定的各项内容。

（2）有完整的技术档案和施工管理资料。

（3）有工程使用的主要建筑材料、建筑构配件和设备的进场试验报告。

（4）有勘察、设计、施工、工程监理等单位分别签署的质量合格文件。

(5) 有施工单位签署的工程保修书。

在竣工验收时，对某些剩余工程和缺陷工程，在不影响交付的前提下，经建设单位、设计单位、施工单位和监理单位协商，施工单位应在竣工验收后的限定时间内完成。

参加验收各方对工程质量验收意见不一致时，可请当地建设行政主管部门或工程质量监督机构协调处理。

3. 单位工程竣工验收备案

单位工程质量验收合格后，建设单位应在规定时间内将工程竣工验收报告和有关文件，报建设行政管理部门备案。

（1）凡在中华人民共和国境内新建、扩建、改建各类房屋建筑工程和市政基础设施工程的竣工验收，均应按有关规定进行备案。

（2）国务院建设行政主管部门和有关专业部门负责全国工程竣工验收的监督管理工作；县级以上地方人民政府建设行政主管部门负责本行政区域内工程的竣工验收备案管理工作。

4. 工程竣工验收流程

工程竣工验收流程如图3.3.0-1所示。

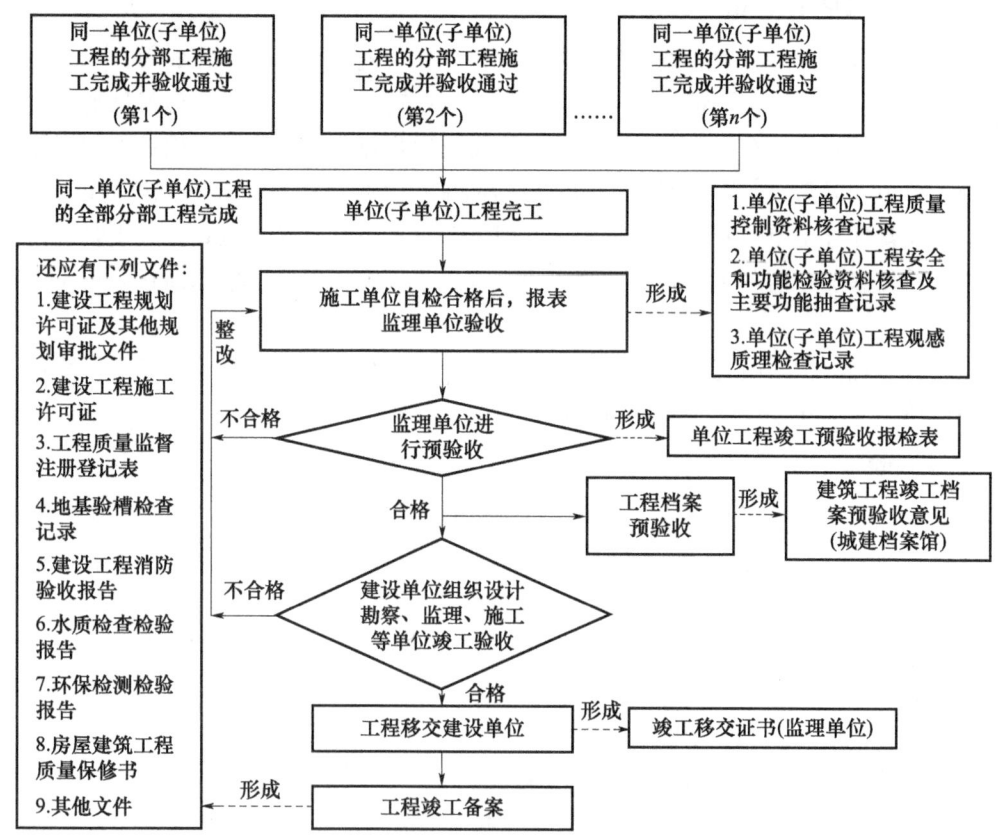

图3.3.0-1 工程竣工验收流程

思想政治素养养成

（1）单位工程质量验收其实是全部质量控制工作，要求施工人员及相关人员必须认真负责，认真检验，层层把关，及时发现问题、解决问题，确保工程质量，保证工程的顺利进行。因此，要具备严谨认真、严于律己的工作态度和高度的责任心。

（2）为了确保质量控制工作和质量验收工作有条不紊、井然有序地进行，要求施工员及相关人员有一定的组织协调能力和管理能力。

（3）工程项目不是一成不变的，要想持续提高和进步，就要善于分析现状，适时地总结问题，再循序渐进地实施整改，才能使基础管理水平保持在较好的状态。

任务分组

填写表3.3.0-1，完成学生任务分配。

表3.3.0-1　学生任务分配

班　级		组　号		指导教师	
组　长		学　号			
组　员	姓　名	学　号	姓　名	学　号	
任务分工					
备　注					

自主探学

任务工单1

组号_____ 姓名_____ 学号_____

引导问题：

（1）单位（子单位）工程质量验收合格应符合哪些规定？

_____
_____
_____
_____

（2）建设工程竣工验收应当具备哪些条件？

_____
_____
_____
_____

模块3 安装工程竣工阶段

> 情境模拟

任务工单2

组号_____ 姓名_____ 学号_____

引导问题：

小组交流，教师参与，根据新建公寓楼安装工程施工验收情况，完成单位（子单位）工程质量竣工验收记录的填写。

（1）请填写单位（子单位）工程质量竣工验收记录安全和功能检验资料核查及主要功能抽查记录（见表3.3.0-2）。

表3.3.0-2 单位（子单位）工程质量竣工验收记录
安全和功能检验资料核查及主要功能抽查记录

GB 50300—2013   编号：

序号	项目	安全和功能检查项目	份数	核查意见	抽查结果	核查（抽查）人
1	给水排水与供暖	给水管道通水试验记录				
2		暖气管道、散热器压力试验记录				
3		卫生器具满水试验记录				
4		消防管道、燃气管道压力试验记录				
5		排水干管通球试验记录				
6		室内（外）给水管道（网）消毒检测报告				
7		锅炉试运行、安全阀及报警联动测试记录				
1	通风与空调	通风、空调系统试运行记录				
2		风量、温度测试记录				
3		空气能量回收装置测试记录				
4		洁净室洁净度测试记录				
5		制冷机组试运行调试记录				
6						
1	建筑电气	建筑照明通电试运行记录				
2		灯具固定装置及悬吊装置的载荷强度试验记录				
3		绝缘电阻测试记录				
4		剩余电流动作保护器测试记录				
5		应急电源装置应急持续供电记录				
6		接地电阻测试记录				
7		接地故障回路阻抗测试记录				
8						

◆ 安装工程施工组织与管理（活页式）

续表

序号	项目	安全和功能检查项目	份数	核查意见	抽查结果	核查（抽查）人
1	智能建筑	系统试运行记录				
2		系统电源及接地检测报告				
3		系统接地检测报告				
4						
1	建筑节能	外墙节能构造检查记录或热工性能检验报告				
2		设备系统节能性能检查记录				
3						
1	电梯	电梯运行记录				
2		电梯安全装置检测报告				

结论：

施工单位项目负责人：　　　　　　　　监理（建设）单位项目负责人：
　　　　　　　年　月　日　　　　　　　　　　　　　　　　　年　月　日

注：1. 抽查项目由验收组协商确定。
　　2. "份数"栏目由施工单位统计并填写，"核查意见""抽查结果"两栏由监理（建设）单位填写。

广西建设工程质量安全监督总站编

（2）请填写单位（子单位）工程质量竣工验收记录工程质量控制资料核查记录（见表3.3.0-3）。

表3.3.0-3　单位（子单位）工程质量竣工验收记录
工程质量控制资料核查记录

GB 50300—2013　　　　　　　　　　　　　　　　　　　　　　　　　　　桂建质00（二）

单位工程名称			子单位工程名称			
序号	项目	资料名称	份数	施工单位		监理（建设）单位	
				核查意见	核查人	核查意见	核查人
1	建筑与结构	图纸会审记录、设计变更通知单、工程洽商记录					
2		工程定位测量、放线记录					
3		原材料出厂合格证及进场检验、试验报告					
4		结构混凝土设计配合比报告/强度统计验收记录					

340

续表

序号	项目	资料名称	份数	施工单位 核查意见	施工单位 核查人	监理（建设）单位 核查意见	监理（建设）单位 核查人
5	建筑与结构	防水混凝土设计配合比报告					
6		砌筑砂浆设计配合比报告/强度统计验收记录					
7		施工试验报告及见证检测报告					
8		隐蔽工程验收记录					
9		施工记录					
10		预制构件、预拌混凝土合格证					
11		地基、基础、主体结构检验及抽样检测资料					
12		分项、分部工程质量验收记录					
13		工程质量事故及事故调查处理资料					
14		新技术论证、备案及施工记录					
15							
1	给水排水与供暖	图纸会审记录、设计变更通知单、工程洽商记录					
2		原材料出厂合格证书及进场检验、试验报告					
3		管道、设备强度试验、严密性试验记录					
4		隐蔽工程验收记录					
5		系统清洗、灌水、通水、通球试验记录					
6		施工记录					
7		分项、分部工程质量验收记录					
8		新技术论证、备案及施工记录					
9							
1	通风与空调	图纸会审记录、设计变更通知单、工程洽商记录					
2		原材料出厂合格证书及进场检验、试验报告					
3		制冷、空调、水管管道强度试验、严密性试验记录					
4		隐蔽工程验收记录					
5		制冷设备运行调试记录					
6		通风、空调系统调试记录					
7		施工记录					
8		分项、分部工程质量验收记录					
9		新技术论证、备案及施工记录					
10							

◆ 安装工程施工组织与管理（活页式）

续表

序号	项目	资料名称	份数	施工单位		监理（建设）单位	
				核查意见	核查人	核查意见	核查人
1	建筑电气	图纸会审记录、设计变更通知单、工程洽商记录					
2		原材料出厂合格证书及进场检验、试验报告					
3		设备调试记录					
4		接地、绝缘电阻测试记录					
5		隐蔽工程验收记录					
6		施工记录					
7		分项、分部工程质量验收记录					
8		新技术论证、备案及施工记录					
9							
1	智能建筑	图纸会审记录、设计变更通知单、工程洽商记录					
2		原材料出厂合格证书及进场检验、试验报告					
3		隐蔽工程验收记录					
4		施工记录					
5		系统功能测定及设备调试记录					
6		系统技术、操作和维护手册					
7		系统管理、操作人员培训记录					
8		系统检测报告					
9		分项、分部工程质量验收记录					
10		新技术论证、备案及施工记录					
11							
1	建筑节能	图纸会审记录、设计变更通知单、工程洽商记录					
2		原材料出厂合格证书及进场检验、试验报告					
3		隐蔽工程验收记录					
4		施工记录					
5		外墙、外窗节能检验报告					
6		设备系统节能检测报告					
7		分项、分部工程质量验收记录					
8		新技术论证、备案及施工记录					
9							

续表

序号	项目	资料名称	份 数	施工单位		监理（建设）单位	
				核查意见	核查人	核查意见	核查人
1	电梯	图纸会审记录、设计变更通知单、工程洽商记录					
2		设备出厂合格证书及开箱检验记录					
3		隐蔽工程验收记录					
4		施工记录					
5		接地、绝缘电阻测试记录					
6		负荷试验、安全装置检查记录					
7		分项、分部工程质量验收记录					
8		新技术论证、备案及施工记录					
9							

结论：

施工单位项目负责人：　　　　　　　　　　监理（建设）单位项目负责人：

　　　　　　　　　　　年　月　日　　　　　　　　　　　　　　　　年　月　日

注：资料核查人应为竣工验收组成员，可以为同一人，也可以为多人。

(3) 请填写单位（子单位）工程质量竣工验收记录观感质量检查记录（见表3.3.0-4）。

表3.3.0-4 单位（子单位）工程质量竣工验收记录
观感质量检查记录

GB 50300—2013　　　　　　　　　　　　　　　　　　　　　　　　　　　　　　　桂建质00（四）

单位工程名称			子单位工程名称						
序号	项目		抽查质量状况					质量评价	
								好	一般	差

序号	项目		抽查质量状况	好	一般	差
1	建筑与结构	主体结构外观	共检查　点，好　点，一般　点，差　点			
2		室外墙面	共检查　点，好　点，一般　点，差　点			
3		变形缝、雨水管	共检查　点，好　点，一般　点，差　点			
4		屋面	共检查　点，好　点，一般　点，差　点			
5		室内墙面	共检查　点，好　点，一般　点，差　点			
6		室内顶棚	共检查　点，好　点，一般　点，差　点			
7		室内地面	共检查　点，好　点，一般　点，差　点			
8		楼梯、踏步、护栏	共检查　点，好　点，一般　点，差　点			
9		门窗	共检查　点，好　点，一般　点，差　点			
10		雨罩、台阶、坡道、散水	共检查　点，好　点，一般　点，差　点			
1	给水排水与采暖	管道接口、坡度、支架	共检查　点，好　点，一般　点，差　点			
2		卫生器具、支架、阀门	共检查　点，好　点，一般　点，差　点			
3		检查口、扫除口、地漏	共检查　点，好　点，一般　点，差　点			
4		散热器、支架	共检查　点，好　点，一般　点，差　点			
1	建筑电气	配电箱、盘、板、接线盒	共检查　点，好　点，一般　点，差　点			
2		设备器具、开关、插座	共检查　点，好　点，一般　点，差　点			
3		防雷、接地、防火	共检查　点，好　点，一般　点，差　点			
1	通风与空调	风管、支架	共检查　点，好　点，一般　点，差　点			
2		风口、风阀	共检查　点，好　点，一般　点，差　点			
3		风机、空调设备	共检查　点，好　点，一般　点，差　点			
4		管道、阀门、支架	共检查　点，好　点，一般　点，差　点			
5		水泵、冷却塔	共检查　点，好　点，一般　点，差　点			
6		绝热	共检查　点，好　点，一般　点，差　点			

续表

序号	项目		抽查质量状况	质量评价		
				好	一般	差
1	电梯	运行、平层、开关门	共检查 点,好 点,一般 点,差 点			
2		层门、信号系统	共检查 点,好 点,一般 点,差 点			
3		机房	共检查 点,好 点,一般 点,差 点			
1	智能建筑	机房设备安装及布局	共检查 点,好 点,一般 点,差 点			
2		现场设备安装	共检查 点,好 点,一般 点,差 点			
3						
			观感质量综合评价(好、一般、差)			

检查结论	施工单位名称: 施工单位项目负责人: 年 月 日 总监理工程师: (建设单位项目负责人) 年 月 日

注:1. 以监理(建设)单位为主,会同竣工验收组人员复查分部工程验收时的质量状况是否有变化、成品保护情况等。

2. 在分部工程验收时未形成观感质量的,在竣工验收中加以确认。

3. 质量评价为差的项目,应进行返修。若因条件限制不能返修的,只要不影响结构安全和使用功能,可协商接收并在表中注明。

4. 观感质量现场检查原始记录应作为本表附件。

(4) 请填写单位（子单位）工程质量竣工验收记录汇总表（见表3.3.0-5）。

表3.3.0-5 单位（子单位）工程质量竣工验收记录汇总表

GB 50300—2013　　　　　　　　　　　　　　　　　　　　　　　　　　　　　桂建质00（一）

单位工程名称			子单位工程名称		
建筑面积（或投资规模）		结构类型		层数	地上　层 地下　层
施工单位		技术负责人		开工日期	年　月　日
项目负责人		项目技术负责人		完工日期	年　月　日
序号	分部工程名称		分部工程验收组验收意见	监理（建设）单位验收结论	
1	地基与基础			本工程共含_____分部，经查_____分部，符合标准及设计要求。 结论（是否同意验收）：	
2	主体结构				
3	建筑装饰装修				
4	建筑屋面				
5	建筑给水、排水及采暖				
6	建筑电气				
7	智能建筑				
8	通风与空调				
9	建筑节能				
10	电　梯				
质量控制资料核查情况	共_____项。经查符合要求_____项，经核定符合规范要求_____项。			（情况是否属实，是否同意验收）	
安全和功能检验（检测）及抽查情况	共核查_____项，符合规定_____项； 共抽查_____项，符合规定_____项； 经返工处理符合规定_____项			（情况是否属实，是否同意验收）	
观感质量验收情况	共抽查_____项，达到"好"和"一般"的_____项，经返修处理符合要求的_____项。			总体评价（好、一般、差）： （是否同意验收）：	
竣工验收组综合验收结论	（是否符合设计和规范要求，合格或不合格）				
竣工验收组成员签名				年　月　日	
勘察单位	设计单位		施工单位	监理单位	建设单位
项目负责人： （签名）： （公章） 年　月　日	项目负责人： （签名）： （公章） 年　月　日		项目负责人： （签名）： （公章） 年　月　日	项目负责人： （签名）： （公章） 年　月　日	项目负责人： （签名）： （公章） 年　月　日

注：1. 项目负责人由相应单位的法人代表书面授权，与签署工程质量终身责任承诺书的人员一致。
　　2. 完工日期指竣工预验收合格，且发现的质量问题整改完成后总监签认的日期。

(5)请撰写施工单位工程竣工报告(见表3.3.0-6)。

表 3.3.0-6 施工单位工程竣工报告

工程名称			建设单位		
工程地址					
建筑面积		m²	结构类型		
层 数		地下 层,地上 层			
开工日期	年 月 日		竣工日期		年 月 日
完成工程设计和合同约定各项内容的情况:					
安全、功能检验(检测)报告检查情况:					
质量控制资料和文件的检查情况:					
观感质量评定:					

◆ 安装工程施工组织与管理（活页式）

续表

完工后自检结论和存在问题整改情况：			
竣工预验收结论和存在问题整改完成情况：			
综合评定结论：			
配合分包单位		资质等级	
		资质等级	
		资质等级	
		资质等级	
项目负责人：　　　　　　　　　　年　月　日	施工单位 （公章）		
单位技术负责人：　　　　　　　　年　月　日			
项目总监理工程师或建设单位项目负责人意见（是否同意竣工）： 签名：　　　　　　　　　　　　　　　　　　　　　　　　　　　　年　月　日			

注：施工单位完成设计文件和合同约定的各项内容后，应先进行自检，合格后方可申请竣工预验收；竣工预验收合格，遗留问题整改完毕后，方可申请竣工验收。

任务工单 3

组号＿＿＿＿＿＿＿　　　姓名＿＿＿＿＿＿＿　　　学号＿＿＿＿＿＿＿

引导问题：

小组间互相讨论，填写安装工程单位工程质量验收记录填写总结（见表 3.3.0-7）。

表 3.3.0-7　安装工程单位工程质量验收记录填写总结

所属专业：

给水排水专业□　　　　电气专业□　　　　暖通专业□　　　　消防专业□

组　别		成　员	
项　目	内　容		
单位（子单位）工程质量竣工验收记录安全和功能检验资料核查及主要功能抽查记录			
单位（子单位）工程质量竣工验收记录工程质量主要控制资料核查记录			
单位（子单位）工程质量竣工验收记录观感质量检查记录			
单位（子单位）工程质量竣工验收记录汇总表			
施工单位工程竣工报告			

◆ 安装工程施工组织与管理（活页式）

评价反馈

结合任务完成情况，扫描以下二维码，完成个人自评、组内互评、小组组间评价和教师评价。

评价反馈

本章学习总结

参考文献

[1] 建筑工程施工质量验收统一标准：GB 50300—2013 [S]．北京：中国建筑工业出版社，2014.

[2] 建设工程安全生产管理条例 [M]．北京：中国建筑工业出版社，2003.

[3] 建筑业企业资质等级标准 [S]．北京：中国建筑工业出版社，2007.

[4] 质量管理体系 要求：GB/T 19001—2016 [S]．北京：中国标准出版社，2016.

[5] 环境管理体系 要求及使用指南：GB/T 24001—2016 [S]．北京：中国标准出版社，2016.

[6] 建筑施工组织设计规范：GB/T 50502—2009 [S]．北京：中国建筑工业出版社，2009.

[7] 建设工程质量管理条例 [S]．北京：中国建筑工业出版社，2020.

[8] 建设工程工程量清单计价规范：GB 50500—2013 [S]．北京：中国计划出版社，2013.

[9] 职业健康安全管理体系 要求及使用指南：GB/T 45001—2020 [S]．北京：中国标准出版社，2020.

[10] 施工企业安全生产管理规范：GB 50656—2011 [S]．北京：中国计划出版社，2012.

[11] 建筑施工安全检查标准：JGJ 59—2011 [S]．北京：中国建筑工业出版社，2012.

[12] 污水综合排放标准：GB 8978—1996 [S]．北京：中国标准出版社，1998.

[13] 建筑施工场界环境噪声排放标准：GB 12523—2011 [S]．北京：中国环境科学出版社，2011.

[14] 张东放，梁吉志．建筑设备安装工程施工组织与管理 [M]．北京：机械工业出版社，2009.

[15] 刘晓丽，谷莹莹，尚华．建筑工程施工组织 [M]．北京：北京大学出版社，2020.

[16] 鄢维峰，印宝权．建筑工程施工组织设计 [M]．2版．北京：北京大学出版社，2018.

[17] 杨静，冯豪．建筑工程施工组织与管理 [M]．北京：清华大学出版社，2020.

附录A 给水排水工程工程量清单

附表A.1 给水排水安装工程分部分项工程劳动量计算表

工程名称：新建公寓楼安装工程

序号	定额编码	分部分项名称	计量单位	工程量	工日	劳动量	备注
1		埋地PE给水管，热熔连接，DN150	m				
2		埋地PE给水管，热熔连接，DN125	m				
3		埋地PE给水管，热熔连接，DN90	m				
4		埋地PE给水管，热熔连接，De63	m				
5		埋地PE给水管，热熔连接 De32	m				
6		室内钢衬塑给水管（内筋嵌入式），卡环式连接，DN100	m				
7		室内钢衬塑给水管（内筋嵌入式），卡环式连接，DN90	m				
8		室内钢衬塑给水管（内筋嵌入式），卡环式连接，DN80	m				
9		室内钢衬塑给水管（内筋嵌入式），卡环式连接，DN75	m				
10		室内钢衬塑给水管（内筋嵌入式），卡环式连接，De63	m				
11		室内钢衬塑给水管（内筋嵌入式），卡环式连接，De50	m				
12		室内钢衬塑给水管（内筋嵌入式），卡环式连接，De40	m				
13		室内钢衬塑给水管（内筋嵌入式），卡环式连接，De32	m				
14		室内钢衬塑给水管（内筋嵌入式），卡环式连接，De25	m				
15		室内钢衬塑给水管（内筋嵌入式），卡环式连接，De20	m				
16		室内PP-R热水管，热熔承插连接，De75	m				
17		室内PP-R热水管，热熔承插连接，De63	m				

续表

工程名称：新建公寓楼安装工程　　　　　　　　　　　　　　　　　　　　　第2页共4页

序号	定额编码	分部分项名称	计量单位	工程量	工 日	劳动量	备 注
18		室内PP－R热水管，热熔承插连接，De50	m				
19		室内PP－R热水管，热熔承插连接，De40	m				
20		室内PP－R热水管，热熔承插连接，De32	m				
21		室内PP－R热水管，热熔承插连接，De25	m				
22		室内PP－R热水管，热熔承插连接，De20	m				
23		室内PVC－U污水排水塑料管，柔性粘接，De110	m				
24		埋地排水管PVC－U排水塑料管，柔性粘接，De110	m				
25		埋地排水管PVC－U排水塑料管，柔性粘接，De125	m				
26		埋地排水管PVC－U排水塑料管，柔性粘接，De160	m				
27		埋地排水管PVC－U排水塑料管，柔性粘接，De200	m				
28		埋地排水管PVC－U排水塑料管，柔性粘接，De315	m				
29		室内PVC－U过阳台雨水排水管，柔性粘接，De110	m				
30		室内PVC－U过阳台排水管，柔性粘接，De75	m				
31		埋地PVC－U排水塑料管，柔性粘接，De75	m				
32		室内PVC－U过阳台排水管，柔性粘接，De50	m				
33		室内PVC－U过阳台空调水排水管，柔性粘接，De32	m				
34		室内PVC－U直通雨水排水塑料管，柔性粘接，De110	m				
35		人工挖填管沟，De315	m³				
36		人工挖填管沟，De200	m³				
37		人工挖填管沟，De150	m³				
38		人工挖填管沟，De125	m³				

附录 A 给水排水工程工程量清单

续表

工程名称：新建公寓楼安装工程　　　　　　　　　　　　　　　　　　　　　　　　第 3 页共 4 页

序 号	定额编码	分部分项名称	计量单位	工程量	工 日	劳动量	备 注
39		人工挖填管沟，De110	m^3				
40		人工挖填管沟，De90	m^3				
41		人工挖填管沟，De50	m^3				
42		凿槽及恢复，De32	m				
43		凿槽及恢复，De20	m				
44		过楼板钢套管，DN110	个				
45		过屋面刚性防水套管，DN110	个				
46		过楼板钢套管，DN100	个				
47		过屋面刚性防水套管，DN100	个				
48		过楼板塑料套管，De90	个				
49		过屋面刚性防水套管，De90	个				
50		过楼板塑料套管，DN80	个				
51		过屋面刚性防水套管，DN80	个				
52		过楼板塑料套管，De75	个				
53		过屋面刚性防水套管，De75	个				
54		过楼板塑料套管，De63	个				
55		过屋面刚性防水套管，De63	个				
56		过楼板塑料套管，De50	个				
57		过屋面刚性防水套管，De50	个				
58		过楼板塑料套管，De40	个				
59		过楼板塑料套管，De32	个				
60		过屋面刚性防水套管，De32	个				
61		过楼板塑料套管，De25	个				
62		过楼板塑料套管，De20	个				
63		自动排气阀，螺纹连接，DN20	个				
64		Y 型过滤器，法兰连接，DN150	个				
65		Y 型过滤器，法兰连接，DN50	个				
66		Y 型过滤器，螺纹连接，DN20	个				
67		电动阀，法兰连接，De75	个				
68		电动阀，法兰连接，De63	个				
69		电动阀，法兰连接，De50	个				
70		波纹管，法兰连接，De63	个				
71		蝶阀，法兰连接，DN125	个				

◆ 安装工程施工组织与管理（活页式）

续表

工程名称：新建公寓楼安装工程　　　　　　　　　　　　　　　　　　　　　　第4页共4页

序　号	定额编码	分部分项名称	计量单位	工程量	工　日	劳动量	备　注
72		蝶阀，法兰连接，DN100	个				
73		蝶阀，法兰连接，DN80	个				
74		止回阀，法兰连接，DN150	个				
75		止回阀，法兰连接，DN125	个				
76		止回阀，法兰连接，DN100	个				
77		止回阀，法兰连接，DN80	个				
78		止回阀，法兰连接，DN65	个				
79		止回阀，螺纹连接，DN50	个				
80		防回流污染止回阀，法兰连接，DN125	个				
81		减压阀，螺纹连接，DN20	个				
82		截止阀，法兰连接，De63	个				
83		截止阀，螺纹连接，De50	个				
84		截止阀，螺纹连接，De40	个				
85		截止阀，螺纹连接，De32	个				
86		截止阀，螺纹连接，De25	个				
87		截止阀，螺纹连接，De20	个				
88		可曲挠橡胶接头，法兰连接，De80	个/组				
89		可曲挠橡胶接头，螺纹连接，De65	个/组				
90		可曲挠橡胶接头，螺纹连接，De50	个/组				
91		水表，法兰连接，DN150	组/个				
92		闸阀，法兰连接，DN150	个				
93		闸阀，法兰连接，DN80	个				
94		闸阀，法兰连接，DN80	个				
95		闸阀，法兰连接，De75	个				
96		闸阀，法兰连接，DN65	个				
97		闸阀，螺纹连接，De50	个				
98		减压阀，螺纹连接，De20	个				
99		压力表，法兰连接，DN80	个				
100		压力表，法兰连接，De75	个				
101		地漏，De75	个				
102		侧入式雨水斗，De110	个				
103		水龙头，螺纹连接，De20	个				
104		蹲式大便槽自动冲洗水箱，De20	套				
105		蹲式大便槽自动冲洗阀，De25	套				

附录 B 电气工程工程量清单

附表 B.1 电气设备安装工程分部分项工程劳动量计算表

工程名称：新建公寓楼安装工程

序号	定额编码	分部分项名称	计量单位	工程量	工日	劳动量	备注
1		双电源控制箱，AT-XX	台				
2		双电源控制箱，AT-DT1	台				
3		双电源控制箱，AT-DT2	台				
4		配电箱，AP1	台				
5		配电箱，AH1、2	台				
6		配电箱，1AL	台				
7		配电箱，2-12AL	台				
8		双电源配电箱，ALD	台				
9		双电源配电箱，ALE1	台				
10		户内配电箱，AL1a	台				
11		户内配电箱，AL1b	台				
12		吸顶灯，型号由甲方定，1×13 W×FL，~220 V	套				
13		厕所吸顶灯，型号由甲方定，1×13 W×FL，~220 V	套				
14		单管荧光灯，TLP36/840，1×36 W×FL，~220 V	套				
15		应急单管荧光灯，TLW14/840，1×14 W×FL，~220 V，应急 60 min	套				
16		自带电源双管荧光灯，TLP36/840，2×36 W×FL，~220 V，应急 180 min	套				
17		双管荧光灯，TLP，36/840，2×36 W×FL，~220 V	套				
18		安全出口标志灯，型号由甲方定，1×8 W×FL，~220 V，应急 30 min	套				
19		单向疏散指示灯，型号由甲方定，1×13 W×FL，~220 V，应急 30 min	套				
20		双向疏散指示灯，型号由甲方定，1×13 W×FL，~220 V，应急 30 min	套				
21		应急灯，型号由甲方定，2×8 W×IN，~220 V，应急 30 min	套				

续表

工程名称：新建公寓楼安装工程　　　　　　　　　　　　　　　　　　　　　　　第 2 页共 3 页

序号	定额编码	分部分项名称	计量单位	工程量	工 日	劳动量	备 注
22		单联单控开关，型号由甲方定，10 A，~250 V，距地 1.3 m，暗装	套				
23		双联单控开关，型号由甲方定，10 A，~250 V，距地 1.3 m，暗装	套				
24		三联单控开关，型号由甲方定，10 A，~250 V，距地 1.3 m，暗装	套				
25		双控开关，型号由甲方定，10 A，~250 V，距地 1.3 m，暗装	套				
26		调速开关，型号由甲方定，10 A，~250 V，距地 1.3 m，暗装	套				
27		走廊延时开关，吸顶安装	套				
28		摇头壁扇，型号由甲方定	台				
29		排气扇，型号由甲方定	台				
30		空调插座，型号由甲方定，16 A，~250 V，距地 2.2 m，暗装	套				
31		洗衣机插座，型号由甲方定，16 A，~250 V，距地 2.2 m，暗装	套				
32		排气扇插座，型号由甲方定，16 A，~250 V，距地 2.2 m，暗装	套				
33		安全型三极暗装插座，型号由甲方定，10 A，~250 V，距地 0.3 m，暗装	套				
34		砖、混凝土结构暗配，SC50	m				
35		砖、混凝土结构暗配，SC40	m				
36		砖、混凝土结构暗配，SC25	m				
37		砖、混凝土结构暗配，SC20	m				
38		砖、混凝土结构暗配，SC15	m				
39		砖、混凝土结构暗配，FPC16	m				
40		砖、混凝土结构暗配，FPC20	m				
41		砖、混凝土结构暗配，FPC25	m				
42		电力电缆，NH－YJV－0.6/1 kV，5×16	m				
43		电力电缆，NH－YJV－0.6/1 kV，5×10	m				

附录 B 电气工程工程量清单

续表

工程名称：新建公寓楼安装工程　　　　　　　　　　　　　　　　　　　　第 3 页共 3 页

序　号	定额编码	分部分项名称	计量单位	工程量	工　日	劳动量	备　注
44		竖直通道敷设电力电缆，YFD-YJV-4×95+1×50	m				
45		电力电缆头，干包终端头（1kV 以下截面 120 mm² 以下）	个				
46		电力电缆头，NH-YJV-0.6/1 kV，5×10	个				
47		电力电缆头，NH-YJV-0.6/1 kV，5×16	个				
48		照明线路，铜芯，BV-0.45/0.75 kV，2.5 mm²	m				
49		照明线路，铜芯，BV-0.45/0.75 kV，4 mm²	m				
50		动力线路，铜芯，BV-0.45/0.75 kV，6 mm²	m				
51		凿（压）槽及恢复（公称管径 20 mm 以内）	m				
52		凿槽及恢复（公称管径 32 mm 以内）	m				
53		凿槽及恢复	m				
54		利用 $\phi 10$ 热镀锌圆钢焊接，沿女儿墙明敷避雷网	m				
55		利用混凝土柱内两根不小于 $\phi 16$ 钢筋焊接作引下线	m				

附录 C 通风与空调工程工程量清单

附表 C.1 通风空调工程分部分项工程劳动量计算表

工程名称：新建公寓楼安装工程

序号	定额编码	分部分项名称	计量单位	工程量	工 日	劳动量	备 注
		B7 通风空调工程					
1		低噪声轴流风机吊式安装，风量，9430 m³/h；风压，254 Pa（全压）；功率，1.2 kW	台				
2		柜式轴流风机吊式安装，风量，4800 m³/h；风压，176 Pa（全压）；功率，0.56 kW	台				
3		管道排气扇贴吊顶安装，风量，200 m³/h；功率，110 W	台				
4		镀锌薄钢板矩形风管制作安装，$\delta=0.75$ mm 周长 4000 mm 以下	m²				
5		镀锌薄钢板矩形风管制作安装，$\delta=0.75$ mm 周长 2000 mm 以下	m²				
6		镀锌薄钢板矩形风管制作安装，$\delta=0.6$ mm 周长 2000 mm 以下	m²				
7		镀锌薄钢板矩形风管制作安装，$\delta=0.5$ mm 周长 2000 mm 以下	m²				
8		铝制波纹管制作安装，$\phi 160$	m				
9		防火调节阀安装，500×250，70 ℃关闭	个				
10		防火调节阀安装，320×160，70 ℃关闭	个				
11		轻质风管止回阀安装，630×500	个				
12		轻质风管止回阀安装，$\phi 160$	个				
13		双层百叶风口安装（带调节阀），400×320	个				
14		双层百叶风口安装（带调节阀），250×250	个				
15		单层百叶风口安装（带调节阀），400×320	个				

附录 C 通风与空调工程工程量清单

续表

工程名称：新建公寓楼安装工程　　　　　　　　　　　　　　　　　　　　第 2 页共 2 页

序 号	定额编码	分部分项名称	计量单位	工程量	工 日	劳动量	备 注
16		单层百叶风口安装（带调节阀），320×220	个				
17		防雨百叶风口安装（带过滤网），630×500	个				
18		防雨百叶风口安装（带过滤网），500×320	个				
19		帆布柔性接口制作安装	m²				
20		通风系统检测、调试	kW				

附录 D 消防工程工程量清单

附表 D.1 消防系统安装工程分部分项工程劳动量计算表

工程名称：新建公寓楼安装工程　　　　　　　　　　　　　　　　　　　　　　　第1页共2页

序号	定额编码	分部分项名称	计量单位	工程量	工日	劳动量	备注
1		埋地消火栓内衬水泥砂浆球墨给水铸铁管承插接口，橡胶圈密封，DN125	m				
2		埋地内外壁热浸镀锌钢管，沟槽式连接，DN125	m				
3		内外壁热浸镀锌钢管，消火栓钢管，沟槽式连接，DN100	m				
4		内外壁热浸镀锌钢管，消火栓钢管，沟槽式连接，DN65	m				
5		内外壁热浸镀锌钢管，水喷淋钢管，沟槽式连接，DN100	m				
6		内外壁热浸镀锌钢管，水喷淋钢管，沟槽式连接，DN80	m				
7		内外壁热浸镀锌钢管，水喷淋钢管，沟槽式连接，DN65	m				
8		内外壁热浸镀锌钢管，水喷淋钢管，螺纹连接，DN50	m				
9		内外壁热浸镀锌钢管，水喷淋钢管，螺纹连接，DN40	m				
10		内外壁热浸镀锌钢管，水喷淋钢管，螺纹连接，DN32	m				
11		内外壁热浸镀锌钢管，水喷淋钢管，螺纹连接，DN25	m				
12		止回阀，法兰连接，DN100	个				
13		止回阀，法兰连接，DN100	个				
14		喷淋头闭式，螺纹连接，DN15	个				
15		湿式报警阀，DN100	组				
16		末端试水装置，DN25	组				
17		试验消火栓，DN65	套				
18		水流指示器，法兰连接，DN80	个				
19		水流指示器，法兰连接，DN65	个				
20		遥控信号阀，法兰连接，DN80	个				

续表

工程名称：新建公寓楼安装工程　　　　　　　　　　　　　　　　　　　　　　第 2 页共 2 页

序号	定额编码	分部分项名称	计量单位	工程量	工日	劳动量	备注
21		遥控信号阀，法兰连接，DN65	个				
22		减压孔板，法兰连接，DN80	个				
23		减压孔板，法兰连接，DN65	个				
24		室内消火栓，DN65	套				
25		灭火器，于消火栓下挂墙安装	具/个/套车				
26		消防水泵接合器，DN100	套				